Why Evolution is True
为什么要相信达尔文

〔美〕杰里·A. 科因 著

叶 盛 译

科学出版社

北 京

图字:01-2009-5562

This is a translated version of
Why Evolution is True
Jerry A. Coyne

Copyright © Jerry A. Coyne, 2009. All rights reserved.
Illustration credits appear on page 341.
Illustrations by Kalliopi Monoyios. Copyright © Kalliopi Monoyios,
2009.
ISBN:978-0-670-02053-9

图书在版编目(CIP)数据

为什么要相信达尔文/(美)科因(Coyne,J. A.)著;叶盛译.—
北京:科学出版社,2009
书名原文:Why Evolution is True
ISBN 978-7-03-025701-7

Ⅰ.为… Ⅱ.①科…②叶… Ⅲ.进化学说-研究
Ⅳ.Q111.2
中国版本图书馆 CIP 数据核字(2009)第 176400 号

责任编辑:田慎鹏 贾明月 / 责任校对:包志虹
责任印制:张 伟 / 封面设计:耕者设计工作室

科学出版社出版
北京东黄城根北街 16 号
邮政编码:100717
http://www.sciencep.com

北京虎彩文化传播有限公司 印刷
科学出版社发行 各地新华书店经销
*
2009 年 10 月第 一 版 开本:A5(890×1240)
2022 年 4 月第六次印刷 印张:11 3/4
字数:263 000
定价:49.80元
(如有印装质量问题,我社负责调换)

For Dick Lewontin

il miglior fabbro

序

龙漫远

（芝加哥大学生态与演化生物学系）

2009 年是对于达尔文和他创造的演化科学不寻常的一年：2 月 12 日是他诞辰 200 周年纪念日，11 月 24 日是其巨著《物种起源》出版 150 周年纪念日。1 月底，美国企鹅出版集团和英国牛津大学出版社同时出版了我的同事，芝加哥大学生态与演化生物学系终身教授，杰里·科因（Jerry A. Coyne）的科普著作《为什么要相信达尔文》（*Why Evolution is True*）。作为一名在演化科学研究中卓有建树的科学家，科因的科普写作却获得了令许多专业人文与科普作家羡慕的荣誉：成书半年，总部设在纽约的著名周刊《新闻周刊》（*Newsweek*）就将此书评为"我们时代的五十本书"之一，与已写入人类历史的马克·吐温（Mark Twain）、沃尔特·惠特曼（Walt Whitman）、威廉·福克纳（William Faulkner）、萨尔曼·鲁西迪（Salman Rushdie）和玛丽·雪莱（Mary Shelley）等人的著作为伍。诚然，一本书的长期影响和历史地位要接受时间无情的检验；但此书对当前美国和西方公众的影响是明显的，是一份极有分量的纪念达尔文的献礼。

经过许多严肃科学家一百多年的努力，演化科学已经发展成为一个广袤的现代自然科学领域。为理解演化的秘密，科学家们使用了各种现代化的研究手段，形态的与分子的、遗传的与生化的、个体的与群体的、数学的与计算的、理论的与实验的等，使得演化科学从一个19世纪下半叶尚仅有不多的人从事的纯理论研究，演变成了由经验观察得到大量事实支持的定量科学，很快告别了许多自然科学分支发展的纯哲学思辨的早期阶段。在本书中，科因在他所熟悉的个体形态生物学、古生物学、人类起源学和演化遗传学，这些普通公众最感兴趣和容易理解的演化科学领域，对演化的证据做了生动有趣和深入的介绍。略感遗憾的是本书较简洁扼要（原书282页），较少涉及演化的另一个重大领域——分子演化已发现的大量证据，但是作者提供的资料已经足够在所涉及的观察层面上证明和解释演化的历程和机制。

显而易见，本书是针对美国受神创论影响较深的读者而写的，一种论辩的风格贯穿全书。科因本人在过去的十多年中，为用演化科学影响美国公众和反对"智能设计"用宗教解释科学做出了不懈的努力。大部分中国读者都不相信神创论，西方式的宗教信仰也不是中国社会的主流；因此，科因在本书科学之外关注的对于宗教解释的批判，也许不是国内一般读者所感兴趣的。但是，用科学驱散迷信和愚昧仍然需要中国社会长期的努力。更重要的是，如果对演化科学感兴趣的国内读者想要理解和掌握演化在个体形态和古生物水平上以及在人类起源问题上的证据，这是一本不可多得的好书。此外，本书问题定义清楚，说理逻辑清晰，文字幽默活泼，充满知性的转折（intellectual twist），反映了科因写作的一贯风格（读者可以从他发表在英国的《自然》和美国的《科学》杂志的近30篇书评和科学评论中读出他文字的品位）。

本书的翻译水平也是值得称道的。在翻译的信达雅原则的掌握以及相关专业知识的理解上，译者都达到了较高的水平。在保持作者原意的基础上，其文字表达较自由易读，有较好的文字功力。随处可见的译注，更是体现了译者的知识广度和对原著理解的深度。译者甚至准确地判别出科因的笔误和少数超出其专业范围知识的不准确之处（如原著对地心结构的描述），在翻译中都一一作出了修正。

最后，对于中心概念 evolution——这一被长期被误译为"进化"的最重要的单词，书中使用了中国近代最伟大的学者和翻译家之一严复准确翻译出的"演化"（天演）一词。这是中文世界对演化生物学中心观念理解的一个重要进步。从达尔文到今天的演化科学研究已经证明，自然界没有一个从低级到高级和从简单到复杂进化的必然规律，特定物种在特定时期所表现的进化不能作为生物演化的普遍规律或常例。从形态到分子的大量证据表明，在许多情形下，生物的某些特征还会从复杂演化到简单，甚至长期保持不变。"演化"一词涵盖了更加广泛的变化模式和过程，可以帮助读者正确地理解生物在自然界的时间历程中传承的客观情形。

阅读译本和原著给我以阅读的喜悦，使我乐意把此书的中文译本推荐给国内读者。有一定英文阅读能力的读者，不妨阅读原著以作对照，当有比我更好的心得和评论。此序仅为抛砖引玉之所作也。

原 书 序

2005 年 12 月 20 日。与许多其他科学家一样，那天早晨我是在焦虑不安中醒来的。因为就在那一天，宾夕法尼亚州哈里斯堡市*的联邦法官约翰·琼斯三世（John Jones III）将对"基茨米勒等诉多佛地方学区等"（*Kitzmiller et al. vs. Dover Area School District et al.*）一案做出裁决。这次审判是一道分水岭，因为琼斯的判决将决定学生们在美国的学校中学习演化论的方式。

彼时，教育与科学已然危机四伏。这个案件源于宾夕法尼亚州多佛地方学区校务管理委员会的一次会议。在会上，委员们对于该为地方中学订购哪一本生物学教材产生了分歧。一些信教的委员不喜欢原有教材所主张的达尔文演化论，因而建议改用包含圣经神创论的其他教材。在一番激烈的争论之后，委员会通过了一项决议，要求多佛的中学生物教师们在 9 年级**的课上宣读以下声明：

> 宾夕法尼亚州教学大纲要求学生学习达尔文的演化论，并最终参加包含演化论内容的标准试题考试。达尔文的演化论只是一种理论，因而不断接受着最新证据的挑战。该理论不是一个事实，

---

* 译注：本书作者系美国公民，故除非特别说明，本书所涉及的州及城市均在美国。下同，注略。

** 译注：美国高中最低的年级，相当于我国的初中三年级。

其中存在一些得不到任何证据支持的缺陷。……
智能设计论（intelligent design）同样解释了生命
的起源，却与达尔文的观点相左。学生们可以参
考《熊猫的与人类的》（*Of Pandas and People*）
一书，以决定自己是否愿意通过努力了解智能设
计论的真正内涵来探究这一理论。对于任何一种
理论，我们都鼓励学生们保持一种开放的心态。

这可算是点着了火药桶。校务委员会的九名成员中，
两名因此辞职。同时，所有生物教师都拒绝向学生宣读这
样的声明，并抗议说"智能设计论"是宗教而非科学。由
于在公立学校中提供宗教教育违反了美国宪法，于是 11 位
义愤填膺的学生家长把多佛地方学区告上了法庭。

审判始于 2005 年 9 月 26 日，持续了六周。这个有趣
的事件被无可争议地贴上了"本世纪斯科普斯案"的标签。
"斯科普斯案"是发生在 1925 年的著名案件：田纳西州代
顿市的中学教师约翰·斯科普斯（John Scopes）由于讲授
"人类经由演化而来"而获罪。如今，全国的媒体仿佛从天
而降一般齐聚多佛这个安静的小镇，这与 80 年前在那个更
加安静的小镇代顿所发生的一切极为相似。连查尔斯·达
尔文（Charles Darwin）的曾曾孙马修·查普曼（Matthew
Chapman）也出现在这里，为了写一本关于此次审判的书
进行调研。

事后，所有人都认为那是一场酣畅淋漓的大胜。控方
谨慎小心，有备而来；辩方则乏善可陈。为辩方出庭作证
的明星科学家承认，他对"科学"的定义太宽泛，甚至包
括了占星术。最后，《熊猫的与人类的》被证明是一本捏造
的宣扬神创论的书，只不过"创造"这个词全被简单替换

为"智能设计"而已。

但是此案的结果并未就此明了。琼斯是一位由乔治·W. 布什*任命的法官，一位虔诚的教众，一位保守的共和党员——完全不是达尔文主义的信徒。所以每个人都屏住了呼吸，紧张地等待着结果。

距离圣诞节还有五天的时候，琼斯法官宣布了他的决定——一个有利于演化论的裁决。他的判决用词毫无顾忌，称校务委员会的决定是"令人震惊的愚昧"，认为被告宣称自己没有宗教动机时说了谎话；而最重要的在于，他指出智能设计论只不过是重新包装过的神创论而已：

> 我们认为，任何一位客观而理性的人在研究了本案庞杂的记录以及我们的陈述之后，必将得出以下结论："智能设计论"是一种有趣的不同理论，但不是科学。……总而言之，（校务委员会的）声明单单挑选了演化论加以区别对待，错误地描绘了其在科学界的地位，致使学生们对其正确性产生不科学的怀疑；把一种宗教选择包装成为一种科学理论呈现在学生面前，指引他们去求教于神创论的教材《熊猫的与人类的》，仿佛它是科学资料一样；还指导学生们在公立学校的课堂上进行超越科学的探寻，而不是去别的地方寻求宗教指引。

对于辩方宣称演化论有致命缺陷，琼斯未予采信：

---

*译注：小布什，时任美国总统，来自共和党，在宗教相关问题上态度相当保守。

　　当然，达尔文的演化论不是完美的。然而，即便一个科学理论尚不足以解释一切事实，也不应以此为借口，把一种基于宗教的无法检验的理论强行带入科学教室，令其错误地代表业已建立的科学命题。

　　然而，科学的真理应该由科学家来决定，而非法官。琼斯所做的只是防止了已经存在的真理被带有偏见的宗教对手所混淆。不过，他的裁决对于美国的学生们而言，对于演化论而言，特别是对于科学本身而言，真是一个辉煌的胜利！

　　纵然如此，还远没到欢庆胜利的时候。我们不得不通过斗争，才避免了演化论在学校中接受审查，而这肯定不会是最后一次。我教授演化生物学并为之与人争辩已经超过25年了。在这个过程中我认识到，神创论就像是我小时候玩过的胖胖的小丑不倒翁：你推它一下，它会暂时倒下，但之后还会弹回来。虽然多佛审判发生在美国，神创论却并不是仅存在于美国的问题。神创论者——并不一定是基督徒——正在世界的其他地方建立据点，特别是英国、澳大利亚和土耳其。关于演化论的斗争似乎永远不会结束，而且也只是一场更大规模战争的一部分，那就是理性与迷信之战。置于案俎之上的是科学本身，以及它所带给社会的一切裨益。

　　无论在美国还是在别的地方，演化论反对者所持的说辞总是一样的："演化论这种理论处于危机之中。"言外之意是，有一些对于自然界的深入观察与达尔文学说不一致。但演化论不仅仅是"理论"，更别提什么危机之中的理论了。演化是一个事实。科学家们在过去一个半世纪内所搜集的证据没有催生任何质疑，而是完全支持演化论。这些证据表明，演化的确发生过，并主要是按达尔文所提出的理论，通过自然选择的作用发生的。

本书展示了演化论证据的主线。对于那些纯粹基于信仰原因反对达尔文学说的人，没有什么证据能说服他们——信仰是没有任何理由的。但还有许多人尚存疑问，或是接受了演化论但不知道如何为之辩护。对于这些人，这本书简明扼要地概括了一个问题：为什么现代科学认定演化论是正确的。我写作这本书，是希望所有人都可以分享达尔文演化论无所不在的解释能力给予我的震撼，并可以勇敢地面对其内涵。

任何有关于演化生物学的书籍都必然是协作的产物，涉及各个领域，例如古生物学、分子生物学、种群遗传学以及生物地理学。没有一个人可以掌握所有这些知识。我要感谢许多同行的帮助和建议，他们耐心地给予我指导，并纠正了我的错误。这些人包括理查德·阿伯特（Richard Abbott）、斯潘瑟·巴莱特（Spencer Barrett）、安德鲁·巴利（Andrew Berry）、德波拉·查尔斯沃斯（Deborah Charlesworth）、彼得·克瑞恩（Peter Crane）、米克·埃立逊（Mick Ellison）、罗伯·弗雷舍（Rob Fleischer）、彼得·格兰特（Peter Grant）、马修·哈里斯（Matthew Harris）、吉姆·霍普森（Jim Hopson）、大卫·杰布隆斯基（David Jablonski）、法里仕·詹金斯（Farish Jenkins）、埃米丽·凯（Emily Kay）、菲利普·凯彻（Philip Kitcher）、里奇·伦斯基（Rich Lenski）、马克·诺雷尔（Mark

Norell）、斯蒂夫·品克（Steve Pinker）、特雷弗·普莱斯（Trevor Price）、唐纳德·普罗塞罗（Donald Prothero）、斯蒂夫·普鲁埃特-琼斯（Steve Pruett-Jones）、鲍勃·理查兹（Bob Richards）、卡勒姆·罗斯（Callum Ross）、道格·舍姆斯克（Doug Schemske）、保罗·塞瑞诺（Paul Sereno）、尼尔·舒宾（Neil Shubin）、詹尼斯·斯波福德（Janice Spofford）、道格拉斯·斯奥鲍德（Douglas Theobald）、杰森·韦尔（Jason Weir）、斯蒂夫·扬诺威亚克（Steve Yanoviak）和安妮·约德（Anne Yoder）。如果由于疏忽而遗漏掉谁的名字，我表示抱歉。如果书中还有任何错误，那也是我自己的责任，与他人无关。我要特别感谢马修·库勃（Matthew Cobb）、内奥米·费因（Naomi Fein）、霍皮·霍克斯卓（Hopi Hoekstra）、拉莎·曼农（Latha Menon）和布里特·史密斯（Brit Smith），他们阅读了本书的全部手稿并给出了评价。如果没有插图画家卡里奥皮·蒙诺伊奥斯（Kalliopi Monoyios）的辛勤工作及其艺术家的敏锐，这本书必然会逊色不少。最后，我要感谢我的代理人约翰·布劳克曼（John Brockman），他同样认为人们需要了解更多演化论的证据；还要感谢维京-企鹅出版社（Viking Penguin）的编辑温迪·沃夫（Wendy Wolf）的帮助和支持。

引　言

达尔文至关重要，因为演化至关重要。

演化至关重要，因为科学至关重要。

科学至关重要，因为它是精彩绝伦的故事，讲述着我们这个时代；

更因为它是恢宏壮阔的史诗，回答着三个问题：

我们是谁，我们从何方而来，我们向何方而去。

——迈克尔·舍默（Michael Shermer）

关于我们所居住的这个宇宙，科学已经做出了众多的神奇发现，但其中任何一个都没有像演化论那样，引发了如此巨大的爱与恨。这或许是因为，无论是浩瀚的星系还是飞逝的中微子，都不像演化论那样与人性密切相关。演化论为我们展示了人类在浩如烟海的生命形式之中所处的地位。学习演化论能让我们在内心深处发生某种变化。它不但把我们与地球上现存的每一种生物联系了起来，还把我们与久远的历史中早已灭绝的无数生物也联系了起来。演化论令我们得以知晓人类真正的起源所在，取代了已经被我们信奉了几千年的神话传说。对此，有些人感到深深的恐惧，而另一些人则感到难以言喻的激动。

查尔斯·达尔文当然属于后一种人，他的那本著作——《物种起源》（1859）——是所有这一切的开端。在该书的最后一段，达尔文这样赞颂了演化之美：

　　如此来看，生命是极其伟大的。最初，生命的力量只赋予了一种或寥寥几种形式。当这个星球按照一成不变的重力法则周而复始地运动时，从如此简单的开端之中，却迸发出了无穷无尽的不同生命形式，而且大都美丽而精彩。所有这些生命形式都是经由演化而来的，并且仍将继续演化下去。

　　然而，演化论的神奇之处还不止于此。演化的过程有赖于自然选择机制，在它的推动之下，第一个能够自我复制的裸露分子，最终演进成为亿万种已经作古或尚且鲜活的生命形式。而这个机制本身却有着令人吃惊的简洁性与美感。通过如此简单明了的一个进程，却能获得如兰花的花朵、蝙蝠的翅膀、孔雀的尾巴般纷繁的多样性。意识到这一点时所带给人的震撼，只有那些真正理解自然选择的人才能体会。在《物种起源》中，达尔文同样也描绘了这种感受——带着些许维多利亚时期家长式的语气：

　　　　如果我们看待一种有机生命的方式与一个原始人看待一条鱼的方式不再相同，而是视之为某种远远超越原始人理解能力的东西；如果对于大自然的每一样作品，我们都能看到其悠远的历史；如果凝视着生命的每一种复杂结构和本能，我们都能把它看作是许多利于其拥有者的小发明的综合——正如任何一个伟大发明家的发明都是劳动、经验、动因，甚至是众多工人所犯错误的综合一样；如果此时再来看待每一种有机生命——就我所经历的一切而言——那么我们会发觉，针对自然历史的研究将变得相当之有趣。

　　达尔文学说认为：所有生命都是演化的产物，而自然选择是演化这一过程的主要推动力。这一学说被誉为人类曾经拥有过的最伟大的思想。然而，它不仅仅是一个优秀甚至完美的学说，还恰恰是一个正确的学说。虽然演化这一思想本身不是达尔文的原创，但他收集了丰富的证据，来说服大多数科学家和许多受过良好教育的读者接受了这一观点：生命的确是随时间而变化的。所有这一切只不过发生在《物种起源》于 1859 年出版之后的十年间。然而在这部著作面世之后的许多年里，科学家们始终用怀疑的眼光来看待达尔文的真正创新所在——自然选择理论。的确，如果说在历史上达尔文学说曾经"仅仅是个理论"，甚至"处于危机之中"，那就只能是 19 世纪下半叶这个时期了。当时，演化机制的证据尚不明了，而其起效的途径——遗传学——尚在萌芽之中。这些问题在 20 世纪初的几十年里全部得以解决。从那时起，演化和自然选择的证据"你方唱罢我登场"，击溃了一切针对达尔文学说的科学质疑。尽管生物学家发现了越来越多达尔文永远无法想象的现象（比如说，以 DNA 序列为基础分析演化上的亲缘关系），《物种起源》所呈现的主体理论仍旧屹立不倒。今天，科学家们已经有了足够的信心来确信达尔文学说，正如他们确信原子的存在或微生物引发了传染病一样。

　　那么，我们为什么还需要一本书，来对一个早已成为主流科学之一的理论给出证据呢？毕竟，不会有人写一本书为原子的存在或为疾病细菌学说提供证据。为什么要对演化论区别对待呢？

　　没有理由——却又有太多理由。诚然，演化与任何其他科学事实一样坚不可摧（正如在本书中将要讲到的，远非"仅仅是个学说"），科学家们也不再需要任何说服；但在科学界之外，情况却不太一样。对于许多人而言，演化论啃噬着他们的自我意识。如果说演化告诉了他们什么，那就是人类不仅仅与其他生物有着亲缘关系，还与它们一样，是盲目无情的演化之力的产物。如果人类只是自然选择众多的产物之一，那么我们也许根本没有什么特别之处。你可以理解为什么这会令许多人坐立不安，因为他们认为人类是与其他物种完全不同的，是神为了特别的目的而创造的。我们的存在还有任何区别于其他生物的目的或意义吗？演化论还被认为是对道德的一种侵蚀。毕竟，如果我们只是动物，那么为什么不像动物一样行事呢？如果我们不过是长着大脑袋的猴子，什么能让我们保有道德呢？没有任何其他的科学理论引发了如此巨大的内心焦虑或心理抗拒。

很明显，这种抗拒很大程度上滋生于宗教之中。你或许能找到没有神创论的宗教，但你找不到没有宗教背景的神创论。许多宗教不仅笃信人类是特别的，还否认演化，断言我们和其他物种都是神在转瞬之间创造出来的。尽管许多宗教信徒都找到了让演化论与他们的精神信仰相容共处的方式，但这种共存的前提是：他们不能死板地遵从神创论的"真理"。这就是为什么在美国和土耳其，反对演化论的呼声最为高涨——这两个国家充斥着原教旨主义者。

统计数字无情地揭示了我们对于演化论这个简单理论的抗拒程度。不管有多少无可辩驳的证据显示了演化论的正确性，年复一年的抽样调查却告诉我们：美国人对于这一生物学分支抱有令人沮丧的怀疑态度。例如，在 2006年，32 个国家的成年人接受了一项抽样调查：对于"就我们所知，人类是从早期的动物物种发展而来"这一论述，受访者需要判断其是"正确"、"错误"，还是"不确定"。这个论述在今天当然是正确的：正如本书后面将要讲到的，基因和化石证据都表明，人类源自于一种灵长类，后者在大约700万年前与黑猩猩分化自一个共同的祖先。然而，只有40%的美国人——10个人中只有4个*——认为这一论述是正确的（较1985年又降低了5个百分点）。这个比例几乎相当于持否定观点的受访者比例：39%。而其余21%的受访者则仅表示自己不太确定。

当我们把这些数据与其他西方国家的数据相比较时，结果显得更为刺目。在抽样调查的另外31个国家中，只有土耳其这个盛行原教旨主义的国家对演化论有着比我们更低的接受率（25%接受，75%反对）。欧洲人的调查结果则好得多，在法国、斯堪的纳维亚半岛国家**以及冰岛，超过80%的受访者都认为演化论是正确的。在日本，78%的受访者同意人类是演化而来的。试想一下，如果在一项原子理论接受程度的调查中，美国竟然排在了所有国家的倒数第二位，恐怕人们会立即去着手提高物理学教育水平的。

而当人们不是在讨论演化论正确与否，而是在讨论应不应该在公立学校中讲授演化论时，情况更糟。将近三分之二的美国人认为，如果能够在科学课堂上讲授演化论，那么也应该可以讲授神创论。只有12%的人——8个人中只有1个——认为在讲授演化论的时候，不应该提到还有神创论这样的其他理论。或许"教育不能忽略任何方面"

---

*译注：原文如此，可能是因为作者考虑到普通美国人普遍不太擅长数学，才做了看似多余的解释。后同，注略。

**译注：指北欧四国，包括挪威、瑞典、丹麦和芬兰。

这种意见凸显了公平竞争的美国精神，但一个教育工作者却会因此感到极度沮丧。为什么要把一种尽管得到广泛接受但不可信的基于宗教的理论，与一种明显正确的理论一同讲授？这就好像是要求在医学院中讲授西医理论的同时，还要讲授萨满的巫术；或在心理学课堂上讲授人类行为学理论的同时，还要讲授占星术。或许，这些都还不是最恐怖的：在美国中学的生物学教师中，将近八分之一承认曾经不顾法律的禁止，在课堂上介绍了神创论或智能设计论，并将之作为达尔文学说的一种可供选择的替代科学。（你大可不必对此感到吃惊，因为有六分之一的教师相信"上帝在最近 1 万年内创造了人类，其当时的形式已经相当接近今天的我们了"。）

可悲的是，通常被认为是美国特有问题的反达尔文主义，如今也正逐步扩散到其他国家，其中就包括德国和英国。在英国，BBC 于 2006 年进行了一项覆盖 2000 人的抽样调查，请被访者讲述自己对于生命形成及发展的观点。48％的受访者接受演化论，39％引用了神创论或智能设计论，另外 13％则回答不知道；超过 40％的受访者认为，应该在学校的科学课上讲授神创论或智能设计论。这个结果与美国的情况差别不大。而且有些英国学校在课堂上的确将智能设计论列为演化论的替代观点，这在美国是违法的，更是一个教育的悲剧。基督教福音派正在欧洲大陆获得立足点，穆斯林原教旨主义也正通过中东向外扩散，神创论紧随这些复苏的宗教而来。当我写下这些文字的时候，土耳其的生物学家们正在筑起最后一道防线，与他们国家中那些根深蒂固、摇旗呐喊的神创论者进行斗争。极具讽刺意味的是，神创论者甚至在加拉帕戈斯群岛上拥有了立足点，建立了一所基督复临安息日教会学校，把原汁原味的神创论生物学灌输给了拥有不同信仰的孩子们。然而，这个群岛本是演化论的象征，是给予了达尔文演化之灵感的圣地。

除了与宗教原教旨主义的冲突，围绕着演化论的还有相当多的困惑与误解。而这仅仅是由于对很多支持演化论的有分量的证据缺乏了解。毫无疑问，有些人就是对此不感兴趣。但问题没那么简单：这实际上是信息的匮乏。即便在我那些研究生物学的同事当中，不少人对于许多演化论的证据线索也所知不多。事实上，作为一条把整个生物学联系到一起的线索，学生们应该在中学就学过演化论了。然而在我课堂上的大学生当中，大多数人对于演化论竟然几乎一无所知。姑且不论神创论的无处不在，及其近来的旁枝——智能设计论，大众媒体竟也几乎没有对于科学家为什么会接受演化论给出任何的背景介绍。于是，许多巧舌如簧的神创论者有预谋地歪曲达尔文学说，并吸引了大批听众，也就不足为奇了。

达尔文是第一个为演化论收集证据的人。在他之后，科学研究相继发现了一系列新的证据，展现了演化的作用。我们观察到了物种的一分为二，发现了越来越多的化石，而它们恰好捕捉到了久远过去的某种变化——长有萌芽阶段羽毛的恐龙、长出了四肢的鱼、正转变成哺乳类的爬行动物。这本书汇聚了众多现代科学领域的工作，包括遗传学、古生物学、地质学、分子生物学、解剖学和发育学，它们证实了由达尔文最先提出的演化过程所留下的"不可磨灭的印记"。我们将会探寻演化是什么、不是什么，以及如何检验一个激怒了众人的学说到底正确与否。

洞悉演化论的全部内涵必然需要思维方式的深刻转变，然而我们将在本书中看到，这并不会导致任何可怕的后果——虽然神创论者劝人们不要相信达尔文学说时经常这般危言耸听。接受演化论并不需要把你转变成一个绝望的虚无主义者，也不需要夺走你的人生目标和意义。它同样不会让你丧失道德，沦为斯大林或希特勒之徒*。它更不需要让你放弃宗教信仰，因为真正开明的宗教总是能找到一种方法来适应科学的发展。事实上，了解演化论肯定能够加深并丰富我们对这个生生不息的世界及我们在其中所处地位的认识。我们与狮子、红杉或青蛙一样，都是一个又一个基因缓慢替换的产物，每一次替换都带来了极其微小的进步。这一事实肯定比神话更令人信服，因为神话说，我们是突然之间被凭空创造出来的。对此，达尔文又一次给出了最为精辟的表述：

> 如果我把所有生命都不再视为特殊的造物，而只是某几个生命的直系后代，这几位祖先生活的年代远在寒武纪的第一个地层沉积之前，那么在我看来，它们简直就是高贵的贵族。

---

　　*译注：美国人普遍认为斯大林是一个暴君式的独裁统治者，故而经常将之与希特勒并列。

目　　录

第一章　什么是演化

演化论有个奇怪的特点：每个人都觉得自己了解演化论。

——雅克·莫诺（Jacques Monod）

自然界中至少有一件事情是确定无疑的：为了生存，每一种动植物似乎都经过了精致的，甚至近乎完美的设计。乌贼和比目鱼能够改变身体表面的颜色和花纹，让自己与环境浑然一体，从而消失在猎食者和猎物的眼中。黑夜中的蝙蝠备有雷达似的装置，可以对昆虫进行定位追踪。蜂鸟能在空中悬停，还可以瞬间变换位置，远比人类的直升机敏捷得多；它还有长长的舌头，能够吮吸花朵深处的蜜汁。而那些为它们提供食物的花朵也像是设计出来的：在蜂鸟的帮助之下完成了"性生活"。因为在蜂鸟忙于享受花蜜时，花粉就已经附在了它的嘴上；当它换到另一朵花上继续大吃大喝时，实际上就为那朵花完成了授粉。大自然简直像是一部上足了润滑油的机器，而每一个物种就是这部机器上彼此精密咬合的齿轮。

所有这一切意味着什么？当然是其背后有一位高明的技工——对于这个结论最为著名的表述来自于 18 世纪的英国哲学家威廉·佩利（William Paley）。他认为，如果偶然在地上发现一块表，人们当然会把它看作是一位表匠的作品；与之类似，既然存在着充分适应了大自然的生物体，及其精巧的特性，那么必然暗示着天上有一位全知全能的设计师——上帝。让我们看看佩利的分析，这是哲学史上最著名的论述之一：

> 当我们开始检查那块表的时候，我们发觉……它的一些部件是被设计出来的，并且组合在一起以达成某些目的。譬如说，它们被规矩地排列一起，并经过精确的调校以运转；这种运转相当规整，可以指示一天里的时间。我们还会发觉，如果表的不同部件改变了形状或尺寸，或是以不同的方式或顺序被组合在一起，那么这个装置要么就完全不能再运转，要么就无法实现本该由它提供的服务。……其中暗藏着发明创造的蛛丝马迹，显现着设计构思的马迹蛛丝，这些都存在于一块表之中，也同样存在于大自然的一切之中。两者的不同之处在于，大自然所包含的发明与设计更为繁多，更为伟大，其程度超越了任何计算的可能。

佩利的论述是符合常识的，同时也是陈旧的。当他和他的那些"自然神学家"同事们一起对动植物进行描述时，他们坚信自己正在做的工作是为上帝的伟大性与精巧性进行分类整理——这些特性已经被上帝置于自己的造物之中。

1859 年，达尔文在给出回答之前，首先自己提出了设计这个问题：

那些细腻的适应性或存于有机体各个部分之间，或存于有机体与环境之间，或存于有机体与其他有机体之间。所有这些适应性何以变得如此完美？我们可以看到许多优美的共适应：最明显的莫过于啄木鸟与槲寄生之间的共适应；稍逊一筹的是最为卑贱的寄生虫，它们紧紧附在四足动物的毛发或鸟类的羽毛上；还有某些甲虫的身体结构，令之可以深潜到水下；还有长着羽毛的种子，乘着最轻微的呼吸也能起航远行；简而言之，美丽的适应无所不在，存在于有机世界的每一个部分之中。

达尔文对于设计之谜有他自己的答案。作为一位聪敏的博物学家，达尔文最初在剑桥大学学习的目的却是成为一位牧师。颇具讽刺意味的是，他在学校里的房间曾经就是佩利的。达尔文深知像佩利那样的论述具有诱人的威力。一个人对关于植物与动物的知识了解得越多，就越是惊讶于这样一个事实：生物被设计得能够完美匹配其生活方式。于是乎，认定这一切源于有意识的设计，只是一个再自然不过的结论罢了。然而，达尔文的目光却越过了表象。他以大量的证据为基础，提出了两个概念，永远地驱散了"有意识设计"的论调。这两个伟大的概念即是演化与自然选择。达尔文不是第一个想到演化的人。在他之前提出这一概念的颇有几人，其中还包括他自己的祖父，伊拉斯谟·达尔文（Erasmus Darwin）。此人为演化观念的传播做了不少工作。不过，通过自然界的数据来说服人们相信演化观念的人，达尔文是第一个。至于自然选择的观点，则完全是达尔文的独创。有一件事情可以充分体现达尔文的天才之处：自然神学在 1859 年之前为大多数受过教育的西方人所接受；然而它却在几年之内就被一本五百来页的书击败了。这本书就是达尔文的《物种起源》，它把对生物多样性之谜的解答从神学领域带入了真正的科学轨道。

那么什么是"达尔文学说"？[1] 答案很简单：基于自然选择的演化理论。这个简洁而深刻的学说却如此频繁地为人所误解，甚至有时还会被人故意歪曲。故此，在深入探讨之前，我们着实有必要先列出其基本要点和主张。当我们讨论相关的证据时，还会不断重新提及这些要点和主张。

现代演化论的核心不难掌握。它可以被总结成为一个单句（虽然有点长）：一个生活在 35 亿多年前的原始物种——可能是一个能够自我复制的分子——逐步演化出了地球上的所有物种，其规模随着时间而不断扩大，发散出许许多多新的不同物种，其中所发生的大多数（不是全部）演化改变的机制是自然选择。

如果把这个表述拆分开来，我们会发现它其实包括了六个方面：演化、渐进性、物种形成、共同祖先、自然选择，以及演化改变的非选择性机制。接下来，让我们一一分析每一个方面的含义。

第一个方面是演化本身。这只是简单说明了一件事：物种随时间发生了遗传改变。换句话说，一个物种在很多代之后可能演化成为极其不同的某种生物；这种不同之处的基础是 DNA 的改变，而后者则源于突变。今天生活在地球上的动植物在远古时是不存在的，但却源自于某种生活在过去的生物。比如人类，就是从一种像猿一样的生物演化而来的，但这种生物又不同于今天的猿。

虽然所有物种都在演化，但演化的速度却又不尽相同。

有些物种，比如马蹄蟹*和银杏树，在数亿年中基本都没有变化。演化论并没有预测过物种将会不停地演化，或是当它们演化时速度有多快。那取决于它们所面临的演化压力。鲸类和人类等物种演化得非常快，而其他物种（比如腔棘鱼这类"活化石"）则看起来几乎与其生活在数亿年前的祖先一模一样。

　　演化论的第二个方面就是渐进性的概念。要产生一个演化上的改变，例如从爬行类到鸟类的演化，需要历经很多代。新特征的演化，例如让哺乳动物区别于爬行动物的牙与颚，不会只发生在一代或几代之间，而是通常需要成百上千代，甚至是上百万代。诚然，有些改变可以发生得极为迅速。微生物种群的每一代都很短，有些只有20分钟，这意味着这些物种可以在短时间内经历很多代的演化。这一情况导致了一个愈演愈烈的问题——致病细菌及病毒日益增强的抗药性。还有很多已知的演化可以发生在很短的时间之内，人短暂的一生中就可以观察到。但如果我们谈论的是真正的巨大改变，那通常指的是需要上万年才能发生的那种。不过，渐进性并不意味着每个物种都在以均匀的步伐演化。正如不同的物种有着不同的演化速度，同一个物种的演化速度也是时快时慢的，这是因为演化的压力有涨有落。当自然选择的作用强烈时，比如一种动物或植物移居到一个新环境中的时候，演化的改变可以很快。一旦一个物种良好地适应了一个稳定的栖息地，演化的速度通常就大大减慢了。

　　接下来这两个方面是一个硬币的两面。自然界有一个显著的事实：虽然生活在地球上的物种数不胜数，但所有的生物——你、我、大象和盆栽仙人掌——却享有某些共

---

　　*译注：学名为鲎（音：后），一种古老的海生节肢动物。

同的基础特征。其中包括我们用于产生能量的生化途径、我们标准的四字母 DNA 编码，以及这一编码被解读并翻译成为蛋白质的方式。这就告诉我们，所有物种都可以回溯到一个共同的祖先，它拥有上述这些共同特征，并将其传递给了自己的后代。但如果演化仅仅意味着单一一个物种之内的基因逐步改变，那么我们今天就将只有一个物种——最初那个物种高度演化的子代。然而实际情况是，我们有很多物种：今天的地球上栖息着超过 1000 万个物种，我们至少还知道 25 万个已经成为化石的物种。生命是多种多样的。这种多样性如何能从一种祖先形式发展而来？这就涉及了演化的第三个方面：分化，或者更精确地说，物种形成。

图 1 是一棵演化树的示意图，它反映了鸟类与爬行类之间的关系。大家肯定都见过这种图，但还是让我们仔细分析一下，以理解其真正含义。让我们首先观察节点 X，这里分成了两个后代分支，一支成为了蜥蜴和蛇等现代爬行动物，而另一支则成为了鸟类和它们的恐龙亲戚。那么在节点 X 到底发生了什么？节点 X 代表了单一的一个祖先物种，一种远古的爬行动物，它分化成为了两类后代物种。其中之一迈着欢快的步子前进，最终经历多次分化，成为了恐龙和现代的鸟类。另一个也不甘落后，但最终产生的是大多数的现代爬行动物。共同祖先 X 通常被称为两组后代之间的"缺失环节"。它是鸟类与现代爬行动物在演化谱系上的关联所在。如果你回溯这两者的种系，最终必将到达的交叉点就是节点 X。图 1 中还有一个更接近现在的"缺失环节"：节点 Y。它是现代鸟类与早已灭绝的双足肉食性恐龙的共同祖先物种。后者的代表物种之一就是众所周知的暴龙

（*Tyrannosaurus rex*）*。通常来说，共同祖先早已湮灭在了历史的长河中，它们的化石也几乎不太可能被发现——毕竟，它们也只不过是成千上万成为化石的物种之一。但是，我们还是有机会发现与之极为接近的化石，它们带有共同祖先的特征。例如在下一章里，我们将会了解到"有羽毛的恐龙"，它可以证实节点 Y 的存在。

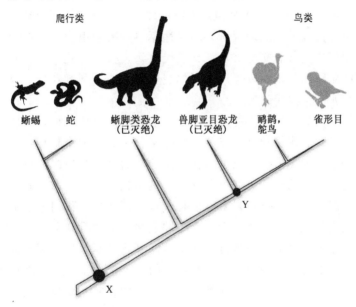

图 1　爬行类共同祖先的演化树。X 和 Y 是其后演化出来的物种的共同祖先物种。

　　而当节点 X 分裂为两个物种时，到底发生了什么事情？其实，真的没什么大不了的。后面我们将会看到，物种形成只不过意味着：演化出了不能彼此交配的两个物种。换

---

　　*译注：旧译为霸王龙。

言之，就是这两个物种的个体之间不再能够彼此交换基因。如果我们能回到这个共同祖先分化的历史时期，那我们所看到的很可能只是同一种爬行动物的两个种群而已。这两个种群的栖息地可能有所不同，导致二者已经开始演化出了一些差异性。经过很长的时间，这些差异逐渐被放大。最终，两个种群的差异性达到了成员无法进行种间交配的程度。（这一现象的发生可能有许多不同的方式：不同动物物种的成员可能发现对方的异性不再具有吸引力了，或者即便它们真的交配成功，其子代也将丧失生育能力；不同的植物物种则可以采用不同的授粉媒介或不同的花期，以防止交叉授粉的发生。）

时间又过了几百万年，发生了更多的分化事件，有一个恐龙后代物种（节点 Y）本身又分化成为两个物种：一个最终形成了所有双足肉食性恐龙，而另一个最终形成了所有现存的鸟类。这个演化史上的关键时刻——鸟类先祖的诞生，在当时看起来不会有什么特别之处。我们不会突然之间在爬行动物中看到会飞的生物，只会看到同一种恐龙稍有差异的两个种群，其差异性可能还不如当今两个人类族群之间的差异大。所有重要的改变都发生在分化之后的数千代当中。自然选择作用于一个种系时，提高了其飞行能力；而作用于另一个种系时，则加强了其双足恐龙的特征。只有一步步回顾过去，我们才能发现，原来物种 Y 就是暴龙与鸟类的共同祖先。这种演化事件极其缓慢，而且只有当我们在演化树上研究众多物种的发展过程时，某些重要时刻的意义才得以突显。

然而物种的分化并不是必然的。下文中我们将会看到，分化与否取决于环境是否能让种群演化到无法实现种间交配的差异程度。绝大多数的物种（超过99％）走向了灭绝，没有留下任何后代。而另一些物种（例如银杏树）生存了数亿年却没有发生什么改变。物种形成不太经常发生，但每发生一次，都令未来产生物种的可能性得以加倍，从而使物种的数量能够以指数级上升。虽然物种形成速度缓慢，但发生的频度已经足够高了。在历经了如此久远的历史之后，足以产生地球上现存动植物令人吃惊的多样性。

达尔文十分重视物种形成的问题，甚至把"物种形成"这个词写进了他那本著作的书名之中。而那本书也的确对于物种分化的问题给出了一些证据。《物种起源》全书只有一幅插图，就是像图1那样的演化树图。然而，达尔文最终也没有真正去解释新物种是如何产生的。由于缺乏遗传学的知识，他没有真正意识到，对物种的阐释其实就是对基因交换壁垒的阐释。直到20世纪30年代，人们才真正开始理解物种形成是如何发生的。这恰恰是我本人的研究领域，所以在第七章里，我将与大家分享更多有关于此的内容。

既然生命史可以表现为一棵树，所有物种都源于这棵树上的同一个主干，那么我们有理由相信：对于任何两个末梢（现存的物种），只要沿其分支上溯，都存在着一个交叉点。这个节点反映了两个物种的共同之处，是两者的共同来源。既然生命始于一个物种，通过开枝散叶的过程，分化出了上千万种后代，那么任意一对物种必定都有一个生存于过去某个时间点的共同祖先。亲缘关系较近的物种就像是亲缘关系较近的人，其共同祖先的生活年代比较接近现在；而亲缘关系较远的物种，其共同祖先的生活年代也就处于相对比较久远的过去。因此，共同祖先的概念——达尔文学说的第四个方面——是物种分化的另一面。其含义仅仅在于：我们总能通过DNA测序或研究化石的手段来回溯过去，发现任何两个后代物种都能汇合于某个祖先物种。

下面让我们来分析一下脊椎动物的演化树（图2）。在这张图上，我标出了一些被生物学家用来推定演化亲缘关系的特征。从树根来看，鱼类、两栖类、哺乳类和爬行类都有脊椎骨——被称为脊椎动物——所以它们必然源自一个同样有脊椎的共同祖先。但在脊椎动物中，爬行类和哺乳类又可以列在一起，区别于鱼类和两栖类。这是因为，爬行动物和哺乳动物都有"羊膜卵"（amniotic egg），它们的胚胎都包裹在一层膜里，内部充满了液体，这层膜就被称为羊膜。所以，爬行类和哺乳类一定有一个更近期的共同祖先，并且这个祖先同样也有类似的羊膜卵。更进一步讲，这一群动物仍可划分为两个子群：一个子群所包含的

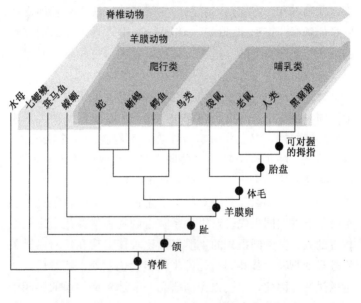

图2 脊椎动物的发展史，即演化树。它显示了演化如何产生出能够按层级分组的特征，再按这些特征对相应的物种按层级分组。圆点代表了演化树上产生每一种特征的位置。

物种都有毛发、温血、产奶（即哺乳动物）；另一个子群所包含的物种都有鳞、冷血、产出的蛋具有防水的外壳（即爬行动物）。其他所有物种亦是如此，最终都能形成一种嵌套的层级结构：较大的分组之中的物种只拥有很少的共同特征，而这些大的分组可以被划分成一些更小的分组，小分组中的物种拥有更多的共同特征。这样一直划分下去，就能得到每一个单独的物种。以黑熊与大灰熊为例，两者几乎共享了它们的所有特征。

实际上，对生命的嵌套式分类法远在达尔文之前就已经得到了广泛的认可。从 1635 年瑞典植物学家卡尔·林奈（Carl Linnaeus）的工作开始，生物学家们就对动植物进行了分类研究，发现它们始终可以按一种当时称之为"自然的"方式进行分类。更令人震惊的是，不同生物学家得出的分组方式竟然几乎完全相同。这意味着，这些分组的方式不是某一个人为了分组的目的主观臆造出来的，而是反映了大自然某种真实的本质。但没有人知道这种本质是什么，直到达尔文出现，并证实这种嵌套式的分类方法与演化论所预测的分毫不差。有着近期共同祖先的生物共有许多特征，而有着远古共同祖先的生物则不那么相像。"自然的"分类方式本身就是演化论的强大佐证。

为什么这么说呢？因为如果我们的分类对象不是经由演化中的分化和传代得到的，那么我们也就不会得到嵌套的分类结果。以我过去喜欢收集的纸板火柴＊为例，它们就

＊译注：欧美地区较为常见的一种火柴包装方式。一排火柴固定在一块小纸板上，火柴头一侧的纸板稍长并对折回来保护住火柴头，纸板另一侧有供点燃火柴之用的划擦层。其背面可以印制广告或宣传图案，种类不胜繁多，故具有收藏价值。

不符合物种所具有的自然分类方式。比如说，你同样可以按层级的方式来对纸板火柴进行分类，先按不同大小分类，再在同样尺寸之中按产地分类，再在同样产地之中按颜色分类，诸如此类。或者你也可以先按火柴纸板表面的广告类型分类，接下来再考虑颜色和生产日期。分类的方式不一而足，每个人都可能会采取不同的方式。没有一个分类的体系是所有纸板火柴的收藏者都能认同的。这是因为，每一个纸板火柴的图案都是根据人的意愿从零开始设计出来的；而如果按照演化的方式，一个图案将源于另一个，两者只有稍许差异。

　　如果生命真的源于神创论描绘的方式，那么现在的生物种类就会像纸板火柴的种类一样。如此一来，生物将没有共同的祖先，而成为适应其环境的原创设计在一瞬间的产物。在此框架下，我们不可能期望看到一种能够被所有生物学家认可的层级分类方式。[2]

　　直到约三十年前，生物学家对现存物种进行分类时，利用的还是可见特征，比如解剖学特征和繁殖方式等等。这一方法基于一个合理的假设：具有类似特征的有机体也有着类似的基因，因而有着更近的亲缘关系。然而现在，我们已经有了更为强大的独立的新方式：直接检查生物的基因本身。通过 DNA 测序，我们可以检测生物基因序列的相似程度，从而判别其在演化上的亲缘关系。这一方法的合理假设是，具有类似 DNA 的有机体有着更近的亲缘关系——也就是说，他们的共同祖先生活的年代更接近现在。对于在前 DNA 时代就已经建立的演化树，这一分子方法并没有带来太多改变。这是因为，有机体的可见特征与 DNA 序列通常会给出同样的演化亲缘关系。

　　依据共同祖先这一思想，我们自然会得出一些关于演化的预测。这些预测是强有力的，同时也是可以检验的。如果发现鸟类与爬行类基于其特征和DNA序列而被划分到一起，我们可以做出如下预测：应该可以在化石记录中找到两者的共同祖先。这一预测已经被证实，成为了演化最为强大的证据之一。下一章我们就将对此进行介绍。

演化论的第五个方面是达尔文的伟大智慧所带来的成就：自然选择。不过这一思想并非达尔文所独有：与他同时代的自然学家阿尔弗雷德·罗素·华莱士（Alfred Russel Wallace）几乎在同一时期也提出了自然选择理论。这成为了科学史上最为著名的同时发现之一。然而，荣誉最终归于达尔文，因为他在《物种起源》中给出的选择理论基于详实的证据与分析，他还在书中探讨了这一理论必然导致的很多结论。

此外，在达尔文的时代，自然选择还被认为是演化论中最具革命性的一个组成部分，同时也令很多人直至今天仍旧感到不安。自然选择的革命性及其带给人的困扰都来自同一个原因：它清晰地说明了一个事实——大自然的设计来源于一个纯粹物质化的进程，不需要超自然力量的创造或指导。

自然选择这一思想并不难于掌握。如果一个物种之中的个体在基因上彼此有所差异，而其中一些差异还影响到个体在其环境中的生存能力和繁殖能力，那么在下一代中，能带来更高存活率和更高繁殖率的"好"基因将比"不那么好"的基因拥有更多的拷贝。随着时间的流逝，由于有益的突变出现并扩散到了种群中，有害的基因被消除了，种群将变得越来越适应其环境。最终，这个过程令有机体得以良好地适应其栖息环境和生存方式。

让我们看一个简单的例子。长有长毛的猛犸栖息于欧亚大陆及北美大陆的北部，它们对于寒冷的适应就是全身披挂的厚重皮毛——完全冰封在冻土地带中的猛犸样本证实了这一点。[3] 它可能源于类似现代象一样没什么毛发的猛犸祖先。我们之中的一些人比另一些人的头发更多，体毛更重；与此类似，猛犸祖先中的突变导致了某些猛犸个体比同类长有更多的毛发。当气候变冷，或是其栖息地扩展到纬度更高的地区之后，多毛的个体更能忍受这种寒冷的环境，因而比体毛稀疏的同类留下了更多的后代。于是，种群中的多毛基因得以丰富。平均来看，下一代猛犸将比前一代长有稍多一些的毛发。这一过程持续几千代，光秃没毛的猛犸就成了毛发粗重杂乱的家伙。还有许多其他特征也会影响抵御严寒的能力（比如体形大小、脂肪含量等等），这些特征也会同时发生改变。

这样的过程相当简单。它只要求一个物种的个体之间存在某些基因上的差异，并导致其在环境中的生存与繁殖能力有所差异。满足了这个条件，自然选择（以及演化）就是必然的事件了。下文中我们将会看到，这个条件在迄今为止研究过的所有物种当中都是成立的。此外，既然许多特征都能影响个体对其环境的适应性，那么自然选择就可以对所有这些特征进行改造，让动植物在长久的年代之后看起来像是某种设计下的产物。

然而我们有必要认清这样一点：如果有机体是有意设计出来的，而非经自然选择演化而来，那你所看到的生物会有很大不同。自然选择不是高明的工程师，而只是一个修补匠。一个设计师从零开始所能创造的那种完美的产物，自然选择却创造不出来，只能就手中已有的材料做到最好。完美设计所需要的突变太罕见了，不太可能随机自然产生。以犀牛为例。非洲犀牛有并列的两只角，而印度犀牛只有一只独角（实际上，这些都不是真正的角，而是压缩在一起的毛发）。对于和敌人之间的战斗以及与同类之间的争斗，非洲犀牛或许能比印度犀牛适应得更好。但印度犀牛身上没能产生这种两只角的突变，不过聊胜于无：印度犀牛的独角也要好过其无角的祖先。只不过，基因发展的偶然性导致了比完美略逊一筹的"设计"。此外，每一种会被寄生虫或疾病侵害的动、植物，当然也都代表着某种程度上的适应失败。同样还有所有已经灭绝的生物——其在曾经生存过的物种中占到了99%以上。顺带要指出的是，这个问题给智能设计论（后文简称"智设论"）带来了不少麻烦。设计出上百万种注定灭绝的物种可不怎么显得有智慧。更何况，替代这些灭绝物种的新物种只不过是一些仍旧相似的物种而已，而且大部分同样逃不脱灭绝的厄运。智设论的支持者们从未就这个难题做出过解释。

自然选择还必须从整体上考虑有机体的设计问题，要在不同方面的适应性之间找到折中之道。雌海龟在海滩上的产卵坑是用它们的鳍状肢挖掘形成的——这是一个痛苦、缓慢而又笨拙的过程，还会把产下的蛋暴露在捕食者面前。如果它们的鳍状肢长得更像铲子一些，这个工作将完成得更好更快。然而"鱼与熊掌不可兼得"——这样一来，它们游泳的能力又会受到影响。一位尽职的设计师可能会多给海龟一对可以收回的铲形附肢，来解决这个两难的问题。但实际上，像所有其他爬行动物一样，海龟也被发育蓝图限制住了——蓝图上的肢体数目只能是四。

有机体不仅仅是突变当中幸运之神眷顾的产物，同时还被发育和演化的历史所限制。突变只是对已有特征的突变，基本不会产生全新的特性。也就是说，演化必然要在已有祖先物种的设计基础上创建新的物种。演化就像是一位建筑师，但他不能从零开始设计一幢建筑，只能通过调整已有建筑来建设新的结构，同时还要始终保持整体结构可供居住。以人类的男性为例，如果睾丸总是被置于体外将是件大大的好事，因为低温有利于保持精子的活性。[4] 但实际上，睾丸却发育自腹腔。在六至七个月大的男性胎儿体内，睾丸沿腹股沟管下移至阴囊内，使自身远离身体其他部分所产生的恐怖高温。这两条腹股沟管在腹腔壁上留下了一些薄弱点，使男人容易患上腹股沟疝。这是一种很糟糕的疾病：肠等腹腔内容物会进入腹股沟管留下的囊状区域，并阻塞于此，在外科手术出现之前的年代，这甚至会夺去患者的生命。没有一位智慧的设计者会让男人的睾丸历经这样一个有害无利的曲折旅程。我们不得不面对它的原因仅仅是，我们所继承的睾丸发育蓝图来自于鱼类祖先，而后者生殖腺的发育过程始终位于腹腔内，并会终生保留在那里。我们的发育始于像鱼一样的内置睾丸，而演化得到的最终结果却像是某种拙劣的附件。

所以，自然选择并不能造就完美，只是在原有基础上的进步。所谓"只有比较适应，没有最适应"。即便选择作用让人产生了"设计"的错觉，这种设计也绝不是完美的。具有讽刺意味的是，正如我们将在第三章中看到的，正是这些不完美之处成为了演化的重要佐证。

演化论六个方面之中的最后一个是：除自然选择之外，别的某些过程也能导致演化上的改变。这方面最重要的一个现象是基因比例的随机变化，该现象由不同家庭的不同子代数量引起，结果会产生与适应性完全无关的随机演化改变。不过，这种方式只能轻微地影响重要的演化改变，因为它不具有自然选择的塑造能力。自然选择仍是唯一能产生适应性的演化过程。但是，在第五章中我们会看到，在小规模种群的演化中，基因漂移扮演了有一定分量的角色，甚至可能直接导致了 DNA 的某些非适应性特征。

以上就是演化论的六个方面。[5]其中某些方面彼此之间有着密不可分的联系。譬如说，如果物种形成是真实存在的，那么共同祖先也必然是一个事实。而另一些方面则与其他方面全然无关。比如演化本身的发生，完全不必非要采取渐进的方式。20 世纪早期的一些"突变论者"（mutationist）认为，通过一次巨大规模的突变，一个物种可以突然产生另一个完全不同的新物种。例如，一位著名动物学家里夏德·戈尔德施密特（Richard Goldschmidt）就曾经有过一个论断：第一个可以被称为鸟的生物可能孵化自一只货真价实的爬行动物所产下的蛋。我们可以去检验这一论断的正确性。根据突变论的预测，不可能在化石记录中找到新旧物种之间的中间态，因为新物种是瞬间诞生于旧物种之中的。但是化石告诉我们，演化的过程不是这样的。不过，这至少说明，达尔文学说的不同方面可以独立予以检验。

与之类似的另一个观点是：演化可能的确发生过，但其推动力不是自然选择。例如，很多生物学家一度认为演化的推动力是主观意愿：他们认为有机体具有"内在动力"，它令物种朝着一个设定的方向发生改变。这一类推动力曾用于解释剑齿虎巨大犬齿的演化：不管有用与否，"内在动力"让剑齿虎的犬齿变得越来越大，直至嘴都合不上，难以进食；最终是饥饿把剑齿虎带上了灭绝的不归路。我们现在已经知道，没有证据显示在演化中存在任何主观意愿的力量，而剑齿虎也并非是饿死的。事实上，这种生物带着它们超大号的犬齿幸福地度过了上百万年，直至由于其他原因而灭绝。然而我们可以看到，正是演化可能存在不同的推动力这一事实，导致生物学家在接受了演化观念之后数十年，才最终接受了自然选择理论。

关于演化论的不同主张已经说了很多，而最重要也最常被人提及的则是：演化论只是一种理论，不是吗？在1980年德克萨斯的一次基督教福音派活动上致辞时，当时的总统候选人罗纳德·里根（Ronald Reagan）是这样描述演化论的："好吧，它是一种理论。它只是一种科学理论，并且近年来不断受到来自科学界本身的挑战。甚至连科学家们都不再像以前那样确定无疑地坚信这种理论了。"

这里的关键词在于"只是"。"只是"一种理论——其中的潜台词就是：这个理论中的某些部分不是那么地正确；它只是一种猜想，甚至很可能是错误的。的确，日常生活中"理论"的含义就是"猜测"。比如我们会说："我的理论是，今年经济不景气，年底双薪肯定没戏了。"*但在科学范畴内，"理论"一词的含义完全不同，其内涵远比一个简单的猜测要更为确定、更为苛刻。

根据《牛津英语词典》，一个"科学理论"是指"一种陈述，其内容是从已知事物或观察结果中总结得到的规律、定理或原因"。所以，我们可以说"引力理论"就是这样一个命题：所有具有质量的物体彼此吸引，其吸引力的强弱与两者之间的距离有严格的数学关系。我们还可以说，相对论是有关光速与时空弯曲的"理论"。

---

*译注：这里的"理论"一词原文皆为 theory。汉语中使用"理论"这个词时通常限于自然科学和社会科学的范畴，但 theory 在英语中的应用范围更为广泛，所以才会有人针对演化"理论"进行咬文嚼字的质疑。原文所用例句（My theory is that Fred is crazy about Sue.）中的 theory 译为"猜想"更通顺，可为了方便读者理解作者的用意，此处换用了一个相对符合汉语习惯的句子。

　　我想在此强调两点。其一，在科学范畴中，理论不仅仅是对于事物真相的猜想，还是深思熟虑之后提出的命题，对于客观世界的真相进行了解释。"原子理论"不仅仅陈述了"原子存在"这个事实，还陈述了原子之间相互作用的方式、组成化合物的方式，及其各自的化学属性。与此相似，演化论也不仅仅陈述了"演化发生过"这个事实，还包含了丰富的已获证实的原理（前文已经介绍了六个方面），它们解释了演化如何发生，以及为什么会发生。

　　其二，一个理论如果可以称之为科学的理论，就必须能够被检验，并能提出可被证实的预测。也就是说，我们能够对自然做出观察，以此来证实或否定一个理论，二者必居其一。举例来说，原子理论最初只是一种猜测，而后变得越来越可信，是因为化学研究提供了堆积如山的证据来支持原子的存在。虽然直到1981年扫描探针显微镜被发明出来，我们才能真正"看见"原子（而且在这类显微镜下，原子的确如之前所设想的，是小球状的），但科学家们在此之前很久就已经确信了原子的真实存在*。与此相似，任何一个成功的理论也都应该能够对未来将会产生的新发现做出预测；而只要我们更加深入地观察大自然，就必定能获得证实这些预测的观察结果。只要这些预测被证实，我们就可以更坚信这一理论的正确性。爱因斯坦在1916年提出的广义相对论预测，光线经过一个巨大天体时会发生弯曲。（准确地说，是这样的天体弯曲了其附近的时空，令

---

　　*译注：作者为"看见"加引号的原因在于，扫描探针显微镜也只是通过间接方式来感知原子外形。此外，根据原子理论的预测，只有单个原子的电子云呈球状，而在化合物中的原子则会呈现很多变化。化合物中非球形的原子形状早已被另一种实验方法所间接证实——高分辨率X射线晶体学。

光子在空间中的路径相应发生了弯曲。）果不其然，阿瑟·爱丁顿（Arthur Eddington）于 1919 年证实了这一预测。他在一次日食期间观测到了来自遥远恒星的光线在经过太阳附近时发生的弯曲，这导致该恒星的位置看起来就像是发生了移动。在这个观测结果证实了广义相对论的预测之后，这一伟大的理论才被人们广泛接受。

就是这样，一个被认为是"正确的"理论，其论断和预测必然已经接受了一次又一次的检验，并被不断确证。不会有一种科学理论可以在突然之间就成为了科学事实。只有积累了相当多的有利证据，同时又不存在相抵触的不利证据时，一个理论才能最终被理智的人们所接受。不过这并不意味着一个"正确"的理论就不可能是伪命题。长远来看，所有的科学真理都是暂时性的，会在新证据的光芒下发生变化。科学的历程没有终点，所以科学家们永远不会宣布：他们已经找到了自然界永恒不变的终极真理。本书后面的章节将讨论到这个问题：即便已经有成千上万份证据支持达尔文学说，但是一个新证据的出现彻底推翻演化论的可能性依旧存在。我想这种事情不会发生。不过，科学家并非狂热分子，即使是对于已经接受的真理，我们同样不能容忍自己变得盲目笃信。

在成为真理或事实的过程中，科学理论通常是与可替代理论一同接受检验的。毕竟，对于一个现象，人们往往能给出几种不同的解释。科学家们会努力做出一些关键性的观察，或者是可以导致决定性结果的实验，有针对性地对两种彼此排斥的解释进行检验。在相当长的一个时期内，人们都认为地球上的大陆板块是亘古未变的。但在 1912 年，德国地球物理学家阿尔弗雷德·魏格纳（Alfred Wegener）提出了一种与之对立的"大陆漂移"理论，认为大陆一直都在移动之中。他提出这一理论的最初灵感得自于对大陆轮廓的观察：南美洲和非洲两块大陆恰好能够对接在一起，就像是两块拼图。而化石证据的累积令大陆漂移变得更加确定：古生物学家发现，古代生物物种的分布表明，现在的大陆曾经是连接在一起的。此后，正如自然选择被提出来作为演化的机制一样，"板块构造"被提出来作为大陆漂移的机制，其认为地壳和地幔组成的板块漂浮在液态地核之上*。虽然板块构造学说最初迎来的也是地质学家们的一片质疑之声，但它在许多方面接受了严格的检验，许多颇具说服力的证据确认了这一理论的正确性。今天，感谢全球卫星定位技术，我们甚至可以直接观测到大陆的移动，速度约为每年5～10厘米**，差不多相当于你指甲的生长速度。（顺带需要指出的是，根据大陆漂移理论，古大陆是连接在一起的——这一坚不可摧的事实驳斥了"年轻地球"神创论者的主张，他们宣称地球只有6000～10 000年的历史。要是事实果真如此，我们现在站在西班牙的西海岸，就能遥望到曼哈顿林立的高楼大厦了，因为欧洲与美国此时分开的距离将不到1公里。）

──────────

＊译注：作者这一描述不太准确。地幔可以粗略地分为上地幔和下地幔两层。板块，即所谓的岩石圈，是由"地壳"及"上地幔"最上层的一小部分构成的。而上地幔的其余部分则是软流层，由处于固流体态的熔融岩石组成，推测为岩浆的发源地。岩石圈漂浮在软流层上，两者之间发生的一系列相互作用是大陆漂移的根本动因所在。而软流层下面的"下地幔"处于可塑性固态。不过，与地幔毗邻的外层地核的确被认为是液态的，而地核内层被多数学者认为是固态的。

＊＊译注：原文为"2～4英寸"。美国普遍采用英制度量单位，考虑到我国的度量衡制度以及读者的习惯问题，本书中凡涉及度量单位时，均由原文的英制换算为公制。后同，注略。

在达尔文写下《物种起源》一书时，西方的大多数科学家以及几乎所有普通人都相信神创论。虽然他们不一定全盘接受《创世记》精心安排的故事，但大多数人相信，生命是由一位全知全能的设计者设计并创造的，从未有过什么变化。在《物种起源》中，达尔文对于生命的设计、发展和分化提出了一整套替代假说。书中用很大篇幅讲解相关的证据，不仅支持了演化论，同时也驳斥了神创论。在达尔文的时代，支持其理论的证据已经相当丰富，但还不完全是决定性的。因而我们可以说，演化论被达尔文最初提出来的时候的确是一个理论（不过也是个得到了强烈支持的理论）；而从 1859 年开始，随着越来越多支持证据的积累，这个理论逐步成为了"事实性"的理论。演化论现在仍被称为"理论"，但却像"引力理论"一样，是理论也是事实。

那么，针对宣称"生命经由创造而来，并且从未改变"的神创论，我们到底应该如何检验演化论的正确与否呢？实际上，有两大类证据。第一类来自于根据达尔文学说的六个方面所做出的可检验的预测。这里说的预测，不是指达尔文学说可以预测未来的生命将如何演化，而是指它能够预测我们在研究现代的以及古代的物种时所能获得的发现。下面列出的是一些基于演化论的预测：

- 既然存在着古生物的化石遗骸，我们就应该能够在化石记录中发现一些关于演化改变的证据。最深处的（同时也是最古老的）地层包含有更原始的物种化石。随着地层变得更年轻，其中某些化石也应该相应变得更复杂。而含有类似现存物种的古生物化石则应存在于最接近现在的地层中。

此外，我们应该能够看到一些随着时间而改变的物种，它们所形成的种系展示了"发生着变化的子代"，体现了适应性。

• 我们应该能够在化石记录中发现物种形成的现象：一个种系的后代一分为二，甚至更多。我们也应该能够在野外发现新的物种。

• 我们应该能够发现这样的物种：它们将两个据推测有共同祖先的物种联系到一起，比如鸟类和爬行类，或鱼类和两栖类。更进一步讲，这些"缺失环节"（更恰当的称呼为"过渡形态"）所出现的地层应该对应于推测中种群发生分化的年代。

• 我们应该能够预期，任何一个物种内部都在许多特征上存在基因的差异性，否则演化根本就没有发生的可能性。

• 不完美是演化的特点，而非有意识设计的特点。故此，我们应该能够发现不完美适应的许多例证，其中演化并没有达到设计所能达到的完美程度。

• 我们应该能够在野外观察到正在发挥作用的自然选择。

除这些预测外，达尔文学说还能被我称为"后证实"

(retrodiction) 的证据所支持：这些事实或数据不一定是演化论预测得到的，但只有在演化论的框架下才能得以解释。这种"马后炮"式的方法也是一种可取的科学研究方法。例如，科学家们掌握了从海底岩石花纹图样上读取古地磁方向变化的方法之后，又为板块构造理论提供了一批新的证据。支持演化论（同时反对神创论）的"后证实"包括：地球表面物种的分布情况、有机体从胚胎发育而来的奇怪方式，以及没有明显用途的退化特征的存在。这些将是第三章和第四章的主题。

演化论给出的预测都是清楚明了的。达尔文在出版《物种起源》之前用了约 20 年的时间收集证据，而那已经是 150 年前的事情了。从那时至今，我们已经积累了如此之多的知识：发现了更多的化石；发现了更多的物种，其分布遍及全世界；在辨别不同物种的演化亲缘关系方面做了更多的工作。此外，达尔文无法想象的全新科学分支已经崛起，其中包括分子生物学和研究有机体亲缘关系的分类学。

正如我们将要在后面读到的，所有这些证据（不论新旧）无不指向同一个结论：演化论是正确的。

第二章　书写于岩石之中

地壳是一家藏品极其丰富的博物馆，
但这里间隔极其久远的时间才会制作一次标本。

——查尔斯·达尔文，《物种起源》

地球上的生命故事就书写在岩石之中。可惜，这本历史之书已经被撕碎揉烂了，仅存的几页也散落于四处。然而，它终究还是在那里，最为重要的部分仍旧清晰可读。古生物学家们不知疲倦地拼凑着这些看得见摸得着的演化史证据：化石记录。

一家上档次的自然历史博物馆必备的展品就是那些无比巨大的恐龙骨架。面对这些令人叹为观止的化石奇观，我们在不吝溢美之词的同时，却很容易忽略其背后所有的艰辛：发现、开采、制备、描述，无一不饱含付出与汗水。大量的时间、金钱，危险的远征，甚至还要前往世界上最偏远的荒芜角落，这一切不过是家常便饭。就说我在芝加哥大学的同事保罗·塞瑞诺（Paul Sereno）吧，他研究的是非洲恐龙，而他最感兴趣的化石大都深埋在撒哈拉大沙漠一望无际的沙丘之下。他和他的同事勇敢地面对当地混乱的政局、疯狂的盗匪、肆虐的疾病，当然还有严酷的沙漠环境本身，然后才能发现非凡的全新物种。比如他们发现的非洲猎龙（*Afrovenator abakensis*）和约巴龙（*Jobaria tiguidensis*）都是令恐龙演化史得以重写的重要物种。

这样的重大发现所包含的，是真正为科学献身的精神、经年累月的辛勤工作、坚毅、勇气，当然还需要一点点的运气。但许多古生物学家为了这样的发现甘冒生命之险。要知道，对于生物学家而言，化石的价值堪比黄金。设想一下，如果没有化石，我们对于演化的了解只会是一个大致的轮廓。我们所能做的，顶多就是研究现有的物种并试着推断它们之间的亲缘关系，而我们所能依赖的只有它们在形态、发育和 DNA 序列等方面的相似性。我们将会知道，哺乳动物跟爬行动物之间的亲缘关系比跟两栖动物的更近；但我们绝不可能知道它们的共同祖先长什么样子。我们对于恐龙如卡车般巨大的体型将没有任何概念，更不会知道人类早期的南方古猿祖先只有很小的大脑，却已经能直立行走。对于演化论，我们想要了解的很多问题都将成为不解之谜。幸运的是，物理学、地质学和生物化学的进步，再加上遍及世界各地的科学家所具备的勇气与坚毅，令我们得以拥有了化石这双眼睛，并凭借它望向历史的深处。

化石的形成

自古以来，人类就知道化石的存在：亚里士多德（Aristotle）就曾对化石做过一番讨论；原角龙（*Protoceratops*）的化石则很可能导致了古希腊神话中的怪物狮鹫的诞生。但直到很久以后，人们才认识到化石的真正意义所在。即便在 19 世纪，它们仍只是被曲解为超自然神力的产物、葬身于大洪水中的生物，或是物种迁居到地图上都找不到的极远之地后所留下的遗骸。

然而实际上，这些石化中所蕴含的是生命的历史。我们如何才能解读这部历史？首先，你当然要有化石，很多很多的化石；然后，你必须把它们按恰当的顺序排列好，从最古老的到最年轻的；此外，你还必须找到其形成的确切时间。上述每一条要求都有其难度所在。

化石的形成是个很直接的过程，但却需要一套特殊的环境。首先，动植物的遗骸必须是在水中，沉到水底，还要被沉积物迅速覆盖，以避免腐化或被食腐动物吃掉。然而，植物或陆生动物死在湖泊或海洋底部的可能性极小；相反，海洋生物本身就生活在海底表面甚至海底下，或死后会自然沉到海底。这就是为什么大部分化石都是海洋生物化石的原因。

被沉积物安全地掩埋之后，动植物遗骸的坚硬部分就会被可溶矿物质浸透并替换。剩下的工作就是让遗骸整体在岩石中印上一个投影，这一步借助的是上层继续堆积的沉积物所产生的压力。然而，动植物遗骸中的柔软部分很难形成化石，由此导致我们对古代生物的了解严重失衡。骨骼、牙齿、贝壳的化石比比皆是，昆虫和甲壳类动物的外骨架也很丰富。反之，蠕虫、水母、细菌以及像鸟类这种骨骼脆弱的动物，它们的化石极为罕见。这两类化石数量的悬殊程度堪比水生动物与陆生动物的化石数量差异。在生命出现以来前 80% 的时间里，所有的物种都只有柔软的躯体。于是，我们对于最为有趣的早期演化只有一个模糊的了解，而对于生命的起源则干脆一无所知。

化石形成以后，还要躲过地壳无穷无尽的平移、褶皱、高温以及碾压才能留存下来。这些地质活动彻底毁掉了绝大部分的化石。得以幸存的化石还要被我们发现才行。其实大多数化石都深埋在地表以下，难以获得。在适当的地质作用下，古老的沉积层也可能被抬升，并在风雨的侵蚀下显露出其中所蕴含的化石。只有在这时，古生物学家的小锤子才能派上用场。如果这些半裸露的化石没有及时被人们发现，它们又会被风雨进一步侵蚀，从而永远地消失在地球上。

　　考虑到上述种种因素，很显然，化石记录不可能是完整的。有多不完整？据估计，地球上曾经生活过的物种介于 1700 万种（这很可能是一个相当保守的估计，因为仅现存的物种就多达 1000 万种以上）至 40 亿种之间。而我们已经发现其化石的物种约为 25 万种，也就是说，大概只有 0.1%～1% 的物种得以出现在我们的化石记录中。就整个生命发展史来看，很难说这是一个好的样本量。很多曾经生活在这个地球上的生物永远不会为我们所知了。好在，我们已经有了足够的化石来了解演化的进程，并可以借助这些化石了解主要物种类别之间的分化事件。

　　具有讽刺意味的是，最初对化石记录进行分类整理的不是演化论者，而是持神创论观点的地质学家，虔信《创世记》对于生命的描述。这些早期地质学家的石头样本通常来自英国工业化革命时期挖掘运河的过程。他们对不同地层的石头进行排序分类的原则基于一个基本常识：由于化石通常位于沉积岩层，而沉积岩源自江河湖海的淤泥堆积（在罕见的情况下，也可能源自沙丘或冰碛土）；于是，深处的地层必定比浅处地层形成得早，而年轻的岩石必定位于古老的岩石之上。然而，不是在任何一个地方都能找到所有的岩层——有的时期某地会由于缺乏水源而无法形成沉积。

　　所以，要建立完整的岩层次序，你不得不交叉比对世界各地的地层样本。如果一层同样的岩石含有同样的化石，却出现在不同的地点，那么就有理由相信这两处地层形成于同一个年代。举例来说，如果你在一个地方发现了四层岩石（从最浅到最深依次标记为 ABDE），而你又在另一个地方发现了其中两个相同的地层，中间插有另外一个地层（分别标记为 BCD）；那么，你就可以推断出，完整的地质层次应该包含了五个地层，从年轻到古老依次为 ABCDE。这种叠加原理最早由 17 世纪的丹麦博物学家尼古拉斯·斯坦诺（Nicolaus Steno）提出。后来，斯坦诺成为了一位大主教，还在去世后被教皇庇乌十一世（Pope Pius XI）于 1988 年追封为圣人——无疑也是对科学的发展做出了重大贡献的唯一一位圣人。应用斯坦诺的原理，人们在 18 世纪和 19 世纪不停地丰富完善着地层次序的记录：从非常古老的寒武纪直到最接近现代的全新世。到此为止，只能算是凑合。因为我们虽然知道了岩石的相对年代关系，但还不知道其诞生的实际年代。

　　大约从 1945 年起，我们有了检测某些岩石实际年代的方法——放射性同位素法。当来自于地表之下的熔融岩浆冷却形成火成岩的时候，某些放射性元素（也就是放射性同位素）就混合在了岩石之中，并以恒定的速率衰变为其他种类的元素。通常，我们用以描述这种衰变速率快慢的指标是"半衰期"——有一半同位素发生衰变所需的时间。如果我们知道一种同位素的半衰期、其在岩石形成之初的含量（地质学家们可以准确测定这个初始含量），还知道这种同位素现在的含量，那么估算岩石的年代就不是什么困难的事情了。不同的放射性同位素有不同的衰变速率。测定古老岩石的年代时一般利用的是铀-238，其存在于常见的锆石矿物中，半衰期约为 7 亿年。碳-14 的半衰期是 5730 年，用于测定年轻得多的岩石的年代，甚至可以用于测定像"死海卷轴"（Dead Sea Scroll）这种人类制品的年代。几种放射性同位素往往同时存在，因此测得的年代可以进行交叉验证，而结果总是一致的。不过，含有化石的岩石一般是沉积岩而非火成岩，因而无法直接测定其年代。但我们可以通过检测相邻火成岩的年代，把位于中间的化石年代"夹"出来。

演化论的反对者总是在质疑地质年代的可信度。他们声称，放射性衰变的速率可能会随着时间发生改变，或者在岩石所承受的极端物理压力下发生改变。这些反对意见通常来自于"年轻地球"神创论者，他们坚持认为地球只有 6000～10 000 年的历史。但这些声音是站不住脚的。因为不同放射性同位素的衰变速率不同，如果它们各自的速率还有变化，就不可能总是给出一致的年代测定结果。此外，当科学家们在实验室内将同位素置于极端的高温高压条件下时，其半衰期也从未发生改变。特别是当放射性同位素法测定的年代能够直接与历史记录中的年代交叉比对时（通常是利用衰变较快的碳-14），我们会发现两者完全一致。对陨石的放射测年结果告诉我们，地球与太阳系的年龄约为 46 亿年，而地球上最古老的岩石则要稍稍年轻一些——在加拿大北部采集到的岩石样本年龄为 43 亿年。这是因为，更古老的岩石已经在地壳运动中被破坏了。

不过，还是有其他方法可以检验放射测年法的准确性，其中之一使用的恰恰是生物学方法。康奈尔大学的约翰·韦尔斯（John Wells）采用独创性的方法研究了珊瑚的化石记录。放射性测年法显示，这些珊瑚生活在泥盆纪时期，大约 3.8 亿年前。但韦尔斯还能用另一种方法来判断这些珊瑚的生存年代，就是仔细的观察。他利用了这样一个事实：潮汐的摩擦力使得地球的自转速度逐步放慢。每一天，也就是地球自转一周的时间，都会比前一天长了一点点。当然，其程度小到了不可察觉的地步——准确地说，每天的时间长度在 10 万年间会增长约 2 秒。另一方面，地球绕太阳公转一周的时间长短，也就是一年，不会改变。两种因素的共同结果就是，每年的天数一直都在逐步减少。如果放射测年法给出的 3.8 亿年的结果是正确的，韦尔斯依据已知的地球自转减缓速率得出的计算结果是：在这些珊瑚生活的年代里，每年有 396 天，每天只有 22 小时。如果有某种方法能从化石本身获知当时每天的时长，那么我们就能检验这个时长与放射测年法所得出的 22 小时这个数值是否匹配。

珊瑚恰恰可以做到这一点。珊瑚在生长的过程中无意间记录下了每一年的天数，因为它会在体内同时生成年轮和日轮。在珊瑚的化石标本中，我们能够观察到两道年轮之间有多少个日轮，也就是该珊瑚生活的年代里每年有多少天。知道了潮汐导致的地球自转减速比率，就可以把"潮汐测年法"的结果与放射测年法的结果进行比对。韦尔斯对泥盆纪珊瑚化石的日轮进行了仔细地计数，结果显示其生活的年代每年有 400 天，也就是每天有 21.9 个小时，与预计的 22 小时相差无几。这一巧妙的生物学校验方法让我们对放射测年法的准确性有了更强的信心。

化石中的事实

化石记录提供了哪些演化上的证据？我们下面分别予以说明。首先是演化的整体图景：浏览全部岩层序列可以发现，早期的生命极为简单，而更复杂的物种则要在一定时间之后才能出现。此外，最年轻的化石应该与现存物种最为相似。

我们还应该能够观察到种系内发生的演化改变，也就是一个动植物物种随着时间转变成为另一个不同的物种。后来的物种应该具有与先前的物种类似的特征，使之看起来像是先前物种的后代。此外，既然生命史包含了从共同祖先分化出来的不同物种，那么我们应该能够在化石记录中观察到分化，以及那些共同祖先。譬如说，19世纪的解剖学家预测：以躯体的相似性来看，哺乳动物是从古代爬行动物演化而来的。所以我们应该能发现变得比较像哺乳动物的爬行动物化石。当然，由于化石记录是不完整的，我们不指望能在化石中找到所有主要生命形式的中间过渡形态。但至少应该能找到其中一部分。

在写作《物种起源》一书时，达尔文不得不哀叹于化石记录的有限。在那个时代，我们还没有过渡态物种的化石，也就是缺少主要生命形式之间的"缺失环节"，此类化石直接记录了演化的改变。有些种类的化石，比如鲸，突然就出现在了化石记录之中，没有任何已知的祖先。但达尔文还是掌握了一些支持演化的化石证据，其中包括一些可以观察到的事实：古代动植物与现存物种很不一样；形成年代越接近现在的化石，与现存物种的差异越小。他还注意到，相对而言，邻近地层中的化石彼此相像，分隔较远的地层中的化石则不太相像，这暗示着分化是一个渐进的连续进程。此外，在任何一地，最近形成的地层中的化石都类似于该地区的现存物种，而非世界上其他某个地区的现存物种。比如，有袋类的化石仅发现于澳大利亚，而那里也恰恰是现在有袋类的主要栖息地。这意味着，现存的物种源自于已经成为化石的物种。（有袋类的化石中还包括一些相当奇特的哺乳动物，例如一种身高达到 3 米的巨型袋鼠，它有着扁平的脸、巨大的爪子，每只脚上只有一个脚趾。）

达尔文所缺少的是能够清晰展现种内演化的足够化石，或是那些不同物种的共同祖先。但从他那个时代开始至今，古生物学家已经极大地丰富了化石的种类，验证了前文提到的预测。今天，我们已经可以展现动物种系内的连续变化；已经拥有了大量共同祖先、过渡状态的动物化石（例如鲸的缺失环节就已经被找到了）；并且已经挖掘到了相当深的地层，获得了复杂生命最初始状态的化石。

整体图景

现在，我们已经有了按时间顺序排列好的地层，还估测了其实际年代。那么，我们就可以从底部到顶部逐一阅读这些化石了。图 3 展示了简化之后的生命发展史的时间线，还标出了从 35 亿年前生命诞生直至今天所发生的主要生物学和地质学事件。[6] 化石记录对于生命的发展变化给出了明确的图景：始于简单，在发展中逐渐复杂化。虽然图中标出了爬行动物、哺乳动物等种类"最初出现"的时间点，但请不要把这理解成为，这些现代动物在这一时间点凭空蹦了出来，突然出现在化石记录中。相反，对于大多数种类而言，我们看到的是从其最初形式开始的逐步演化。以鸟类与哺乳类为例，它们就是从爬行动物祖先历经上百万年演化而来的。另一方面，我们将在下文中讨论主要种类之间的过渡种类——这让指定"最初出现"时间这种事多少变得有些武断了。

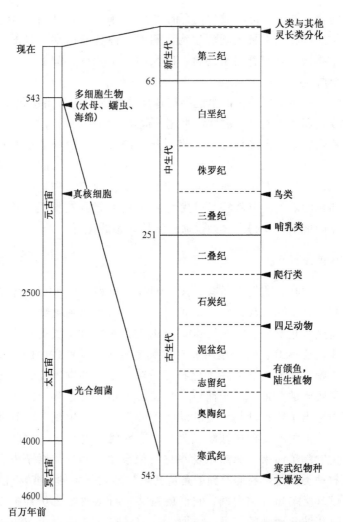

图3 化石记录显示了地球于 46 亿年前形成之后，各种不同的生命形态最早出现在地球上的时间。多细胞生命的形成和分化只占了生命发展史最后 15％ 的时间。各类生物登场的顺序就是演化的顺序。物种大都发生于该物种的化石自祖先物种发生已知转变的年代之后。

第一类生物体是简单的光合细菌，出现在有 35 亿年历史的沉积岩层中。那时，地球的年龄也只有约 10 亿岁。这些单细胞生物在接下来的 20 亿年间占据着整个地球，也是地球上唯一的生物。其后出现了最早的简单"真核生物"：拥有真正细胞的有机体，其细胞内有细胞核与染色体。而后，在大约 6 亿年前，一系列相对比较简单的多细胞有机体出现了，其中包括蠕虫、水母和海绵。在接下来的时间里，这些种类不断分化，直到陆生植物和四足动物（最早的四足动物是肉鳍鱼）出现于大约 4 亿年前。较早出现的物种往往都有着顽强的生命力：早期化石中出现的光合细菌、海绵和蠕虫至今仍然生活在我们周围的世界中。

在 5000 万年之后出现了最早的两栖动物，又过了 5000 万年才出现了爬行动物。最早的哺乳动物出现于距今 2.5 亿年前（正如预测的一样，源自爬行类祖先）。最早的鸟类也是源自爬行类，出现于 5000 万年之后。在哺乳动物出现之后，它们（和昆虫及陆生植物一同）呈现出了越来越强的多样性。同时，通过研究最浅的岩层，人们发现化石中的物种也越来越像现存的物种。人类是这个舞台上新近登场的角色。我们的种系与其他灵长类分化于大约 700 万年前——演化史上最闪亮的时刻。关于这个时刻，已经有了无数的想象与推测，但再多一些又何妨？如果把整个演化史压缩到一年之中*，那么最早的细菌大概出现于三月底，而人类直到 12 月 31 日早上 6 点才姗姗来迟。公元前 500 年左右的希腊黄金时期**则发生在下一年的新年钟声敲响前的 30 秒。

---

  *译注：从下文可以看出，作者指的实际上是整个地球历史。

  **译注：同时期的我国处于春秋末期。

因为植物缺少易于形成化石的坚硬部分，故其化石记录要稀缺得多，但我们仍可以从中得到一个类似的演化模式。最古老的植物是藻类和苔藓类，其后蕨类兴起，而后是松柏类，再之后是落叶树，最终出现了显花植物。

因此，化石所呈现的物种在时间长河中逐步出现的方式绝对不是随机的：简单的物种先于复杂的物种，祖先物种先于子代物种。最接近现代的化石则来自最类似于现存生物的物种。我们还有过渡形态生物的化石，把许多主要的物种种类连接到一起。除了演化论，没有任何其他理论（包括神创论）可以解释所有这一切。

化石中的演化与物种形成

为了展示一个单一种系的演化改变，首先需要岩层的沉积过程有良好的延续性，其次最好能有较快的沉降速度，最后还不能有缺失的层次。快速的沉降可以让每一个时期都体现为厚厚的一个地层，有助于看到变化。而如果出现了缺失的层次，本来平滑的演化过渡看起来会变得非常"跳跃"。

进行此类观察的理想对象是像浮游生物这类体型极小的海洋生物。它们的数量极其庞大，躯体大都有坚硬的部分，而且死后直接就沉降在了海底，按照时间的先后次序堆积起来。对其化石按次序取样的过程也很简单：把一根长长的管子钻入海底，重新提起来的时候，管内的岩柱芯就是我们所需的样本，可以直接从下至上进行研究，并测定年代。

关注柱芯内的一种化石物种，你就能看到其演化的发生过程。图 4 所显示的演化过程就发生在一种微小的单细胞海洋原生动物身上。它制造出了螺旋形的外壳，并在生

长过程中不断在壳中产生新的小室。这些样本取自于一段
200 米长的柱芯，开采于新西兰附近的海底，体现了大约
800 万年的演化过程。图中显示的是该物种一项特征随时
间变化的情况：螺形外壳最终的小室数。我们可以看到基
本满足平滑性和渐进性的改变：最初的个体平均有 4.8 个
小室，而最后的个体仅有平均 3.3 个小室，减少了 30%。

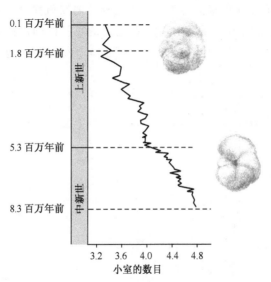

图 4　保存在海底柱芯样本中的化石记录。它显示了海洋有孔
目动物 *Globorotalia conoidea* 在 800 万年的一段时期内发生的
演化改变。横坐标是这种生物最终形成的螺旋形外壳中小室的
数目，得自柱芯同一横截面上个体计数的平均值。

　　演化虽然是逐步发生的，但并不一定是一个平滑或步
伐均匀的过程。图 5 显示的不规则图样来自另一种海洋微
生物，一种学名为 *Pseudocubus vema* 的放射虫。这里的数
据是地质学家在一根柱芯上等间隔采样得到的。这根 18 米

长的柱芯采自于南极洲附近的海底，源自 200 万年的沉积
作用。测量的对象是这种动物柱状基（相当于胸部）的宽
度。虽然这一尺寸随时间增长了 50％，但整体趋势却不是
平滑的：有些时期没发生什么变化，其间又间隔着一些变
化极快的时期。这样的变化曲线在化石研究中是相当普遍
的。如果推动改变的力量是环境因素（如气候和盐度的变
化），那么动物特征的改变呈现这样的曲线就完全可以理解
了。这是因为，环境本身的变化就是偶发性的，同时也是
不均匀的，因而与其相关的自然选择力量也会相应地起伏
不定。

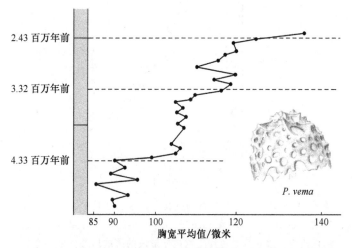

图 5　放射虫 *Pseudocubus vema* 胸部尺寸在一段 200 万年的时期
内的演化改变。数值是每个柱芯截面的种群平均值。

让我们再来研究一种更复杂的物种的演化：三叶虫。
三叶虫属于节肢动物，与昆虫和蜘蛛同属一类。由于它们
被一层坚硬的壳保护着，所以在古代地层中极其常见——
你甚至有可能在附近的博物馆纪念品商店中买到一块它的

化石。都柏林三一学院的彼得·谢尔登（Peter Sheldon）在一块页岩石板中采集到了很多三叶虫化石。这块页岩出自英国的威尔士，时间跨度约为 300 万年。在这些化石中，他鉴别出了八个不同的三叶虫种系，每一个种系的"臀板肋线"数量（其身体最后一个体段的节数）都随着时间发生了演化改变。图 6 显示了其中几个种系随时间变化的情

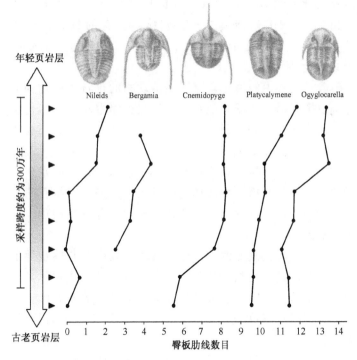

图 6 奥陶纪五种三叶虫"臀板肋线"（后段身体的节数）数目的演化改变。数字代表了这块 300 万年历史的页岩样本中每个截面的种群平均值。所有五种三叶虫（以及没有在图中出现的三种）都在这一时期表现出了肋线数目的总体增长，意味着自然选择参与了这些变化过程。不过，各物种变化的曲线不是完全一致的。

况。虽然在观察到的时期内，每个物种都表现了节数的总体增长趋势，但不同物种的改变程度却是完全不相关的，甚至还会在同一个时期内朝着相反的方向发展。

究竟是何种选择压力导致了这些浮游动物和三叶虫的演化？不幸的是，我们对此一无所知。在化石记录中看到演化远比了解其为什么演化要容易得多，因为虽然生物的化石得以留存，其生存的环境却早已是"沧海变桑田"，没留下任何痕迹。我们能够认定的只有：演化发生过，演化是逐步发生的，演化的方向和速度都始终处在变化中。

除了物种内的演化，海洋浮游动物的化石也给物种分化提供了证据。如图 7 所示，一种祖先浮游动物在演化中分化成为两个不同的子代物种，在形状和大小方面都有所区别。有趣的是，新产生的物种 *Eucyrtidium matuyamai* 最初出现的地区位于采到这根柱芯的区域以北，后来该物种才重又回到其祖先发源的这个地区。正如我们将在第七章中看到的，新物种的形成往往始于两个种群在地理上的彼此隔绝。

化石中演化改变的例子还有许多。其中既有逐步性的连续变化，也有突然性的间隔变化，所涉及的物种极其广泛，包括软体动物、啮齿动物和灵长类动物等差异巨大的物种。同时也存在显示物种几乎不发生任何改变的例子。要知道，演化论从未宣称所有物种都必须演化！无论列出多少例子，结论仍是一样的：化石记录无法证明神创论者的主张——所有物种突然出现并从未改变。与之相反，演化的过程中，纷繁多样的生命形式出现在化石记录里，而后继续演化，继续分化。

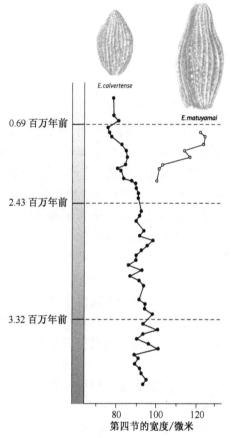

图 7 两种细篮虫属浮游放射虫的演化与物种形成。样本取自一段跨度超过 350 万年的柱芯。圆点代表放射虫第四节的宽度,在柱芯每一个截面上取样本的平均值。在采得这根柱芯的海域以北,一个 *E. calvertense* 种群的个体尺寸变得越来越大,逐渐成为了命名为 *E. matuyamai* 的新物种。这个新物种后又重新回到其近亲所在的这片海域。如图中所示,两者生活在一起,在尺寸上进一步分化。这种分化可能是自然选择的结果,以避免在食物方面的竞争。

"缺失环节"

海洋物种的改变给了演化有力的证据支持，然而这不是化石记录带给我们的全部价值。真正令生物学家和古生物学家感到兴奋的，是化石记录中存在的过渡形态生物——这些化石在两类非常不同的现存生物体之间架起了一座桥梁。鸟类真的来自于爬行类吗？陆生动物真的来自于鱼类吗？而鲸真的来自于陆生动物吗？如果这些都是真的，有化石证据吗？即便是某些神创论者也承认，生物可能发生形状和大小方面的微小改变（微演化），但他们拒绝接受一种动植物能形成另一种完全不同种类的生物（宏演化）的观点。智能设计论的拥趸辩称，如此巨大的差别需要一位创造者的介入才能够实现。[7] 虽然达尔文在写作《物种起源》时没有任何过渡形态的物种可供其作为证据，但他如今应该可以瞑目了，因为现代古生物学的累累硕果已经彻底证实了他的理论。这些化石当中包括了许多在多年前就已经被预测存在的物种，而它们都是直到最近十几年才被挖掘出土的。

但是，对于主要的演化过渡而言，什么才是真正有力的化石证据？根据演化论，任意两个物种（无论多么不同）一定都有一个单一的共同祖先，我们称之为"缺失环节"。如前所述，在化石记录中发现这个单一祖先物种的可能性微乎其微。这是因为，可以获得的化石在演化树上过于分散，完全不是连续的。

然而，也不必因此气馁，因为我们可以在化石记录中发现"缺失环节"的近亲，它们同样可以作为演化过渡的证据。让我们来看一个例子。在达尔文的时代，生物学家们依据解剖学的证据，如心脏和头骨的结构相似性，推测鸟类与爬行类有很近的亲缘关系。他们猜想，应该存在过一个共同祖先，在一次物种形成事件之后，产生了两个新的种系：其中一支最终成为了所有现代的鸟类，另一支则成为了所有现代的爬行类。

这个共同祖先长什么样子？直觉告诉我们，这个物种将会介于现代鸟类与现代爬行类之间，像是两者特征的一个综合体。但事实也并不一定如此，正如达尔文在《物种起源》中就已经认识到的：

> 有两个不同的物种，现在要构造一个介于两者之间的中间物种，还要避免自己的主观偏见——我发现这是一件很困难的事情。然而，这件事本身根本就是一个彻头彻尾的错误。我们应该不停地寻找把物种联系在一起的物种，一个有共同之处的未知祖先。但通常来说，这个祖先将在某些方面不同于任何它已经改变了的后代。

因为爬行类先于鸟类出现，我们可以猜到，两者的共同祖先是一种古老的爬行动物，看上去也应该是一只爬行动物。我们现在已经知道，这个共同祖先是一种恐龙。它的整体外观几乎不会让人想到它就是那个"缺失环节"——其后代之一将最终产生所有现代鸟类，而另一支后代产生了更多种类的恐龙。真正的鸟类特征，例如翅膀、附着飞行肌的大型胸骨，只会在以后出现在成为鸟类的这一演化分支上。而且在从爬行类向鸟类的发展过程中，这个种系还会产生许许多多混合了爬行类与鸟类特征的物种。其中一些进一步演化成为现代鸟类，而另一些则走向了灭亡。这些位于分支点附近，混合了爬行类与鸟类特征的种类，就是我们寻找共同祖先证据的目标。

　　所以，要说明两类生物存在共同祖先，并不需要精确找到那个单一的物种，甚至不必非要找到从祖先到后代的这条演化分支上的物种。其实，我们需要找到的，只是把两类生物的特征集合在一起的物种化石。同时很重要的一点是，要有证据表明这些化石来自恰当的地质年代。一个"过渡态物种"并不等同于一个"祖先物种"，前者只是混合了在它之前和之后的生物体的特征。考虑到化石记录杂乱无章的特性，在恰当的地质时期发现某种过渡形态生物是一个合理又现实的目标。以爬行类到鸟类的转变为例，其过渡形态应该看起来像是早期的爬行动物，又带着些许鸟类的特征。这类化石的年代应该在爬行类出现之后，同时又在鸟类出现之前。此外，这个过渡形态生物不一定处在从祖先到其现存后代的演化分支上——它可以是一个最终走向灭绝的近亲。正如我们将要看到的，向着鸟类演化的恐龙都生出了羽毛，而其中一些直到更像鸟类的其他生物出现时，仍在继续自己的演化之路，后来才最终灭绝。这些没有成为鸟类的长有羽毛的恐龙仍然为演化提供了证据，因为它们多少告诉了我们鸟类从何而来。

　　于是，过渡生物的生存年代，甚至其生理特征，都可以根据演化论进行预测。最近被证实的一些引人注目的预测，涉及了我们所处的生物类别——脊椎动物。

登陆：从鱼类到两栖类

　　在得以证实的演化生物学预测之中，于 2004 年发现的鱼类与两栖类之间的过渡形态生物堪称最伟大的发现之一。这是一种被称为提塔利克鱼（*Tiktaalik roseae*）的化石物种。它解答了很多关于脊椎动物如何登上陆地的谜题。这一发现强有力地支持了演化论的正确性，不禁令人击掌称快。

直到大约 3.9 亿年前，地球上唯一的脊椎动物就是鱼类。但我们发现，3000 万年之后，出现了明显可以行走于陆地上的四足动物。这些早期的四足动物与今天的两栖类有许多相像之处：它们都有扁平的头部和身体、清晰可辨的颈部、发育良好的腿及肢带。然而它们又与早期的鱼类显示出极强的联系，特别是被称为"肉鳍鱼"的种类。肉鳍鱼的鳍内多骨，足以在湖溪的浅滩上支撑自己的身体。早期四足动物所具有的与鱼类近似的结构包括：鳞、肢骨和头骨（图 8）。

早期鱼类如何演化才能够在陆上存活？这就是我在芝加哥大学的同事尼尔·舒宾（Neil Shubin）感兴趣的问题，他甚至可以说是到了为之着迷的程度。尼尔花了很多年的时间来研究从鳍到肢腿的演化，因而得以详细了解这一演化过程的早期阶段。

下面来谈谈相关的预测从何而来。如果 3.9 亿年前存在肉鳍鱼，却不存在任何陆生脊椎动物，而在 3.6 亿年前明显出现了陆上的脊椎动物，你认为过渡形态生物会出现在什么年代？当然是两者之间的某个时间点。遵循这一逻辑，舒宾预测：如果存在过渡形态生物，其化石应处于 3.75 亿年前形成的地层。更进一步讲，这些岩层应该是由淡水沉积物形成的，而非海洋沉积物，这是因为晚期的肉鳍鱼和早期的两栖类都生活在淡水之中。

然后，舒宾和他的同事找来了大学地质学课本，其中有暴露在外的淡水沉积岩的分布图。最终，他们锁定了一处年代合适的发掘地点——加拿大北部位于北冰洋中的埃尔斯米尔岛，一处从未被古生物学家探查过的地点。在长

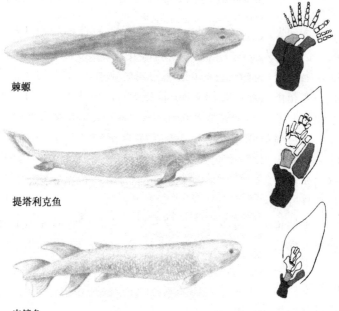

棘螈

提塔利克鱼

肉鳍鱼

图 8　登陆。一种早期的肉鳍鱼（*Eusthenopteron foordi*），生活在大约 3.85 亿年前；一种陆生的四足动物（棘螈，*Acanthostega gunnari*），发现于格陵兰岛，生活在大约 3.65 亿年前；以及两者之间的过渡物种，提塔利克鱼（*Tiktaalik roseae*），发现于埃尔斯米尔岛，生活在大约 3.75 亿年前。提塔利克鱼身体特征的中间性，可以通过它的鳍肢观察出来。该鳍肢的骨骼结构处于肉鳍鱼有力的鳍与四足动物更有力的行走肢之间。图中用深色标出的骨头后来演化成为了现代哺乳动物的臂骨：颜色最深的骨头成为了我们的肱骨，中等深色的成为了我们的桡骨，最浅色的成为了我们的尺骨。

达五年耗资不菲的搜索中，他们一无所获。但接下来，他们终于撞上了有价值的发现：一组化石彼此堆叠在一起，位于源自一条古溪的沉积岩中。当舒宾第一眼看到岩石中初露峥嵘的动物面部化石时，就知道自己终于找到了朝思暮想的过渡形态生物。为了对当地的因纽特人表示敬意，并对那些捐款支持此次考察的人们表示感谢，这种化石被命名为 *Tiktaalik roseae*。"Tiktaalik" 在因纽特语中的意思是 "巨大的淡水鱼"，而 "roseae" 则暗指匿名的捐款人。

提塔利克鱼的特征使之成为了稍早期的肉鳍鱼与稍晚期的两栖动物之间的直接联系点（图 8）。它拥有鳃、鳞、鳍，明显是一种生活在水中的鱼。但它同时还有类似于两栖动物的特征，比如它的头部像蝾螈一样是扁平的，眼睛和鼻孔不在头骨的两侧，而是位于头骨上方。这意味着它生活在浅水之中，能够在水面之上进行观察，甚至是在水面之上呼吸。它的鳍已经变得更有力了，足以把自己弹高一些，更好地探查周遭的环境。此外，像早期的两栖动物一样，提塔利克鱼具有颈部。要知道，鱼类没有颈部，它们的头部与肩部是直接连接在一起的。

更为重要的是，提塔利克鱼有两个全新的特征，非常有利于其后代移居到陆地上。第一，提塔利克鱼拥有一套强大的肋骨，有助于把空气吸入肺中，并从鳃中获取氧气——提塔利克鱼可能同时采用这两种呼吸方式。第二，不同于肉鳍鱼鳍内众多的微小骨头，提塔利克鱼的肢骨数量更少，但更为有力；而且其骨头的数量和位置与此后发展起来的所有陆生动物都是一致的，这其中当然也包括我们人类。事实上，对这种鳍肢的最佳描述方式是：部分是鳍，部分是腿。

很明显，提塔利克鱼已经很好地适应了浅溪中的生活：它们可以在水中徐缓地爬行，在水面外观察环境，还能呼吸空气。有了这样的身体结构，我们完全可以预想下一个演化步骤，一个可能包含了新行为的重要演化步骤：少数几条提塔利克鱼的后代有可能足够勇敢，用它们有力的鳍肢前去离水较远的地方探险。或许是为了到达另一条溪流，就像如今热带奇特的弹涂鱼那样；或许是为躲避捕食者；又或许是为了在早已经演化登陆的巨大昆虫中寻找食物。只要登陆的冒险旅程对生存有利，自然选择就能把那些探险者们最终从鱼类塑造成两栖类。提塔利克鱼迈向岸上的一小步，却是所有脊椎动物的一大步，最终造就了今天仍旧生活在陆地上的每一种有脊椎骨的动物。

不过，提塔利克鱼自己还没有完全准备好开始岸上的新生活。比如说，它还没有演化出可供行走的鳍肢，而且仍旧带有水下呼吸用的内鳃。所以我们可以做出另一个预测：在地球上某个 3.8 亿年前形成的淡水沉积岩地层中，存在一种非常早期的陆生动物，它与提塔利克鱼相比有着退化了的鳃和更强有力的鳍肢*。

提塔利克鱼告诉我们，人类的祖先可以一直上溯到一种头部扁平的肉食性鱼类，它们平时埋伏在小溪的浅水之中等待猎物。这种化石奇迹般地在鱼类与两栖类之间建立了联系。更为神奇的是，人们不仅预见到了它的发现，还准确预言了其地层年代和所处位置。

体验演化这出大戏的最佳方式就是亲眼看看化石，如果能亲手把玩一块化石就更妙了。我的学生们就得到了这样的机会。尼尔把一大摞提塔利克鱼化石带到了我的课上，这些化石被传到了每一位同学手上，尼尔还给大家讲解了

---

*译注：此处疑为作者笔误。前文提到寻找到提塔利克鱼化石的地层形成于 3.75 亿年前，而此处这种可能存在的早期陆生动物是比提塔利克鱼更为演化的物种，因而年代应该更接近现在，估计作者的本意是 3.7 亿年前。

为什么它能填补缺失的演化环节。对于这些学生来说，这就是最为实际的演化论证据。想想看，你能有多少机会亲手触摸一页演化的历史？更别提它很可能就是你在远古时代的祖先！

上天：鸟类的起源

半只翅膀有什么用处？从达尔文的时代开始，这一问题就被人反复提及，用以质疑演化论和自然选择。生物学家告诉我们，鸟类起源于早期爬行类，但一种陆生动物如何能演化出飞行的能力呢？神创论者还表示，自然选择无法解释这一过渡，因为它意味着要出现一个中间阶段——经历这一阶段的动物只长有尚未成形的翅膀。问题于是就出现了：这样似是而非的翅膀恐怕对生物来说不会是一种选择优势，反而只能是个累赘。

在飞行能力的演化过程中出现了中间阶段，而且这些中间阶段对于演化者是有利的——只要仔细想想，这种事情也不是没有可能。滑翔显然是这个过程的第一步。事实上，不同的物种都已经独立演化出了滑翔的本领：有胎盘的哺乳动物*、有袋动物，甚至还有蜥蜴。飞鼠体侧长有延伸出来的皮翼，十分善于滑翔——这是一种在树与树之间迅速转移，以躲避天敌和寻找坚果的好方法。动物界还有更为著名的"飞狐猴"，又称鼯猴，生活在东南亚地区。它有两张让人过目不忘的皮翼，从头部一直延伸到尾部。曾经有人看到鼯猴滑翔了将近140米的距离，而高度只下降了十几米！这个距离相当于六个网球场的长度。不难想象下一个演化步骤：像鼯猴一样拍翼的四肢实现了真正的飞行——正如蝙蝠

---

*译注：分类学名为真兽下纲。

一样。不过，现在我们不必只是坐在这里空想了：古生物学家们已经发现了清晰反映飞鸟演化过程的化石。

19 世纪以来，鸟类与某些恐龙在骨架上的相似性已经让古生物学家们得出了一个结论：两者有着共同的祖先，具体来讲就是兽脚亚目恐龙，这种恐龙敏捷，肉食性，双足行走。大约 2 亿年前的化石记录中已经出现了丰富的兽脚亚目恐龙，却没有半点鸟类的迹象。而在 0.7 亿年前的化石中发现的鸟类已经相当接近现代的鸟类了。如果演化论是正确的，那么我们应该能够在 2 亿年前与 0.7 亿年前之间的地层中找到爬行类与鸟类之间的过渡态物种。

当然，它们的确存在。实际上，达尔文本人就知道鸟类与爬行类之间的第一个连接点。不过奇怪的是，他只是在再版的《物种起源》中作为一个特例简单地提及了此事。作为世界上最著名的过渡态物种，这种乌鸦大小的动物被称为始祖鸟（*Archaeopteryx lithographica*），1860 年发现于德国一家石灰石采石场中。其学名中的 *Archaeopteryx* 意为"古老的翅膀"，而"lithographica"* 是指当地的索恩霍芬石灰石由于颗粒极其精细，就像印刷用的印版一样保留了柔软羽毛的印记。始祖鸟恰恰满足我们对于过渡态物种在特征组合上的期望，1.45 亿年前这个形成年代也在我们期望的范围内。

始祖鸟的确更像是爬行动物，而不太像是鸟。其骨架与某些兽脚亚目恐龙的骨架几乎别无二致。事实上，有些生物学家因为对始祖鸟化石观察得不够仔细，没有发现羽毛的印记，而错把它当成了兽脚亚目恐龙（图 9 显示了两者

---

　　* 译注：该词的词根 lithographic 是英文单词，意为"平版印刷、制版印刷"。

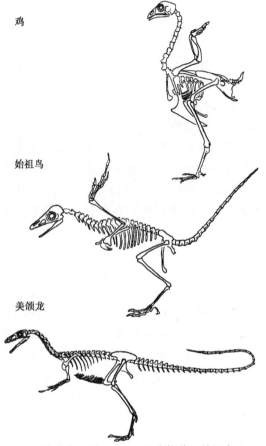

鸡

始祖鸟

美颌龙

图 9 一只现代鸟类（鸡）、一只过渡物种（始祖鸟，*Archae-opteryx*）和一只小型双足食肉兽脚亚目恐龙（美颌龙，*Compsognathus*）的骨架。美颌龙类似于始祖鸟的祖先之一。始祖鸟有少数与现代鸟类相似的特征，比如有羽毛和一个可以对握的大脚趾；但其整体骨架与恐龙非常相似，包括牙齿、一个爬行类的骨盆、一条有骨头的长尾巴。始祖鸟的大小接近乌鸦，而美颌龙则要更大一些。

之间的相似程度）。其爬行类的特征包括：有齿的颚、有骨的长尾巴、爪子、翅上分离的指（现代鸟类的这些骨头融合在了一起，如果你啃鸡翅时注意一下就会发现这一点），以及颈骨结合在头骨的后部（恐龙的方式）而非下部（现代鸟类的方式）；而类似鸟类的特征只有两点：巨大的羽毛和一个可以对握的大脚趾，后者可能用于抓住树干。虽然全身覆有羽毛，但这种生物到底能不能飞，至今没有定论。不过从羽毛的不对称形状来看，始祖鸟很有可能会飞。它的羽毛一侧较另一侧更大，就像机翼一样，形成了所谓的"翼剖面"形状——这是空气动力学飞行的必备条件。但是，即使始祖鸟可以飞，它基本仍是一种恐龙。演化论者称此种情况为"马赛克"。虽然始祖鸟同时具有鸟类与爬行类的特征，但其鸟类特征较少，爬行类特征更多。

在发现始祖鸟之后的很多年里，人们再没有发现另一种爬行类与鸟类的中间物种，在现代鸟类与其祖先之间留下了一块空白。而后，在 20 世纪 90 年代中期，大量来自中国的令人震惊的发现潮水一般涌现出来，迅速填补了这一空白。这些化石发现于一处湖泊沉积岩层，完好地保存了身体柔软部分的印记，呈现了一大批长有羽毛的真正的兽脚亚目恐龙。[8] 它们之中的一些种类只在体表长有很小的纤维状结构，并且覆盖全身，可能正是早期的羽毛。其中之一是引人注目的千禧中国鸟龙（*Sinornithosaurus millenii*），它全身披有长而纤细的羽毛。这些羽毛太小了，根本不可能帮助中国鸟龙飞行（图 10A）。它的爪子、牙齿和长而有骨的尾巴清楚地表明，这种生物远不是一种现代鸟类。[9] 此地发现的另一些恐龙在头上和前肢长有中等尺寸的羽毛。还有一些则在前肢和尾巴上长有大型的羽毛，与现代鸟类极其相似。所有发现中最为惊人的是顾氏小盗龙

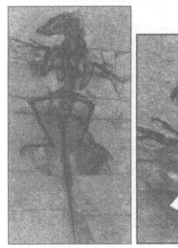

图 10A　长有羽毛的恐龙，千禧中国鸟龙（*Sinornithosaurus millenii*）。其化石最早发现于中国，形成年代约为 1.25 亿年前。化石清晰地显示了纤维状羽毛的印记，特别是在头部和前肢（箭头所指）。艺术家重建了中国鸟龙的形象（上图）。

（*Microraptor gui*），又称"四翼龙"。不同于任何现代鸟类，这种 0.75 米长的奇特生物的四肢上都覆有羽毛（图10B），全部伸展开的时候大概可以用于滑翔。[10]

图 10B 奇特的"四翼"恐龙，顾氏小盗龙（*Microraptor gui*）。其前后肢都生有长长的羽毛。这些羽毛（箭头所指）在这块 1.2 亿年前形成的化石中清晰可辨。还不太清楚这种动物是否会飞或滑翔，但其"后翅"几乎肯定能够帮助其落地，如上图画中所示。

　　兽脚亚目恐龙不仅有着最早出现的鸟类特征，似乎还有着与鸟类类似的行为方式。美国的古生物学家马克·诺雷尔（Mark Norell）与他的团队描述了两具表现出古生物行为的化石——可能是世界上唯一称得上"感人"的化石。一具化石是一只长有羽毛的小恐龙正在熟睡之中，头折向后方藏在收起的翅膀似的前肢下面——与现代鸟类的睡姿完全一样（图 11）。这只恐龙的学名被定为寐龙（*Mei long*）（汉语"熟睡之龙"的意思），因为它是在熟睡之中死去的。另一具化石则是一只雌性兽脚亚目恐龙，它坐在满是恐龙蛋的巢穴上时，突然走到了生命的尽头；这显示了与现代鸟类很相似的孵化行为。

　　所有不具飞行能力的带羽毛恐龙化石的年代均被测定为 1.35 亿～1.11 亿年前，晚于始祖鸟的 1.45 亿年，说明它们不可能是始祖鸟的直接祖先，但很可能是近亲。带羽毛恐龙可能在其一支子代成为了鸟类之后还继续存在了一个时期。那么我们应该还能发现一种更古老的带羽毛恐龙，它是始祖鸟的祖先。问题的难点在于，羽毛只能保存在特殊的沉积物环境中——位于安静的湖床或潟湖之中，具有颗粒精细的淤泥。这样的条件是非常少见的。然而，我们能够做出另一个可被检验的预测：有一天，我们将会发现比始祖鸟更古老的带羽毛恐龙化石。[11]

　　我们现在还不太确定，始祖鸟是否就是现代鸟类起源的那个单一物种。它似乎不太可能是那个"缺失环节"。但无论如何，已经有一长串化石（其中一些就是那位勇敢的保罗·塞瑞诺发现的）清晰地记录了现代鸟类的出现过程。随着化石的年龄越来越年轻，我们可以观察到：爬行动物的尾巴逐步缩短；牙齿逐步消失；爪子逐步融合；更大的胸骨逐渐出现，以供飞行肌的附着。

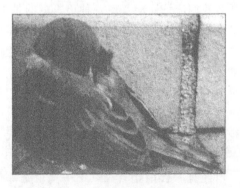

图 11 行为化石。上图：长有羽毛的兽脚亚目恐龙，寐龙（*Mei long*），其形成化石时正处于和鸟一样的休息姿势——头向后藏在前肢下熟睡。中图：依据化石重现的寐龙。下图：一只现代鸟类（幼年的麻雀）以同样的姿势熟睡。

　　把这些证据放到一起可以看到，鸟类的基本骨架蓝图和它们至关重要的羽毛，都是在鸟类能够飞行之前就已经演化出来的。带羽毛恐龙的种类非常多，而且它们的羽毛显然与现代鸟类的羽毛有关。但如果羽毛不是作为一种对飞行的适应而出现的，它们的作用又到底是什么？我们对此一无所知。它们可能被用作装饰或展示品，或许可以吸引异性；然而更可能是作为一种隔热层。与现代爬行类不同，兽脚亚目恐龙可能已经是部分恒温的动物了；即便不是，羽毛也有助于维持体温。更令人百思不解的是羽毛从何演化而来的问题。最像样的猜测是：它们源于产生鳞片的细胞。然而不是所有人都同意这一观点。

　　除去这些尚且未知的事情，我们仍然能够对自然选择塑造现代鸟类的过程做出一些猜测。早期的肉食性恐龙演化出了更长的前肢和爪，这可能有助于抓取和处理猎物。这类抓取动作促成了肌肉的演化，使前肢可以快速伸出或收回——这恰恰就是真正的飞行中所需要的向下拍打翅膀的动作。接下来是羽毛覆盖全身，可能源自于隔热保温的需要。有了这些变革，飞行动作本身的演化途径至少有两种可能。第一种叫"自树而降"（trees down）模式。有证据显示，一些兽脚亚目恐龙至少有部分时间生活在树上。长有羽毛的前肢有助于这些恐龙滑翔于树与树之间，或者从树上滑翔到地面。这种滑翔有利于避开捕食者，更易于发现食物，甚至还可能在意外从树上跌落时降低摔伤的可能。

　　另一种有别于此的模式被称为"自地而升"（ground up）理论，这是更为可能的一种理论。按照这一理论，飞行的演化源自于张开双臂的奔跑和跳跃，而带羽毛恐龙这样做的目的可能是为了捕捉猎物。更长的翅膀也可能是作为对奔跑的一种辅助而演化的。蒙大拿大学的肯尼思·戴尔（Kenneth Dial）所研究的一种人们常见的捕猎对象，欧石鸡，恰恰代表了这一演化阶段。这种石鸡几乎从不飞行，而只是通过拍打翅膀帮助自己向山上奔跑。拍打动作不但能给它们带来一些推力，还能同时抵消一些地心引力。初生的石鸡就能够跑上45度的斜坡，而一只成年石鸡则能攀上105度的斜坡——已经是倒挂过来的陡坡了。而它们完成这样一个看似不可能的任务，所依靠的仅仅是奔跑和拍打翅膀而已。这一能力的明显演化优势在于，不规则的山上地形有助于石鸡逃脱天敌的捕食。有了这种拍打翅膀的奔跑，飞行演化接下来所需的步骤就是从高处一跃而下，只是跃过的距离非常短，就像火鸡和鹌鹑躲避危险时所做的那样。

　　无论是"自树而降"模式，还是"自地而升"模式，自然选择都倾向于那些飞得更远的个体，而非只会滑翔、跳跃，或者突然飞一小段的个体。接下来就将出现另一些为现代鸟类所共享的变革——中空以减轻重量的骨骼，和更大的胸骨。

　　虽然我们对一些细节只能猜测，但过渡化石的存在仍是一个事实，鸟类从爬行类演化而来也同样是一个事实。始祖鸟及其稍晚时期的近亲所留下的化石，显示了鸟类特征与早期爬行类特征的混合*，它们在化石记录中出现的年代也是正确的。科学家预测鸟类源于兽脚亚目恐龙；果然，我们就发现了长有羽毛的兽脚亚目恐龙。我们看到了一个按时间顺序演进的发展过程：从早期只有细细的纤毛覆盖全身，到后来明显长有羽毛的滑翔高手。我们在鸟类自身

---

　　*译注：疑为作者笔误，本节讨论的几种过渡化石物种都具有大量的爬行类特征与少量的早期鸟类特征。

演化过程中所看到的，是旧有特征（前肢的指以及皮肤上的纤毛）被重新改造成为全新的特征（无指的翼以及羽毛）——与演化论预测的完全一致。

下海：鲸的演化

杜安·吉什（Duane Gish）是美国一位小有名气的神创论者。他攻击演化论的演讲虽然野蛮粗暴地误导着听众，却因其生动活泼的形式而广受欢迎。我曾经去听过他的一场演讲。其间，吉什拿生物学家开起了玩笑，而取笑的谈资是这样一个演化论的论述：鲸源自与奶牛有亲缘关系的陆生动物。他问听众们：怎么可能发生这样的过渡？如果这两者之间有一个过渡态物种，那么它将既不能适应陆地生活，也不能适应海洋生活。自然选择会创造出这样的物种吗？（这个问题就像质疑鸟类演化的那个"半只翅膀"问题一样。）为了说明自己的观点，吉什还出示了一张卡通画，上面有个类似美人鱼的动物——前半个身子是黑白花的奶牛，后半个身子就是一条鱼。这只没有任何适应性的怪物站在水边，一个大大的问号悬在它头顶上——很明显，它正在苦苦思考自己的演化命运该何去何从。这张画当然收到了吉什想要达到的效果：听众中间爆发出一阵大笑。他们肯定在想：演化论者怎么会这么愚蠢啊？

的确，"美牛鱼"是陆生与水生哺乳动物之间过渡形态生物的一个滑稽例子。"哺乳失败"——吉什就是这样评价它的。不过，让我们忘掉这些无聊笑话和花言巧语，再来看看自然界。我们能否找到一种同时生活在陆地上和水中，却没有继续向前演化的哺乳动物？

容易之极！一个很好的例子就是河马。它虽然与其他陆生动物的亲缘关系极近，但却已经在最大程度上适应了水中的生活（河马有两个种：倭河马和常见的那种河马。后者的学名是 *Hippopotamus amphibius*，名副其实）*。河马一生的大部分时间都潜在热带地区的河流和沼泽中，并用头顶上的眼睛、鼻子和耳朵来巡视它们的领地，所有这些感觉器官在水下都可以紧紧闭合。河马在水中交配，在水中产崽，在水中哺乳。河马幼崽在学会走路之前就先学会了游泳。由于大部分时间都在水中，河马对于上岸吃草有着特别的适应方式：它们通常在夜间进食。因为河马易于晒伤，其皮肤可以分泌一种红色的油状液体，内含一种叫做"河马汗酸"的色素。这种色素具有防晒霜的功效，可能还兼具抗生素的功用。正是这种色素带来了河马"汗血"的谜题。河马显然已经很好地适应了它们的环境。不难看出，如果河马能够在水中找到足够的食物，它们可能会最终演化成为彻底的水生动物，就像鲸一样。

不过，要想象鲸的演化过程，我们根本不必从现有物种外推，因为鲸碰巧具有优质的化石记录。这得益于两点：一是鲸的水生习性令其遗骸更容易被保存下来，二是其用以形成化石的骨骼十分庞大。它们的演化过程是近二十年来才逐渐浮出水面的。这是我们关于演化过渡所能掌握的最棒的例证之一，因为我们拥有按年代排序的一系列化石，或许构成了从祖先到后裔的一个完整种系，显示了它们从陆上到水中的移居过程。

早在 17 世纪，人们就已经意识到，鲸及其近亲海豚和鼠海豚都是哺乳动物。它们是恒温动物，直接产下幼崽，用母乳进行喂养，并在呼吸孔周围长有一圈毛发。此外，

---

　　*译注：amphibius 来源于英语单词 amphibious，意即"两栖的"。所以作者才说"名副其实"。

DNA 证据以及退化特征的证据（比如没有得到发育的骨盆和后腿）都显示，它们的远古祖先生活在陆地上。几乎可以肯定，鲸演化自一个偶蹄目的物种——每只脚上长有偶数蹄的哺乳动物，比如骆驼和猪。[12] 生物学家目前相信与鲸亲缘关系最近的现存物种是——你已经猜到了吧——河马。这样来看，从河马到鲸的演化模式也未必就是异想天开。

　　不过，鲸也有自己独有的特征，令它们能够与其陆生的亲戚区分开来。这些特征包括：后肢消失；前肢成为桨形；锚形的扁平尾巴；一个呼吸孔（位于头顶的单一一个鼻孔）；缩短的脖子；简化的锥形牙（不同于陆地动物复杂多尖的牙齿）；具有特殊结构得以强化水下听觉的耳朵；脊椎上方的有力突起，用以附着驱动尾部游水的强大肌肉。感谢出自中东的一系列惊人的化石发现，我们才有可能追踪鲸的每一个特征从陆生形态到水生形态的演化过程——除了没有骨骼的尾部，因为它无法留下化石。

　　距今 6000 万年前形成了大量的哺乳动物化石，然而却没有鲸的化石。类似于现代鲸的生物在 3000 万年前出现在了化石中。那么，我们应该能够在这两个时间点之间找到过渡形态生物。再一次地，它们的确就在这个时间段内。图 12 按年代次序显示了这一过渡过程所涉及的一部分化石，跨越了 5200 万年前到 4000 万年前的时期。

　　关于这一过渡过程的细节无需多言，插图中已经清晰地描绘了陆生动物入水生活的全过程。这一系列的化石起始于一种最近才被发现的化石物种。这种浣熊大小的动物被称为印多霍斯（*Indohyus*），是鲸的近亲。它生活在 4800 万年前，如同预测的一样，属于偶蹄目动物。印多霍斯与鲸的亲缘关系十分明显：其耳朵和牙齿的特殊形态只有在现代鲸及其水生祖先中才能找到。虽然印多霍斯出现的

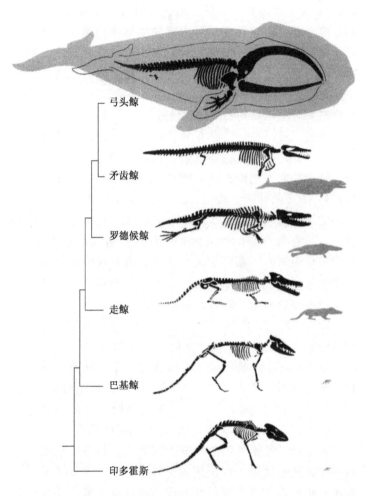

图 12 现代鲸演化过程中的过渡物种。弓头鲸（*Balaena*）是一种现代须鲸，具有退化的骨盆和后肢，而图中其他物种是过渡物种。物种个体之间的相对大小通过右边的灰色图形来表示。树图则表示了这些物种间的演化亲缘关系。

时间稍晚于已经基本在水中生活的鲸的祖先，但它仍可能与鲸的祖先长得极为相似。此外，印多霍斯至少有一部分时间是生活在水中的。我们这样认为的理由是：其骨骼密度大于纯粹的陆生动物，这能避免它们浮出水面；从其牙齿中提取的同位素显示，它们从水中吸取了大量的氧气。印多霍斯可能会在较浅的溪流或湖泊中涉水而行，获取植物性食物并躲避天敌。这种生活方式很像是今天的非洲水䴙鹿。[13]这种"兼职"的水中生活可能最终令鲸的祖先走上了"全职"水中生活的道路。

　　印多霍斯不是鲸的祖先，但几乎肯定是其近亲。如果我们再向前追溯 400 万年，来到距今 5200 万年前，可能就会看到鲸真正的祖先。这是一具化石头骨，来自一种大小近似于狼的物种，学名巴基鲸（*Pakicetus*）。它比印多霍斯更像鲸，有简化了的牙齿和鲸一样的耳朵。然而，巴基鲸与现代鲸仍旧相去甚远。如果能够在野外看到这种动物，你绝对不会想到它或它的近亲能够带来如此灿烂的演化辐射。随后，一系列化石显示了这一种系对水生环境越来越强的适应性。约 5000 万年前出现了一种值得关注的物种，走鲸（*Ambulocetus*）。它有着变长的头骨、有所退化但仍旧有力的后肢，在肢端仍有蹄，足以表明其祖先为陆生。它的大部分时间可能都是在浅水中度过的，偶尔会到陆地上笨拙地爬行，很像海豹。距今 4700 万年前的罗德候鲸（*Rodhocetus*）则更像是生活在水中的动物。它的鼻孔已经多多少少后移了，头骨也更长了。其脊椎骨上已经有了坚实的突起，能够附着驱动尾部游水所需的肌肉，所以罗德候鲸应该已经是一名出色的游泳者了。然而它仍旧有小小的骨盆和后肢，这些"缺陷"令它还不能完全离开陆地。即便如此，这种生物一生的绝大部分时间都应该是生活在海洋中的。最后，在 4000 万年前的地层中，我们发现了龙王鲸（*Basilosaurus*）和矛齿鲸（*Dorudon*）——明显一生都在水中度过的哺乳动物，有着更短的脖子和位于头顶的呼吸孔。它们一生都不可能上陆，因为其骨盆和后肢已经退化（15 米长的矛齿鲸只有半米多长的后腿）并与骨架的其他部分分离。

从陆生动物到鲸的演化过程相当之快，仅用了 1000 万年就完成了绝大部分——比我们与黑猩猩从共同祖先那里分化开来的时间长不了多少。但很显然，后一过程在身体方面需要演化做出的调整要少得多。仍要强调的是，对于海洋生活的适应并不需要演化出全新的特征——一切都只是在旧有特征上的改造。

但这里有一个问题：为什么有些动物会重新回到水中生活？毕竟，几亿年前，它们的祖先历经千辛万苦才来到陆地上并逐渐适应了这里的生活。对于这一反向迁移的原因，我们尚不确知，但也存在几种观点。可能性之一涉及恐龙的灭绝。恐龙当中的沧龙、鱼龙、蛇颈龙都曾是凶猛的海洋霸主。它们不但要与水生哺乳动物竞争食物来源，甚至还可能直接把后者当成自己的食物。随着这些爬行类竞争者的灭绝，鲸的祖先可能发现了这个开放的全新生存环境——远离捕食者，又有享之不尽的丰富食物。海洋向它们张开了怀抱，而这一切诱惑仅在几步突变之外等着它们。

化石告诉我们

如果你现在已经听够了化石的故事，那你应该庆幸我已经忽略了数以百计其他同样展现出演化进程的化石故事。爬行动物与哺乳动物之间当然也有过渡形态生物，而"像哺乳动物的爬行类"中间体在化石记录中比比皆是，研究详尽，同时也是很多演化论书籍的主题。此外还有马的演化，其纷繁的谱系枝桠都有丰富的化石记录：从一种体型较小的五趾祖先，直到今天这些高大俊逸的有蹄物种。当然，还有我们人类自身的化石记录——演化论预测得以证实的最佳证据。这方面的内容将在第八章中详细介绍。

为了防止过度简略，我还要在此简单补充一些重要的过渡形态生物。首先是一种昆虫。依据解剖学上的近似性，昆虫学家长久以来都认定蚂蚁演化自一种非社会性胡蜂。1967 年，E. O. 威尔逊（E. O. Wilson）及其同事发现了一只保存在琥珀当中的"过渡态"蚂蚁。它几乎完全就是蚂蚁与胡蜂各自体征的组合体，与昆虫学家的预测完全一致（图 13）。

图 13　过渡态的昆虫。一只早期的蚂蚁显示出原始的胡蜂特征，并正发展出蚂蚁的特征。胡蜂被认为是蚂蚁的祖先。该早期蚂蚁物种 *Sphecomyrma freyi* 的一个标本被发现于 9200 万年前的一滴琥珀中。

与之类似，蛇类长久以来都被认定是源自一种类似蜥蜥的爬行类祖先，它在演化中失去了四肢，成为了今天的蛇类。这一预测的依据是，有腿的蜥蜴在地层中出现的年代早于无腿的蛇。2006 年，古生物学家在南美洲的巴塔哥尼亚高原上发现了一种已知最古老的蛇类化石。这具形成于 9000 万年前的化石清晰地显示了很小的盆骨和退化的后腿。

　　而最令人激动的发现可能来自于一块 5.3 亿年前的化石。这块出自中国的化石上的生物叫做海口鳗（*Haikouella lanceolata*），像是一条有着褶皱背鳍的小小鳗鱼。然而它有完整的头部、大脑、心脏，并且沿着背部生有一条软骨——脊索。这令其成为了可能最古老的脊索动物——这类物种最终演化出了所有脊椎动物，当然也包括我们人类。有鉴于此，这种两三厘米长的生物可能却是我们自身的演化之根。

　　化石告诉了我们三件事情。第一，它为演化论做了慷慨激昂的辩护。岩石中的记录证实了演化论的一些预测：种系内的逐步改变，种系的分化，以及迥异物种之间过渡态物种的存在。这些证据是躲也躲不掉，赶也赶不走的。演化发生过，而且对于许多情况，我们还知道它是如何发生的。

　　第二，当我们发现过渡态物种时，它们就准确位于预测中应该位于的地层位置。最早的鸟类出现在恐龙之后，但早于现代鸟类。鲸的祖先填补了它们的"旱鸭子"祖先与现代鲸之间的空白。如果演化论不是真的，那么化石将不会按次序出现，使演化论变得合理。据说当被问及什么样的观察结果能确证演化论的错误时，脾气乖戾的生物学家 J. B. S. 霍尔丹（J. B. S. Haldane）曾咆哮道："前寒武纪的兔子化石。"要知道，前寒武纪终结于 5.43 亿年之前。

不必说，从来没有什么前寒武纪兔子，也没有任何其他化石发现于年代不恰当的地层。

最后一点，任何演化改变，即使是最主要的特征，也必然是基于旧特征塑造出来的新特征。陆地生物的腿变化自古代鱼类有力的肢；哺乳动物微小的中耳骨是它们爬行类祖先的颚骨重塑出来的；鸟类的翅膀是由恐龙的腿塑造出来的；而鲸就是拉长了的陆生动物，前肢变成了浆，鼻孔挪到了头顶。

建筑设计师都是在一张白纸上开始创作的。而一位天上的神祇从零开始设计生物的时候，却要对已有特征进行改造才能得到新的特征——这样的事情没有任何道理。神创论中所有物种都可以从零开始构建，但自然选择所能做的却只是改变已有的特征，它没有办法凭空创造出新的特征。于是达尔文预测：新物种总是旧物种的改进版。化石记录一次又一次地证实了这一预测。

第三章　演化的残迹

如果没有演化论的光芒照耀，
生物学中的一切理论将变得苍白无力。

——特奥多修斯·多布然斯基（Theodosius Dobzhansky）

在中世纪的欧洲，纸张出现之前，手稿通常写于羊皮纸或犊皮纸上。这两种"纸"其实都只是干燥之后的薄薄一层动物皮肤，制造困难，价格昂贵。于是，许多中世纪的作家为了能重复使用从前的"纸张"，会把其上原有的词句刮掉，得到还算干净的"纸"页，来重新书写。这些循环再利用的手稿被称为重写本，其英语单词"palimpsest"来源于希腊语"palimpsesto"，意为"再刮一次"。

然而，之前的书写经常还是会留下细微的痕迹。事实已经证明，这些痕迹对我们了解古代的世界起到了至关重要的作用。让目光穿过表层的中世纪文字，就能够辨识出曾经书写在下面的文字。很多古老的文本都是通过这种方式获得的。或许这之中最为著名的就是"阿基米德重写本"，其写就于10世纪的君士坦丁堡，在3个世纪之后被一位僧侣清除并重写上了祷告词。1906年，一名丹麦历史学家发现，最初的文字是阿基米德的文稿。从那时起，人们将X射线、光学字迹识别以及其他很多复杂的方法一股脑地用在了这份文稿上，试图解读底层最初的文字。这些辛勤的工作最终换得了三篇阿基米德创作于古希腊时期的数学论文，其中两篇是首次为人所知，并且在科学发展史上占有重要的地位。就是以这样不可思议的方式，我们还原了过去。

与这些古老的文本一样，生物体也是历史的重写本——演化的历史。动植物的体内存在其祖先的线索，证明了演化曾经发生过。而且这样的线索不在少数。其中有一些很特别，是隐藏起来的特征，比如"退化器官"。只有把它看成是曾经对祖先有用，但现在已经不再有用的特征，其存在才能说得通。有时我们还会发现"返祖现象"——久已沉默的祖先基因被意外唤醒，使得生物的身体上出现了祖先的特征。现在，我们已经可以直接阅读 DNA 序列，从而发现，生物也是分子的重写本：基因组内写满了演化的历史，包含着曾经有用的基因的残片。此外，当从胚胎开始发育时，许多动物物种要经历扭曲而奇特的形态：一些器官与特征出现以后会发生彻底的变化，甚至在出生前完全消失。最后，物种也不全都是完美无缺的：许多物种都显示出某种不理想的特征——那不是天工巧夺的标志，而恰恰是演化的标志。

斯蒂芬·杰伊·古尔德（Stephen Jay Gould）称这种生物重写本现象为"毫无意义的历史标志"。但它们并非真的毫无意义，因为它们组成了某些最有说服力的演化证据。

退 化 器 官

当我还在波士顿攻读博士学位时，曾经应征加入一位高级研究员的科研小组。他当时已经写好了一篇论文，讨论了用两条腿跑和用四条腿跑的恒温动物，谁的效率更高。他打算把这篇论文投给《自然》——最有声望的学术期刊之一。为此，他让我帮他拍一张照片，要有足够的震撼力，以争夺当期的封面图片，唤起读者对其研究工作的关注。因为急于离开实验室，我花了整整一下午在畜栏里驱赶一匹马和一只鸵鸟，希望它们能肩并肩地奔跑，以便在一张照片里同时拍到两种奔跑的方式。不用说，它们拒绝合作，而畜栏里的所有"生物"都已经筋疲力尽。最终，我们放弃了。虽然一直没能得到想要的照片，[14] 这个经历却的确给了我一些知识：鸵鸟不会飞，但它们还是会用到翅膀。当它们奔跑时，会使用翅膀来保持平衡，通过把翅膀伸向侧面以防止倾倒。当一只鸵鸟烦躁不安的时候，比如当你在一个畜栏里把它赶来赶去的时候，它会突然向你直冲过来，展开翅膀，摆出一副吓人的样子。看到这个信号，你就该让路了，否则这只恼怒的鸵鸟只要轻灵地一踢，就能让你开膛破肚。鸵鸟还会在求偶表演中使用这对翅膀，[15] 或者伸出翅膀为刚孵出来的小鸵鸟遮蔽非洲的烈日。

更深入地看，鸵鸟的翅膀是退化的器官特征：它对于一个物种来说，在其祖先时曾经是一种适应，但现在已经彻底丧失了用途；或者像鸵鸟的翅膀一样，被开发出了新的用途。与所有不会飞的鸟类一样，鸵鸟也是飞鸟祖先的后裔。化石的证据和鸵鸟 DNA 中所具有的祖先基因片段，都支持这样的结论。不过，虽然这对翅膀还在那儿，但它们已经不能再帮助鸵鸟飞上天去觅食，或者逃避捕食者，以及像我这样的惹人讨厌的研究生了。好在这翅膀也不是全无用处，它们已经演化出了新的功能：帮助鸵鸟保持平衡、求偶，以及恐吓敌人。

非洲鸵鸟不是唯一不会飞的鸟类。平胸鸟是体型较大的一类不会飞的鸟，包括南美洲的美洲鸵（rhea）、澳大利亚的鸸鹋（emu），以及新西兰的鹬鸵（kiwi）。除了平胸鸟，还有数十种其他的鸟类也分别独立丧失了飞行的能力。这之中包括秧鸡（rail）、䴙䴘（grebe）、鸭子，当然还有企鹅。或许，最为奇特的就是新西兰的枭鹦（kakapo），一种身体呈桶状的不会飞的鹦鹉。它们主要生活在地面上，但也可以爬树，并从树上"伞降"到林中的地面上。枭鹦是一种严重濒危的动物，野外生存的只有不到一百只。因为它们不会飞，因此很容易成为外来的猫和大鼠的猎物。

所有不会飞的鸟类都有翅膀。在有些种类身上，翅膀非常小。比如鹬鸵的翅膀不到 10 厘米长，而且还埋藏在羽毛下面，看起来没有任何的功能。这就是一种残迹。而在另一些种类身上，翅膀已经有了新的功能，比如我们前面提到的鸵鸟。在企鹅身上，祖先留下的翅膀演化成了鳍肢，令它们能够在水下以惊人的速度游动。然而它们都有与会飞的鸟类一模一样的骨骼。为什么一个创造者要在会飞的和不会飞的（甚至还包括会游泳的）翅膀中采用相同的骨骼设计呢？显然，不会飞的鸟类所具有的翅膀不是深思熟虑的设计，而只不过是演化自会飞的祖先而已。

当退化器官被用作演化论的证据时，演化论的反对者总是提出同一种辩驳："这些特征不是没有用的，它们要么是有了其他的用处，要么就是其用处还没有被我们所发现。"换句话说，他们是在声称：只要一个特征有某种功能，或者某种还未发现的功能，那么它就不可能是退化的结果。

但是这种反驳没说到点子上。演化论从没说过退化的特征没有功能。一个特征可以同时是退化的和有功能的。它是退化的并不是因为它没有功能，而是因为它不再具有它最初演化出来时所要执行的功能。鸵鸟的翅膀是有用途的，但这并不意味着它们就不符合演化论了。如果一个创造者要给鸵鸟增加一些附件以帮助它保持平衡，为什么他偏偏选择了看起来像是退化翅膀的东西？而且其内在构造还与飞行用的翅膀一模一样？

其实，我们期望看到祖先特征演化出新的用途——这恰恰是演化在旧特征的基础上建立新特征的结果。达尔文自己就已经注意到："在生活习性改变的过程中，如果一个器官对某个目的变得无用了，甚至是有害了，那么它可能很容易就被改造用于另一个目的。"

然而，即使我们已经确定一个特征可能是退化的，问题还是没完。在哪一种祖先物种中它曾经是有用的？它那时的用处是什么？为什么它会失去自己的作用？为什么它还会出现而不是彻底消失？如果它有了新的功能，那这些新功能是什么？

让我们回到翅膀的问题上来。显然，翅膀有很多优势。这些优势是不会飞的鸟类的那些会飞祖先们所共享的。那么为什么有些鸟类失去了飞行的能力？我们对此不是很确定，但也有些很有用的线索。大部分在演化中失去飞行能力的鸟类都生活在岛屿上：毛里求斯已经灭绝的渡渡鸟、夏威夷的秧鸡、新西兰的鹬鸵和枭鹦，以及许多以其栖息的岛屿命名的不会飞的鸟类，例如萨摩亚木秧鸡、高夫岛黑水鸡，以及奥克兰岛水鸭等等。我们在下一章会看到，远陆岛屿很显著的一个特点是缺少哺乳动物和爬行动物——这些动物都可以捕食鸟类。可那些生活在大陆上的不会飞的鸟类呢，比如鸵鸟？它们全都在南半球演化而来，而那里捕食鸟类的哺乳动物要比北半球少得多。

飞行有它自身的问题：从代谢的角度来看，飞行是耗费巨大的，用掉了很多本可用于生殖的能量。如果飞起来的目的只是为了躲避捕食者，而捕食者通常不会出现在岛屿上；或者如果食物在地面上就易于获得（岛屿上正是这种情况，缺乏大型树木所致），那么为什么还需要完全的飞行能力呢？在这种情况下，翅膀退化的鸟类个体反而会获得繁殖上的优势，于是自然选择就更青睐于不会飞的鸟类个体。此外，翅膀也是大型的身体附属物，易于受伤。如果没有必要存在，你还能通过退化翅膀来避免受到伤害。在上述两种情况下，自然选择将直接促进那些能形成更小翅膀的突变，导致飞行能力的最终丧失。

那么翅膀为什么没有彻底消失呢？在某些例子中，翅膀的确快要完全消失了，例如鹬鸵的翅膀只是没有功能的一对残根。但如果翅膀有了新的功能，它们就会被自然选择保留下来，只是形式上不再具备飞行的能力，例如鸵鸟的翅膀。在其他物种中，翅膀可能已经处于消失的进程之中了。我们不过是恰好看到了这一进程的中间状态罢了。

退化的眼睛也很常见。穴居的许多动物生活在完全的黑暗之中，但从演化树上我们可以得知，它们的祖先曾经生活在地面之上，有着功能完整的眼睛。与翅膀一样，眼睛在你不需要的时候也是一种负担。它们的形成需要能量，也同样易于受伤。所以，当环境太暗而无法看清时，任何失去这些眼睛的突变反而肯定可以带来优势。也有一种可能是，如果这些突变对于生活在黑暗中的动物既无益处，也无害处，失去视力的突变只是单纯不断积累。

这类失去眼睛的演化就发生在东地中海盲鼹鼠的祖先身上。这种长筒状的啮齿动物有着短粗的腿，仿佛一段长着小嘴的毛茸茸的意大利香肠。它们的一生都在地面之下度过。然而它仍旧保留着眼睛——1毫米大小的微型器官，完全隐藏在皮肤形成的保护层之下。这种残留下来的眼睛已经无法形成视像了。分子证据表明，大约2500万年前，盲鼹鼠演化自有视力的啮齿类祖先。盲鼹鼠退化了的眼睛也证实了这一点。但是，这些残迹到底为什么能够继续存在呢？最近的研究表明，这些退化的眼睛中含有感光色素，对于低强度的光线有一定的敏感性，有助于调节盲鼹鼠的昼夜节律。这种残留的功能依赖于穿透地面的微弱光芒，或许可以解释为什么退化的眼睛还要存在。

真正的鼹鼠不是啮齿类，而是食虫类动物。它们也独立地在演化中失去了眼睛，只剩下皮肤覆盖着的一种退化器官，把它头上的毛拨到两边就能看到。类似地，有些穴居蛇类的眼睛也完全隐藏到了鳞片后面。许多生活在山洞中的动物也有退化或消失的眼睛。这之中包括鱼（比如在宠物店就能买到的盲眼鱼）、蜘蛛、蝾螈、虾，以及甲虫。甚至还有一种盲眼螯虾仍旧保留着眼柄，但在那上面却没有眼睛。

鲸简直就是退化器官的宝藏。其许多现存的种类都有已经退化的骨盆和腿骨，证明它们源自四足陆生动物祖先——我们在上一章已经介绍过了。如果你在博物馆中看到一只鲸的巨大骨架，你往往会看到小小的盆骨和后肢骨用线吊在骨架的其余部分之下。因为这两部分的骨骼在一只活着的鲸身上已经与身体的其他骨骼分开了，只是埋在组织之间而已。它们曾经是骨架的一部分，但因为不再需要，而从骨架上分离并变小。动物身上的退化器官如果全列出来的话，可以填满一本巨大的目录。达尔文年轻时热衷于收集各种甲虫。他曾经指出，一些不会飞的甲虫仍有退化的翅膀，就位于已经与身体融合的翅鞘（甲虫的"甲"）下面。

我们人类也有很多退化的特征，证明我们也是演化而来。其中最著名的就是阑尾，在医学上也称为蚓突。它是一段细细的铅笔大小的圆柱状组织，形成了盲肠的末端；而盲肠则位于大肠与小肠的连接处。像其他许多退化特征一样，阑尾的大小和发育程度在人与人之间差异很大：人类的阑尾长度范围为 2.5～30 厘米。有些人甚至生下来就没有阑尾。

在树袋熊、兔子和袋鼠这类食草动物身上，盲肠及其上所附的阑尾比我们的要大得多。同样的情况也发生在吃树叶的灵长类身上，比如狐猴、蜂猴和蜘蛛猴。加大的盲肠成为了一个发酵罐，其中含有的细菌能够帮助动物把纤维素分解成为可以吸收利用的糖（与牛多出来的那几个胃类似）。在猩猩和猕猴等灵长类身上，由于树叶在食物中的比重变小，盲肠和阑尾也发生了退化。我们人类已经不吃树叶，也不能消化纤维素，阑尾也就几近消失。显而易见，动物的食草性越弱，盲肠和阑尾就越小。换言之，我们的阑尾只是一种残迹，它曾是对我们的食草祖先至关重要的一种器官，但对今天的我们已经没什么价值了。

阑尾对我们有什么好处吗？如果有，也不会太明显。切除阑尾不会产生任何副作用，也不会提高死亡率（甚至事实上还似乎降低了结肠炎的发病几率）。古生物学家阿尔弗雷德·罗默（Alfred Romer）在他的著作《脊椎动物的身体》（*The Vertebrate Body*）中提及于此时，毫不在意地表示："它的重要性看起来主要在于对外科行业的资金支持。"不过公平地讲，阑尾可能有些小用处。阑尾包含的几小块组织可能是免疫系统的组成部分。还有人提出，阑尾为肠内的有益菌群提供了一个庇护所，令它们中的一部分可以躲过能除去一切有益菌群的严重消化道感染。

但这些小小的益处显然远不及阑尾带给人们的严重问题。它窄窄的形态使其极易被堵塞，并导致感染发炎，也就是阑尾炎。如果不进行治疗，阑尾穿孔可导致病人的死亡。每个人的一生中大概有 1/15 的几率患上阑尾炎。所幸的是，有了不断发展的现代医学，阑尾炎的死亡率仅为 1%。但在 19 世纪后期医生们开始切除发炎的阑尾之前，该病的死亡率超过了 20%。也就是说，在手术切除的时代之前，每一百个人中就有超过一个人是死于阑尾炎的。这可是相当强的自然选择作用。

在人类演化的大多数时期里，确切说是超过 99% 的时期里，不存在外科手术这种东西。于是，我们就生活在肠子里带着颗定时炸弹的状态之下。当你权衡阑尾微不足道的益处和巨大的害处时，显然它从总体上讲是个糟糕的存在。然而，无论好坏与否，阑尾都是一种退化，不再具有它演化出来时本应执行的功能。

那我们为什么还要有阑尾？现在还不知道答案。很可能，它正处于消失的演化道路上，然而外科手术几乎消除了自然选择对于有阑尾的人的作用。另一个可能性是，自然选择已经不能进一步截短阑尾了，否则反而会更加有害。因为更小的阑尾发生堵塞的风险更高。这可能就是阻碍其完全消失的演化路障。

我们的身体上还有大量其他来自灵长类祖先的残迹。我们有退化的尾巴——尾骨。它是脊柱的三角形末端，由几块融合在一起的脊椎骨组成，挂在骨盆下方。尾骨是我们祖先那条很有用的长尾巴遗留下来的（图 14）。它仍旧有一个功能——附着了一些有用的肌肉。但是要记住，判断尾骨是不是退化的特征，不是取决于它是否有用，而是取决于它是否还具有其演化之初所执行的功能。其实，有些人还具有尾肌——正是猴子和其他动物用于动尾巴的那些肌肉，它们仍然附着在我们的尾骨上。然而，既然这些骨头

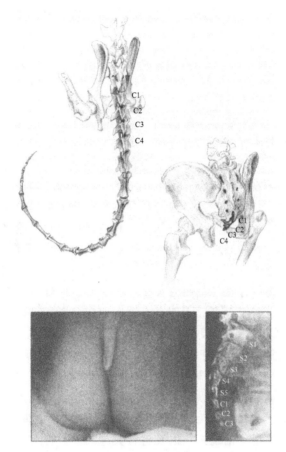

图 14　退化和返祖的尾巴。左上图：领狐猴（*Varecia variegates*）等人类近亲物种身上，尾巴的脊椎骨没有融合在一起。图中前 4 块尾骨标记为 C1—C4。右上图：但在人类的"尾巴"，或称尾椎中，尾部的脊椎骨融合成为一个退化的结构。下图：一名三个月大的以色列婴儿的返祖尾巴。X 射线照片（右下图）显示，其尾部的脊椎骨比正常情况大了很多，而且发育良好，没有融合，接近了骶椎骨（S1—S5）的尺寸。这个尾巴后来通过手术切除了。

已经融合并不能再动了，这些肌肉也就变得无用了。你自己可能就有尾肌，但却根本不知道。

还有一种已经退化的肌肉，在冬天里或者在你看恐怖片时会变得很明显。这就是立毛肌（arrectorpili）——每一根汗毛根部所附着的肌肉。当它们收缩时，汗毛就能竖立起来，产生了俗话所说的"鸡皮疙瘩"——因为它们让皮肤看起来就像是鸡的皮肤。鸡皮疙瘩和立毛肌对于人类都没有什么实际的用处了。而在其他哺乳动物中，竖起体毛有利于在寒冷时隔热保温，也能让自己看起来大一些，以便威胁别的动物或者应对威胁。想想你养的猫，是不是会在寒冷或发怒时把毛竖起来？我们退化的鸡皮疙瘩也出现在同样的刺激之下——寒冷或突然分泌的肾上腺素。

下面是最后一个例子：如果你能动耳朵，那你就正在证明演化的存在。我们的头皮下面有三块肌肉附着在每只耳朵上。对于大多数人而言，这些肌肉是无用的，而有些人却可以用它们来动耳朵。（我就是这样的幸运儿之一，还会在每年的演化课上向学生们展示这一神奇的能力。当然，主要还是为了活跃课堂气氛。）很多动物都有这三块肌肉，比如猫或马，并可以用它们控制耳朵转动，定位声音的来源。对于这些物种而言，转动耳朵有助于它们发现捕食者，找到它们不见的幼崽，以及进行其他活动。但对于人类而言，这样的肌肉只对娱乐有用。[16]

有必要解释一下本章起始处所引用的遗传学家特奥多修斯·多布然斯基的话。他是在说：退化的特征只有在演化论的解释之下才变得合乎道理。这些退化的特征有时有用，但更多的时候是全无用处——正是我们所期盼看到的。这是因为，如果自然选择逐步抹去某项无用的特征，或者把它重新塑造成有新用途、更为适应的特征，那么必然要经历我们所看到的这个阶段。如果你认为物种是被特别创造出来的，那么无用的小小翅膀、危险的阑尾、没有视力的眼睛，以及无聊的动耳肌都将是没有道理的存在。

返 祖 现 象

很偶然地，一个生物个体会出现奇怪的特征，看起来像是某种祖先特征的再现。一只马生下来时可能多了一个脚趾，一个人生下来时可能有了一条尾巴。这些偶然被表现出来的祖先特征称为返祖现象。其英文单词"atavism"来源于拉丁语的"atavus"，意即"祖先"。与存在于所有个体身上的退化器官不同，返祖现象只会偶然出现。

真正的返祖现象必须相当确切地重现祖先的特征。返祖现象不是畸形。如果一个人出生时多了一条腿，这就不是返祖现象，因为我们没有"五肢"的祖先。最著名的返祖现象可能就是鲸的腿。我们已经知道，有些种类的鲸保留了退化的骨盆和后腿骨。但实际上，每五百条鲸中就会有一条出生时长有后腿，并且伸到了体壁之外。这些后腿从各方面来看都很精巧，其中很多都含有陆生动物主要的腿骨——股骨、胫骨和腓骨，有些甚至还有脚和脚趾！

像这样的返祖现象到底为什么会发生？我们的最佳推测是：某些久已沉默的基因又被唤醒了。有些基因对应的特征在祖先身上有用，但在演化的过程中渐渐不再有用，于是这些基因就在自然选择中沉默了。当这些基因意外重新获得表达时，就发生了返祖现象。这种沉默基因的重新唤醒可能发生在发育出现偏差的时候。鲸仍旧携带着制造腿的遗传信息。由于这些信息数千万年都位于基因组的无用序列之中，所以可能已经变得散乱，不能长出一条完美的腿来。但是，它终究也还是条腿。而之所以鲸会拥有关于腿的遗传信息，是因为它们是四足动物祖先的后裔。与普遍存在的鲸盆骨一样，鲸偶然长出的后腿也是演化的证据。

现代马也有类似的返祖现象。现代马的祖先体型较小，长有五个脚趾，化石记录证实了其脚趾数量随时间逐步减少的过程。结果现代马只剩下了中间的脚趾，也就是我们所熟知的马蹄。马的胚胎在发育之初有三个脚趾，而且生长的速度一样快。然而不久以后，中间的脚趾开始越长越快，超过了两边的脚趾。后者在小马驹出生时也被保留了下来，就是位于每条腿两侧的细细的赘骨，成为真正的退化特征。如果赘骨发炎，马就患上了赘骨炎。偶然的情况下，多余的脚趾也会继续发育，直到成为真正多出来的脚趾，完全形成马蹄。这种返祖的脚趾通常不接触地面，只有在奔跑中才会触地。这种三趾的形态看起来就像是生活在1500万年前的草原古马（*Merychippus*）。有多余脚趾的马曾被看作是超自然的奇迹，据说凯撒大帝和亚历山大大帝都骑过这种返祖马。其实，返祖马确实是另一类独一无二的奇迹——演化的奇迹。因为它们明白无误地反映了古代马与现代马之间的遗传血统关系。

人类中最令人震惊的返祖现象是"尾骨突出"，它更通俗的名字就是尾巴。我们稍后会讲到，人类胚胎发育的早期有一条相当大的鱼一样的尾巴。这条尾巴会在发育七周后消失，骨骼和组织都被胚胎重新吸收利用。然而在罕见的情况下，这条尾巴没有完全退回去，就会产生脊柱末端突出一截尾巴的婴儿。这些尾巴形态各异：有的柔软无骨，有些则含有脊椎骨——这些骨头在正常人体内融合成为了尾椎；有些尾巴长仅几厘米，有些则将近30厘米。它们并不是只有薄薄的一层皮肤，还会有汗毛、肌肉、血管和神经，有些甚至还可以摆动！幸运的是，这些笨拙的突出物很容易就可以通过手术切除。

除了证明我们还带着制造尾巴的程序，这种返祖的尾巴还可能有什么别的意义吗？事实上，近期的基因研究表明，我们的确带有在小鼠等动物身上生成尾巴的基因。只不过，这些基因正常情况下在胎儿阶段就已经失活了。显然，尾巴对人来说是一种返祖现象。

还有些返祖现象可以在实验室里制造出来。其中最为惊人的一项实验可谓是典型的奇闻逸事——长牙的母鸡。1980 年，康涅狄格大学的 E. J. 科拉（E. J. Kollar）和 C. 费舍尔（C. Fisher）把两个物种的组织结合到了一起：把鸡胚中形成喙的组织移植到了发育中的小鼠颚部组织上。神奇的是，鸡胚组织最终长出了像牙一样的结构，有些还有明显可以区分的牙根和牙冠。由于下面的鼠颚组织自身无法形成牙齿，科拉和费舍尔推断，来自鼠颚组织的某些分子重新唤醒了鸡喙组织中沉睡的造牙程序。这意味着鸡有全套生成牙齿的基因，随时可以出发上路，只是缺少了某种点火的火花。而鼠颚组织恰恰提供了这个火花。20 年后，科学家们利用分子生物学方法证明科拉和费舍尔的推断是正确的：鸟类的确有生成牙齿的基因路径；它们之所以长不出牙齿，是因为缺少了一种关键的蛋白质。当获得了这种蛋白质的时候，喙里也能形成像牙齿一样的结构。你可能还记得，鸟类是从爬行类演化而来的。它们大概在6000 万年前丢掉了牙齿，但显然还带着某些用于生成牙齿的基因——爬行类祖先基因的残迹。

死去的基因

返祖现象和退化的器官特征表明，当一个特征不再有用或发生退化的时候，生成它的基因不会立刻从基因组中消失。演化通过使这些基因失活来终止其作用，而不是把它们从 DNA 中剔除。基于此，我们可以做一个预测：在很多物种的基因组中，我们都会发现已经沉默或"死去"的基因——曾经有用，但不会再表达，也不再完整的基因。也就是说，应该存在着退化的基因。反之，相信物种都是从零设计创造出来的观点则认为：不会存在这样的基因，因为不存在一个让这些基因曾经有用的共同祖先。

30 年前，我们没法检验这个预测，因为那时还没有办法阅读 DNA 的编码。然而现在，测定一个物种的整个基因组序列都不是难事。而且，我们实际上已经拥有了很多物种的全基因组序列，包括人类自身的。这就给了我们一种独特的工具来研究演化。我们知道，基因的正常功能与制造蛋白质有关，组成 DNA 的核苷酸序列决定着相应蛋白质的氨基酸序列。一旦我们有了一个基因的 DNA 序列，通常就能够知道这个基因会不会正常地表达蛋白质。或者说，我们就知道这个基因是可以生成有功能的蛋白质，还是已经沉默了，不会生成任何东西。比如说，我们可以看看基因序列是否有突变，导致它不会再生成序列正确的有用蛋白质；或者我们可以看看基因的"控制区"是否失活了，无法再激活这个基因的表达。无论是源于哪种原因，一个没有功能的基因都被称为"假基因"（pseudogene）。

　　我们已经证实了演化论关于"我们会发现假基因"的预测，还远远超出了目标。实际上，每一个物种都拥有死去的基因，其中许多在亲缘物种身上仍然是有活性的。这暗示，那些基因在共同祖先的体内同样是有活性的，只是后来在某些后裔物种中失活了，而在另一些后裔物种中却活跃至今。[17] 比如我们人类的基因组中，约 3 万个基因里有 2000 多个假基因。我们和其他所有物种的基因组实在是一个充满了死去基因的墓地。

　　最著名的人类假基因是 *GLO*，它在其他物种中负责生成 L-古洛酸-γ-内酯氧化酶。这种酶参与了由简单的葡萄糖合成维生素 C（抗坏血酸）的工作。维生素 C 对于正常的代谢是不可或缺的，几乎所有的哺乳动物都可以自己合成它。"几乎所有"，不包括灵长类、狐蝠和豚鼠。在这些物种中，维生素 C 只能从食物中直接获取，而它们正常的饮食中也的确有足够的供应量。如果我们不能摄取足够的维生素 C，就会患上坏血病——这在 19 世纪得不到足够水果供应的海员之中很常见。而灵长类和其他少数几类哺乳动物不能自己合成维生素 C 的原因只不过是：它们不需要这么做。不过，DNA 测序结果告诉我们，灵长类还携带着合成这种维生素所需的绝大部分基因。

　　从葡萄糖到维生素 C 的合成途径共分四步，每一步反应都由一个不同基因所产生的蛋白质来催化。灵长类和豚鼠都具有前三步所需的基因，并且是有活性的，但缺乏最后一步反应需要的 GLO 酶。这个酶没有就位的原因是它的基因发生了突变而失活了，变成了一个假基因。我们称这个假基因为 ψ*GLO*（ψ 是个希腊字母，代表"假"）。ψ*GLO* 不起作用的原因是其序列上缺失了一位核苷酸。所有灵长类所缺失的都是同一位核苷酸。这表明，摧毁我们维生素

C 合成能力的那个突变，发生于所有灵长类的共同祖先体
内，并被传给了它的后裔们。豚鼠的 *GLO* 基因突变则是独
立发生的，因为这个突变处于与灵长类不同的位置上。很
可能因为狐蝠*、豚鼠以及灵长类能够从日常饮食中获得足
量的维生素 C，所以当它们制造维生素 C 的途径被切断以
后也没有造成任何恶果。这甚至还可能带来了好处，因为
少了一种蛋白质，省去了一份合成所需的消耗。

　　在一个物种身上已经死去的基因，在其亲缘物种中
却具有活性，这本身就是演化论的证据。但还不只于
此。当你仔细研究现存灵长类的 *ψGLO* 时会发现：亲缘
关系近的灵长类，其 *ψGLO* 序列更相似；亲缘关系变远
后则相似度下降。比如人与黑猩猩的 *ψGLO* 序列非常近
似，但与猩猩的 *ψGLO* 序列则差异较大。而猩猩与我们
的亲缘关系的确更远一些。当然，豚鼠的 *ψGLO* 序列与
灵长类非常不同。

　　只有演化和共同祖先可以解释上述事实。所有哺乳动
物都继承到了有功能的 *GLO* 基因。大约 4000 万年前，在
灵长类的共同祖先中，一个不再需要的基因被突变夺去了
活性。所有灵长类都继承了这个突变。*GLO* 沉默之后，这
个不再表达的基因中继续发生其他突变。这些突变是无害
的，因为它们所发生的基因早已死去了。于是这些突变随
着时间积累，并代代相传。由于基因突变的程度依赖于时
间的长短，而亲缘更近的灵长类的基因在不久之前才从同
一个 *ψGLO* 开始发生突变，所以累积的突变比较少，彼此
就比较相似；而亲缘关系远的物种在很久之前就从同一个
ψGLO 开始突变，累积的突变比较多，彼此差异就比较大。

---

　　*译注：英文直译为"水果蝙蝠"，可见其食性。

这个过程对于"真假基因"都是一样的。* 豚鼠的 ψGLO 序列则很不相同，因为它是独立失活的，其种系早已与灵长类分化开了。ψGLO 不是唯一的，还有许多其他假基因也能显现此类模式。

但如果你相信灵长类和豚鼠是特别创造出来的，那么这些事实就不合情理了。为什么一位创造者要在这些物种中先铺设一条合成维生素 C 的途径，然后再使之失活呢？难道从一开始就抹去整条途径不是更简单？为什么灵长类呈现出同样的失活突变，而豚鼠的突变不同？为什么死去基因的序列相似关系与已知的现存灵长类亲缘关系完全吻合？而最重要的是，为什么人类要有上千个假基因？

我们体内还有些已经死去的基因来自其他物种——病毒。有种病毒叫做"内源性逆转录病毒"，能够复制自身的基因组，并插入到它们所感染的个体的基因组内。导致艾滋病的 HIV 就是一种逆转录病毒。如果病毒感染了生成精子和卵子的细胞，那么这些病毒的基因就能够传播给下一代。人类的基因组中包含了上千个此类病毒基因，不过它们几乎全都由于突变而变得无害了。这正是古代发生的病毒感染留下的残迹。而其中有一些恰好处于人与黑猩猩染色体上的同一位置。这些肯定就是感染了我们共同祖先的病毒基因，它们被分别传给了人与黑猩猩两类后裔。由于

---

*译注：两者其实还是有一定差异的。如果这个基因是有活性的，有用的，那么其大多数突变都可能导致死亡，因为大多数突变都会影响其生成的蛋白质的功能。于是，这样的突变就不会流传下来。当然，在能流传下来的影响不大的突变中，作者所讲的亲缘关系与基因相似度的关系还是成立的。只不过由于大多数突变没能流传下来，所以最终还存在的突变比例要低于沉默基因中保留下来的突变比例。

彼此独立的病毒插入发生于同一位点的几率极低*，那么我们人类与黑猩猩一定有着共同的祖先，才有可能具有同样的病毒插入位点。

另一个与已经死去的基因有关的古怪故事涉及我们的嗅觉，或者说差劲的嗅觉。之所以这么说，是因为人类的嗅觉在所有陆生哺乳动物中是最差的。即便如此，我们还是能分辨出超过一万种不同的气味。我们为什么有这样的本领？直到不久之前，这还是一个不解之谜。而现在我们已经知道，答案就在我们的 DNA 之中，在我们许许多多的嗅觉受体（OR）基因之中。

嗅觉受体的故事出自琳达·巴克（Linda Buck）和理查德·阿克塞尔（Richard Axel）之手，两人因此获得了 2004 年的诺贝尔奖。我们下面要介绍的嗅觉受体来自一种超级嗅探器——小鼠。

小鼠严重依赖于它们的嗅觉，不仅仅是寻找食物和躲避天敌，还包括探查彼此的信息素。一只小鼠的感观世界一定与我们的大不相同，因为我们对视觉的依赖程度远大于嗅觉。小鼠有大约 1000 个有活性的嗅觉受体基因，它们都源自于同一个祖先基因。这个祖先基因出现于数百万年前，经历了很多次复制，所以现在的嗅觉基因彼些都有一些小小的差异，也就各自生成了略微不同的蛋白质——嗅觉受体。每一种嗅觉受体负责识别空气中一种不同的分子。每一种嗅觉受体都表达自不同的受体细胞，而这些受体细胞就位于鼻腔内部。不同的气味来自不同的分子组成方式。每一种组成方式会刺激一组不同的细胞，这些细胞就会给大脑发出信号。大脑对这些信号进行组合与解码之后，小

---

*译注：逆转录病毒插入宿主基因组的位置是随机的。

鼠就知道自己闻到的是猫的气味还是奶酪的气味了。由于不同嗅觉受体细胞的组合形式有很多，所以小鼠（以及其他哺乳动物）能辨别出的气味种类远远超过嗅觉受体基因的数量。

辨别不同气味的能力非常有用，它令你能够区分亲属和非亲属，找到配偶，发现食物，识别捕食者，以及"看看"谁侵入了自己的领地。这在生存方面的优势是巨大的。自然选择是如何开发出这套系统的？首先，一个基因祖先要发生若干次复制。这种复制一次又一次作为细胞分裂时的错误出现。逐渐地，复制的拷贝彼此开始分化，其各自表达的蛋白质能结合不同的气味分子。一类不同的细胞演化出来，与上千种不同的嗅觉受体基因一一对应。与此同时，大脑内部重新生成神经网络，把不同嗅觉受体细胞传来的信号组合起来，就建立了对不同气味的感觉。这绝对是令人惊愕的演化成就，而推动其前进的仅仅是辨别气味所能带来的生存优势。

我们自己的嗅觉与小鼠相比，简直是"一个天上，一个地下"。原因之一在于，我们能够表达的嗅觉受体基因很少，只有大约 400 个。但我们还是携带着大约 800 个嗅觉受体基因，这构成了整个基因组的 3%。当然，其中一半是假基因，因为突变而永远失去了活性。其他灵长类的情况亦是如此。这一切是怎么发生的？可能是因为，我们灵长类在白天活动，更依赖于视觉而非嗅觉，所以也就不需要分辨太多的气味。于是，不需要的基因最后被消灭了。有彩色视觉并能更好分辨环境的灵长类拥有更多已经死去的嗅觉受体基因，这是完全可以预计的事情。

人类的嗅觉受体基因，包括有活性的和没活性的，看起来与其他灵长类极为相似，而与"原始"的哺乳动物鸭嘴兽就不太相似，与亲缘关系更远的爬行动物就差异更大。如果不是演化而来，这些死去的基因又为什么会有联系呢？而且，我们带有如此之多的失活基因这个事实本身，更是演化论的证据：我们会有这个基因包袱，仅仅是因为我们远古的祖先要依赖于灵敏的嗅觉才能生存下去，它们需要那些基因。

然而，嗅觉受体基因最为惊人的演化例证发生在海豚身上——或者可以说是一种退化。海豚不需要检测空气中的挥发性气味，因为它们在水下过活，并因此有了一套不同的基因用以检测水中的化学物质。我们可以预测，海豚的嗅觉受体基因都是没有活性的。事实上，其中80％的确没有活性。数百个嗅觉受体基因在海豚的基因组中，无声地证明着演化的存在。如果检查海豚这些死去基因的DNA序列，那么你会发现，它们与陆生哺乳动物同功能的基因很相像。只要知道海豚是从陆生哺乳动物演化而来的，这一切就合乎情理了。在海豚进入水中生活后，这些嗅觉受体基因也就失去了用处。[18] 可如果海豚是特别创造出来的，这一切就毫无道理可言了。

退化器官与退化基因在演化中可以携手并进。我们哺乳类是从产蛋的爬行类祖先演化而来的。除了澳洲的针鼹和鸭嘴兽等单孔类以外，其他哺乳动物无需再产蛋。母兽可以通过胎盘直接为发育中的胚胎供给养分，无需再生成营养丰富的蛋黄。哺乳类携带的基因中有三个，在爬行类和鸟类体内用来生成充满卵黄囊的营养蛋白质——卵黄蛋白原。但是，在绝大多数哺乳类体内，这三个基因都已经死去，完全被突变失活。只有下蛋的单孔类仍能产生卵黄蛋白原，在三个基因中有一个尚有活性，另两个同样已经死去。事实上，包括我们人类在内的哺乳类仍会生成卵黄囊——没有卵黄的退化器官，一个充满了液体的大球，附在胎儿的肠上（图15）。在人类怀孕的第二个月，它会从胎儿身上分离。

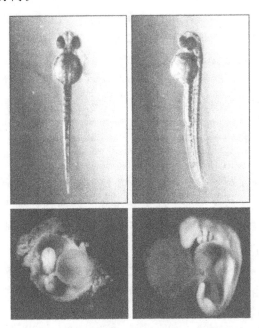

图 15 正常的和退化的卵黄囊。上图：带有满满的卵黄囊的斑马鱼（*Danio rerio*）胚胎。发育两天后从卵鞘中取出，即将孵化。下图：四周大的人类胚胎退化的空置卵黄囊。右下图中的胚胎还能看到鳃弓、后肢突，以及后肢突下方的"尾巴"。

像鸭子一样的嘴、肥肥的尾巴、雄性后腿上尖端有毒的刺，以及雌性具有的产蛋能力，所有这一切都让澳洲的鸭嘴兽变得非常独特。要说有什么生物看起来像是非智能的设计，或者说是设计者设计出来取乐用的，那就非鸭嘴兽莫属了。这种动物还有一个更为奇异的特征：它没有胃。

几乎所有的脊椎动物都具有一个袋状的胃，内有各种消化酶用以分解食物。而鸭嘴兽的"胃"只是食道在与肠子连接部位的稍稍膨大。这个"胃"完全没有各种消化酶的分泌腺。我们不知道为什么鸭嘴兽失去了胃，可能是因为它的食物以易于处理的柔软昆虫为主。但我们确切地知道鸭嘴兽的祖先是有胃的，因为在鸭嘴兽的基因组中有两种消化酶的假基因。因为不再需要，这两个假基因已经被突变失活，但仍证明着这种奇特动物的演化。

胚胎中的重写本

就在达尔文的时代到来之前，生物学家们正忙于研究胚胎学和比较解剖学。胚胎学研究的是动物如何发育，比较解剖学研究的则是不同动物在结构上的异同。他们的研究得到了很多颇为古怪的结果，在当时显得完全没有道理。譬如说，所有脊椎动物发育之初的形态都是一样的——看起来相当像是鱼胚。随着发育的继续，不同的物种开始有区别，但方式很诡异。有些血管、神经甚至器官，在所有物种的胚胎发育之初都存在，然而却会在其后的发育中突然消失，或者经历很扭曲的变化，迁移到另一个位置。最终，发育的舞步止于各种迥异的成年形态：鱼类、爬行类、鸟类、两栖类，以及哺乳类。然而在发育开始的时候，它们却看起来如此相像。达尔文讲过关于伟大的德国胚胎学家卡尔·恩斯特·冯贝尔（Karl Ernst von Baer）被脊椎动物胚胎的相似性搞糊涂的故事。冯贝尔在给达尔文的信中写道：

我手里现在有两个泡在酒精中的小胚胎。之

前由于疏忽，我没有给它们贴上标签。现在，我
实在没办法分辨它们属于哪一类动物。它们可能
是蜥蜴，也可能是小鸟，还有可能是很小的哺乳
动物。这些动物胚胎中头和躯干的形成方式几乎
完全一样。

这一次，又是达尔文使当时胚胎学教科书中种种不
同的事实协调一致，并且告诉人们，在演化论思想的统
一之下，发育中令人困惑的谜题都会一下子变得完全
合理：

> 如果各大类动物有共同的父母，那么它们拍
> 出的模糊照片，多多少少就是胚胎的样子。如果
> 我们以这样的视角来看待胚胎，胚胎学会变得相
> 当有趣。

首先，让我们看看所有脊椎动物像鱼类一样的胚
胎——没有四肢，有鱼尾一样的突芽。和鱼类似的特征之
中，最惊人的或许是一系列五条或七条的袋状物，由凹槽
间隔，位于胚胎两侧接近头部的位置。这些袋状物被称为
鳃弓（图 16）。每条鳃弓都包含着发育成为神经、血管、肌
肉以及骨骼或软骨的组织。鱼和鲨鱼的胚胎发育的过程中，
第一条鳃弓变成了颚，其余的则成为鳃的结构。袋状物之
间的裂缝张大成为鳃裂，袋状物本身发育成为控制鳃活动
的神经、从水中吸取氧气的血管，以及支撑鳃结构的成条
骨头或软骨。那么，在鱼类和鲨鱼身上，胚胎的鳃弓到鳃
的发育基本是直接的：胚胎的特征只是放大成为成体的呼
吸器官，并没有太大的改变。

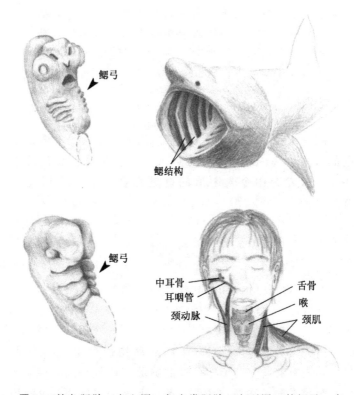

图 16　鲨鱼胚胎（左上图）与人类胚胎（左下图）的鳃弓。在右上图所示的姥鲨（*Cetorhinus maximus*）等鲨鱼和鱼类中，鳃弓直接发育成为成体的鳃结构。而在人类和其他哺乳动物中，鳃弓发育成为成体头部和上半身的不同结构（右下图）。

　　但在其他脊椎动物中，成体没有鳃，于是这些鳃弓变成了各种不同的结构，共同组成头部。以哺乳动物为例，鳃弓形成了中耳的三块微小骨头、耳咽管、颈动脉、扁桃腺、喉，以及颅神经。有时，人类胚胎的鳃裂未能成功闭合，就会导致婴儿颈部囊肿。这种情况其实是我们鱼类祖先留下的残迹所导致的返祖现象，可以通过手术消除。

　　我们血管的经历尤为奇异曲折。在鱼类和鲨鱼中，胚胎血管模式发育成为成体血管模式的过程中，没发生太大变化。但在其他脊椎动物发育的过程中，血管移来移去，有些甚至干脆消失。像人类等哺乳类只剩下了三条主要的血管，而最初本来有六条。真正奇异的事情是，发育过程中发生的改变模仿了演化的过程。我们像鱼一样的循环系统先是会变成类似两栖类胚胎的循环系统。在两栖类中，此时的胚胎血管就会直接成为成体血管；而我们的还要继续改变，成为与爬行类胚胎循环系统相似的样子。在爬行类中，这一系统接下来直接发育成为成体的系统；然而，我们的还要进一步变化，增加了少许扭曲之处，最终成为一套真正的哺乳动物循环系统，包括了颈动脉、肺动脉和背动脉（图17）。

　　这些模式带来了很多问题。首先，不同的脊椎动物成体的形态各不相同，为什么发育之初看起来都像是鱼的胚胎？为什么哺乳动物的头部和脸部与鱼类的鳃来自几乎相同的胚胎结构？为什么脊椎动物胚胎的循环系统要经历如此扭曲的一系列变化？为什么人类或蜥蜴的胚胎不是在发育之初就具有已经就位的成体循环系统，却要在前一步发育的基础上不断修改？为什么我们发育过程的变化次序类似我们祖先的演化顺序，从鱼类到两栖类，到爬行类，再到哺乳类？达尔文在《物种起源》中提到，这不是因为人类的胚胎在发育过程中经历了一系列不同的环境，因而必须与之成功适应——先是像鱼，再像爬行动物等等：

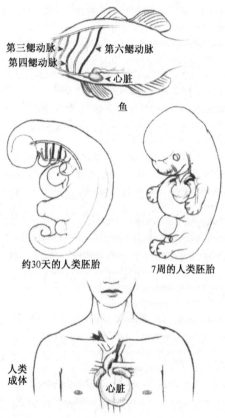

图 17　人类胚胎的血管始于类似于鱼类胚胎的系统，有上下两条血管，各在一边，称为主动脉弓。两者之间由一些平行的血管相连。在鱼类体内，上下两边的这两根血管负责把血液带到和带离鳃。鱼的胚胎和成体都有六对鳃弓，而这正是所有脊椎动物在发育之初所具有的基础模式。在人类胚胎中，第一、第二、第五鳃弓只是在发育之初草草形成，4 周之后就消失不见了。与此同时，第三、第四、第六鳃弓（在图中以不同深度的灰色加以区分）逐渐成形了。7 周时，胚胎的鳃弓重新排列，看起来很像是爬行类胚胎的血管。在人类最终的成体结构中，血管进一步重新排列，有些消失或变形成为不同的血管。鱼的主动脉弓则没有经历过这样的变形过程。

　　不同动物的胚胎彼此类似，这种胚胎结构与它们所存在的环境条件没有什么直接的联系。譬如说，我们不可能假设脊椎动物胚胎鳃裂附近的动脉系统那奇特的环状结构都与相似的环境有关，因为哺乳动物的胚胎孕育在母体的子宫内，鸟类的蛋在巢里孵化，而蛙卵则位于水下。

　　演化序列的"复现"在其他器官的发育过程中也能看到。以我们的肾脏为例，在发育的过程中，人类胚胎实际上先后形成了三种不同类型的肾脏，一种接一种。前面两种在我们最终的肾脏出现之前都被弃用了。这些短时间存在过的胚胎肾脏类似于我们在化石中发现的祖先物种的肾脏——分别是无颚纲鱼类和爬行类。这意味着什么？

　　据前所述，你很可能会给出这样的回答：每一种脊椎动物都经历了一系列的发育阶段，这些阶段的顺序恰好与其祖先演化的次序相吻合。所以，一只蜥蜴发育之初模仿的就是鱼的胚胎，稍后是两栖类的胚胎，最后成为爬行类的胚胎。哺乳动物经历的也是相同的顺序，只是又加上了最终的阶段——哺乳类的胚胎。

　　这个答案不错，却引发了更深层次的问题。为什么发育通常是以这种方式发生的？尾巴、鱼一样的鳃弓、鱼一样的循环系统，这些东西似乎不是人类胚胎所必需的。为什么自然选择没有在人类发育的过程中除去"鱼胚"这个阶段？为什么我们不是像17世纪某些生物学家所设想的那样，直接从微小的人形胚胎开始发育，不断长大，直到出生？为什么发育过程中要存在所有这些变形和重排？

　　有一个可能的答案，同时也是一个很好的答案。我们首先要意识到一点：在一个物种演化成为另一个物种的过程中，后代继承了祖先的发育程序——也就是所有能形成祖先身体结构特征的基因。而发育恰恰是一个很保守的过程。许多在后续发育过程中形成的结构，需要之前已经形成的结构给出一个生物化学的"启动提示信号"。比如说，如果你试图对循环系统的发育做一些改造，让胚胎一开始就直接成为成体的形态，那么将很可能引发多种不利的副作用，严重影响其他结构的形成，如绝不能发生错乱的骨骼系统。为了避免这种有害的副作用，最简单的办法就是在原有成熟的发育蓝图上做一些不太剧烈的改动。最好让后来才演化出来的东西在发育过程中也晚一点才出现在胚胎上。

这种"加新补旧"的理论也解释了为什么发育改变的次序会与生物体演化的顺序相吻合。当一类新的物种演化出来的时候，它们通常要把自己的发育程序加在旧有程序之上。

与达尔文同时代的一位德国演化论者恩斯特·海克尔（Ernst Haeckel）注意到这样的规律，于1866年总结出了"生物发生法则"，其内容可以总结成广为人知的一句话——"个体发育复现了物种演化"。但是，这种认识只在有限的层次上是正确的。海克尔自己也承认，胚胎的各个阶段看起来并不像祖先物种的成体，只是与祖先物种的胚胎相近。以人的胚胎为例，其从没有一个阶段像是鱼或爬行动物的成体，但在某些方面，的确像是鱼或爬行动物的胚胎。此外，这种复现既不是严格的，也不是必然的：不是祖先胚胎的每一项特征都会发生在后裔胚胎身上，发育的各个阶段也并不是严格复现演化顺序的。还有些物种，比如植物，已经几乎抛弃了祖先的全部发育阶段。海克尔的法则已经变得声名狼藉，因为海克尔被指捏造了各物种早期胚胎的图画，以使它们彼此看起来比实际情况更相像。[19]
这一指责可能有失实之处，但重要的在于，海克尔的法则
的确不是严格正确的。然而，我们也不能"因噎废食"。胚
胎还是展示出了一定的复现性：在物种演化的早期出现的
特征，也同样在胚胎发育的早期出现。如果物种有着演化
的历史，那么这样的现象就是完全合理的。

现在，我们并不完全确定为什么有些物种在发育的过
程中保留了其祖先演化历史的大部分。"加新补旧"的原理
只是一种推测，解释了胚胎学的事实。很难去证明发育程
序以一种方式进行会比另一种更容易。然而，胚胎学的事
实还在，也只有在演化论的解释之下才能合乎道理。所有
脊椎动物的发育都始于一个像鱼胚样的胚胎，这是因为我
们都有着鱼一样的祖先，而这个祖先必然有着鱼胚样的胚
胎。我们看到血管和鳃裂等器官奇异曲折的发展过程，它
们甚至会中途消失，这是因为我们这些后裔还带着祖先器
官的基因和发育程序。此外，发育变化的次序也很合理：
在哺乳动物发育的某一阶段能看到类似爬行动物的循环系
统，但绝不会出现相反的情况。为什么？因为事实是，哺
乳类是早期爬行类的后裔，而非与此相反。

达尔文写作《物种起源》的时候，胚胎学的证据被他
作为最强有力的证据。今天，他可能会把这个荣誉交给化
石记录。然而，科学还是在不断积累着支持演化论的发育
证据。鲸和海豚的胚胎有后肢突。这种组织突起在四足哺
乳动物身上会成为后腿；但在海洋哺乳动物的胚胎身上，
这种突起在形成之后很快又会被重新吸收。图18展示了斑
海豚发育过程中的这一退化现象。没有牙齿的须鲸的祖先
是有牙齿的鲸，而须鲸的胚胎也是有牙齿的，直到出生之
前才消失。

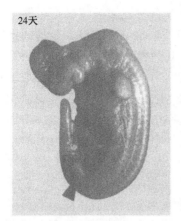

24天　　　　　　　　　　48天

图 18　斑海豚（*Stenella attenuata*）消失的后肢结构是其四足祖先留下的演化残迹。在 24 天的胚胎中（左图），后肢突（以三角指示）发育得很好，只比前肢突略小。到 48 天的时候（右图），后肢突已经几乎要消失了，而前肢突将继续演化为鳍肢。

　　在支持演化论的胚胎学证据之中，我最喜欢的证据之一就是毛茸茸的人类胚胎。关于人类，有一个很出名的叫法——"裸猿"。这是因为，与其他灵长类不同，我们没有那一层厚厚的体毛。不过事实上，我们每个人都曾经有过体毛，只在一个短暂的时期内——胚胎期。在受精之后六个月，我们的全身都被一层密密的绒毛所覆盖，也就是胎毛。胎毛一般会在出生前一个月脱落，被分布稀疏得多的汗毛所代替，直至出生。早产儿有时会带着胎毛出生，但也会很快脱落。其实，人类的胚胎并不需要短暂地拥有一层厚厚的体毛。毕竟，子宫内是舒适的 37 摄氏度的环境。胎毛只能被解释为我们灵长类祖先留下的残迹。事实上，猴子的胚胎在发育的同一时期也会产生覆盖全身的体毛；只不过，这层毛不会脱落，而会随着它们出生，成为真正的体毛。此外，和人类一样，鲸的胚胎也有胎毛，这是它们的祖先生活在陆地上时遗留下来的残迹。

关于我们人类，这里要给出的最后一个例子多少有些臆测的意味，但这个现象太显著了，令人无法视而不见。这就是新生儿的"抓握反射"。如果你能接触到一个新生儿，可以试试轻轻用手指捅他的掌心，他的小手会反射性地立刻形成一个拳头，攥住你的手指。这种抓握的力量相当强，一个新生儿可以两手握住一个扫帚把，吊在空中长达几分钟。（不过，你可千万不要在家里做这个危险的实验！）抓握反射在出生几个月后会消失，也可以算是一种返祖现象。新生的猴子和猿也都有这种抓握反射，但会一直持续到青少年期，令它们可以紧紧攥住妈妈身上的毛，不至于掉下来。

悲哀的是，虽然胚胎学为演化论提供了宝藏一般的证据，但胚胎学的教科书通常不会指出这些联系。比如我曾经遇到的产科医生，他们知道胎毛的一切知识，但就是不知道胎毛为什么会出现。

除了胚胎发育的奇怪特性，还有一些生物结构上的奇怪特性也只能用演化论来解释。那就是下面要讲的"糟糕的设计"。

糟糕的设计

有一部不会给人留下太深印象的电影——《年度人物》（*Man of the Year*）。喜剧演员罗宾·威廉姆斯（Robin Williams）在其中扮演一位电视谈话节目的主持人，他后来通过一系列阴差阳错的事件，成为了美国总统。在一次选前辩论中，威廉姆斯扮演的角色被问到了一个关于智能设计的问题。他的回答是："人们谈论智能设计——我们必须在课堂上讲授智能设计。看看人类的身体吧：它智能吗？在我们的娱乐区旁边就是一座垃圾处理厂！"

说得不错！虽然有机体表现得像是为了适应其自然环境而设计出来的，但完美设计的想法只是一个幻想罢了。每个物种都在很多方面是不完美的。鸸鹋有无用的翅膀，鲸有退化的骨盆，而我们自己有一个极其有害的阑尾。

我所谓"糟糕的设计"是指：如果有机体是从零开始设计的，用神经、肌肉、骨骼等等生物建造模块搭建起来的，那么就不应该有这些不完美。完美的设计才真正是一位有技巧有智能的设计师的标志，而不完美的设计只能是演化的标志——事实上，那恰恰就是我们从演化所能得到的结果。我们已经知道，演化不是从零开始。新的部分总是从旧的部分中来的，还要与其他已经存在的部分协同工作。因此，我们可以预期某种折中的方案：某些特征运转良好，但应该还可以更好；而另一些特征，比如鸸鹋的翅膀，则根本没有用处，不过是演化留下的糟粕。

关于糟糕的设计，一个很好的例子就是比目鱼。这种鱼因其作为食用鱼而闻名，比如著名的多佛鳎（Dover sole）。之所以成为食用鱼，可能是因为它体型扁平，易于去刺。实际上，大概有近五百种比目鱼：庸鲽（halibut）、大菱鲆（turbot）、牙鲆（flounder），以及它们的近亲——全部属于鲽形目。其英语单词的意思是"侧泳者"——恰恰道出了它设计上的糟糕之处。比目鱼生下来的时候是正常样子的鱼，竖直游水，薄饼一样的身体两侧各有一只眼睛。但一个月之后，奇怪的事情就发生了：有一只眼开始向上移动。它会最终翻过头顶，与另一侧的那只眼睛汇合，造成一对眼睛在身体同一侧的样子，或左或右，取决于具体的品种。颅骨的形状也会发生改变，以促进眼睛的移动。鱼鳍和体色也同时发生了一些改变。为了与此适应，比目鱼会向没有眼睛的一侧翻倒，让两只眼睛同时位于上方。它于是变成了一种生活在海底的鱼，平平的身体很容易伪装，以其他鱼类为食。当它必须要游动时，只能用其侧面来游动。比目鱼是世界上最不对称的脊椎动物。下次你去鱼市的时候，不妨找一条仔细看看。

如果你想要设计一条比目鱼，肯定不会这样设计的。你很可能会把它设计成鳐鱼的样子，因为鳐鱼从生下来就是平的，腹部位于下方。它不必躺在一边才能把身体压平，也不必为了移动眼睛而让头骨变形。比目鱼设计得真糟糕。然而，这种差劲的设计源于它们在演化上的继承。从演化树上我们可以得知，比目鱼演化自一种"正常"对称的鱼。很明显，它们发现翻倒在海底上能在捕食者和猎物面前隐藏自己，有很大的优势。这当然也带来了一个问题：下面的眼睛既无用，还容易受伤。为了解决这个问题，自然选择采取了一条曲折但可取的道路，来移动比目鱼的眼睛，并让它的身体发生变形。

大自然最失败的设计当属哺乳动物绕弯子的喉神经。这根神经从大脑来到喉部，帮助我们讲话和吞咽。奇怪的是，它远比需要的长。从大脑到喉部的直线距离不超过30厘米。喉神经却没有采用直线的途径，而是一直下行到胸部，绕过主动脉以及从一条动脉上发端的一根韧带，而后重又向上行进，一直连接到喉部，故而也称喉返神经（图19）。最终这根神经的长度约为90厘米。在长颈鹿身上，这根神经走的是相似的路线，但要沿着长长的脖子一直下行再原路返回，结果比直线距离长了4.5米！第一次听

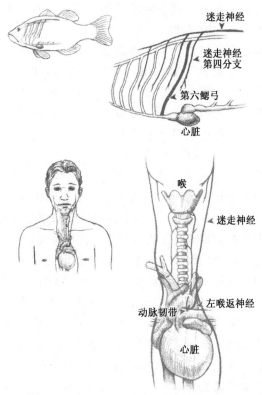

图 19 人类的左喉返神经曲折的路径正是它们演化自鱼类祖先的证据。在鱼类的胚胎中，以后会发育成鳃的第六鳃弓含有第六动脉弓，迷走神经的第四分支位于第六动脉弓的后面。这一结构日后成为了成体鱼鳃的一部分，支配着鳃的运动，并把血液带到鳃。而在哺乳动物体内，这个鳃弓的一部分演化成了喉。在这个过程中，喉与它的神经始终保持相连，但身体左侧的第六动脉弓却下移到胸部，成为了一个没有功能的残迹——动脉韧带。而那条神经既要位于这个动脉弓的后方，又要与颈部的结构相连，于是被迫演化出一条路径：先下行到胸部，绕过主动脉和第六动脉弓留下的残迹，再回到喉部。喉神经的这条间接路径没有反映出智能设计，而只能理解为：我们是从有着极为不同身体结构的祖先演化而来的产物。

说这根奇怪的神经时，我很难接受。为了亲眼看一看，我鼓起勇气去了一趟人体解剖学实验室，做了人生中第一次尸体解剖。一位亲切的教授为我展示了这根神经，用一根铅笔沿着神经一直下到躯干中，再回到喉部。

喉返神经的这条扭曲的路径不仅仅是糟糕的设计，还可能是一种不适应。多出来的长度令它更有可能受到损伤。比如，它可能被当胸一拳打断，令你难以说话或吞咽。但如果我们了解了喉返神经是如何演化而来的，这条路径就能够解释了。与哺乳类的主动脉一样，喉神经也源于鱼类祖先的鳃弓。在所有脊椎动物早期像鱼一样的胚胎内，这条神经沿着第六鳃弓的血管自上而下延伸。它是更大的迷走神经的一个分支，来自大脑后部。在成体鱼体内，这条神经仍在这个位置，把大脑与鳃连接在一起，控制鳃的泵水动作。

在我们的演化中，第五鳃弓的血管消失了，而第四和第六鳃弓向下移入将来的躯干之中，分别变成了主动脉和一条把主动脉与肺动脉连在一起的韧带。但喉神经仍然在第六鳃弓的后面，同时又要与将来变成喉的胚胎组织保持连接，而后者还在头部附近。随着未来的主动脉向下移向心脏，喉神经被迫与之一起向下移动。当然也有更高效的方法，就是让神经绕过主动脉，自己断开，再在更直接的路径上自己重新接合。但是自然选择处理不了这么复杂的事情，断开和重新连接神经本身就是一个会降低适应度的步骤。为了跟上伸向心脏的主动脉的步伐，喉神经不得不变得更长，并且形成回归路径。而发育又复现了演化的过程，我们作为胚胎时只有像鱼一样的神经和血管模式。但最终，我们只能接受这种糟糕的设计。

拜演化之所赐，人类的生殖系统也满是偷工减料的豆腐渣工程。我们已经知道，由于男性的睾丸是从鱼的生殖腺演化而来，会在腹腔留下薄弱点，因而有可能导致腹股沟疝。男性的尿道也是个糟糕的设计，它恰好直接从前列腺中间穿过，而这个腺体为我们制造了精液的部分液体。这就解释了罗宾·威廉姆斯的话：污水排水沟直接从娱乐区的中央穿了过去。相当多的男性年老以后患上了前列腺增生，挤住了尿道，令排尿变得困难而痛苦。（不过，这在人类演化史的大部分时间里不是个问题，因为那时候男人很少会活过三十岁。）一个聪明的设计者不会把一根重要的管子从一个易于感染并膨大的器官中间穿过去。之所以事实会如此，是因为哺乳动物的前列腺是由尿道壁的组织演化而来的。

　　女性的情况也没好到哪去。她们生下婴儿要穿过骨盆，这是一个痛苦而低效的过程。在现代医学出现之前，生孩子的过程夺去了相当数量母亲和婴儿的生命。问题在于我们演化出了较大的头部，而女性的骨盆开口又必须保持窄小，以允许高效的双足行走。这就形成了矛盾。妥协的结果就是人类生产时的困难和巨大的痛苦。如果由你来重新设计人类的女性，难道你不会把生殖道的出口挪到腹部下方，而非穿过骨盆吗？试想一下，这样一来，人类的出生将变得多么容易！但是，人类的祖先物种是产蛋的，或者至少也能够让幼崽穿过骨盆安全降生——远比我们的痛苦小。我们被自己的演化历史所禁梏了。

　　此外，一个智慧的设计者会在人类的卵巢和输卵管之间留下小小的缝隙吗？由于这个缝隙的存在，一枚卵子要通过输卵管进入子宫之前，必须先要跨过这个缝隙。如果一个受精卵偶然没能成功跨过去，就会落入腹腔。这就是"宫外孕"，必然导致孩子的死亡；如果不及时手术，还会危及母亲的生命。这个缝隙是我们鱼类和爬行类祖先留下来的残迹。它们是直接从卵巢中把卵产出体外的。而输卵管是后来才演化出来，添加到哺乳动物身上的，所以是个不完美的设计。[20]

有些神创论者对于"糟糕设计"的回应是：这不应该成为演化论的论据，因为一个超自然的智能设计者也可能创造出不完美的设计。智设论的支持者迈克尔·贝希（Michael Behe）在他写的《达尔文的黑匣子》（*Darwin's Black Box*）中宣称："某些特征作为一个设计来看的确有些奇怪，但这很可能是出于设计者的某些原因：艺术上的原因、追求变化、卖弄、为了实现某些目前还不可能探知的目的，或者为了某个无法猜测的目的。否则，肯定不会有这样的设计。"但这其实是在顾左右而言他。的确，设计者可能是有我们无法揣测的动机。但只要这些糟糕的设计是从祖先演化而来的，那么它们就都能变得合乎情理。如果说一个设计者真有什么显而易见的动机，那么其中之一必定是愚弄所有的生物学家——把生物设计得看起来像是演化出来的。

第四章　生命的地理学

在"小猎犬号"上的那段日子里，

我作为一名博物学家始终执著于两方面的事实：

一是在南美洲生活的各种生物的分布；

二是它们与过去生活在这块大陆上的生物之间的地质学关系。

对我而言，这些事实似乎叩开了通向物种起源的大门。

正如我们最伟大的一位哲学家所说过的：

物种起源乃万谜之谜。

——查尔斯·达尔文，《物种起源》

位于南半球汪洋之中的火山岛是这个星球上最为孤寂的去处之一。处在非洲与南美洲之间的圣赫勒拿岛就是这样一座火山岛。从法国流放至此的拿破仑在英国人的监管下挨过了自己生命中的最后五年。而以与世隔绝而闻名的岛屿中，最为著名的是胡安·费尔南德斯群岛——茫茫大海上的四个小斑点，总面积仅百余平方公里，坐落在智利以西七百多公里的南太平洋上。该群岛中的一个岛屿正是亚历山大·塞尔扣克（Alexander Selkirk）——《鲁宾逊漂流记》主人公的原型——被同伴抛弃后孤独生活了许多年的地方。

塞尔扣克生于 1676 年，原名亚历山大·塞尔克瑞格

(Alexander Selcraig)。1703 年，这位脾气暴躁的苏格兰人作为航海官登上了"五点港号"(Cinque Ports) 出海远行。这是一艘英国私掠船*，当时专门针对西班牙和葡萄牙的船只进行劫掠。当船行驶到胡安·费尔南德斯群岛的近地岛(Más a Tierra Island) 上补充淡水和食物时，塞尔扣克对21 岁年轻船长的鲁莽以及"五点港号"的糟糕船况再也无法忍受，执意要留在岸边等待其他船只的救援。船长同意了他的要求，而塞尔扣克也自愿接受了被流放的命运**。留在他身边的只有一些衣物、被褥、简单的工具、一支燧发枪、一些烟草、一只罐子，以及一本《圣经》。这些东西陪伴他度过了四年半的独居生活。

近地岛是一个无人居住的荒岛。岛上除塞尔扣克以外的哺乳动物只有山羊、大鼠和猫，都是早期过路的水手留下的。在熬过了最初的寂寞与压抑之后，塞尔扣克逐渐适应了那里的环境，日子过得有滋有味：他猎捕山羊，采集贝类，擦石生火，食用前人种植的水果与蔬菜，穿戴用山羊皮制成的衣裤，甚至还驯化了一只小猫帮他赶走烦人的老鼠。

塞尔扣克最终于1709 年被一艘英国船所救。令人难以置信的是，此船的领航员正是当年流放他的"五点港号"船长。当时，船员们都被眼前这个穿着山羊皮的野人惊呆

---

　　*译注：privateer，又称武装民船，获得国家颁布的专门许可证，在战时可对交战国的任何船只进行攻击，并可得到劫掠所获物资的一部分，以此打击敌方的海上经济命脉。16～19 世纪是私掠船大行其道的时期，其甚至被认为是国家海军武装力量的延伸，直接参与了一些大规模的作战行动。其船员大都鱼龙混杂，与海盗不相上下。

　　**译注：另一种说法称塞尔扣克最终反悔，在海边呼喊着，试图追上返回大船的舢板，但却无济于事。

了。由于长时间不讲话，塞尔扣克说的英语甚至已经很难让人听懂了。在帮助船员们补充了水果和山羊肉之后，塞尔扣克登船踏上了返回英国的路途。回到文明世界之后，他接受了一位记者的采访。后者将塞尔扣克的历险写成了一篇通俗易读的纪实《英国人》——据说正是这篇文字给了丹尼尔·笛福（Daniel Defoe）以灵感，使他创作出了脍炙人口的《鲁宾逊漂流记》。[21]然而，塞尔扣克终究未能适应定居一处的岸上生活，于 1720 年再度出海。次年，他在船上死于黄热病，海葬于非洲西海岸的大洋之中。

正是出乎意料的时间加上出乎意料的人物造就了塞尔扣克曲折的人生故事。出乎意料的偶然性同时也造就了另一个更加伟大的故事——除人类以外的动植物在胡安·费尔南德斯群岛以及其他类似岛屿上的定居和生存故事。塞尔扣克当时并不知道，近地岛（现在称为亚历山大·塞尔扣克岛）上居住着一批更早来到此地的流放者——植物、鸟类，以及昆虫。这些生物在塞尔扣克之前几千年就阴差阳错地来到了岛上，它们的生存故事写就了一本更加离奇的《鲁宾逊漂流记》。就这样，在毫不知情的情况下，塞尔扣克在一个演化实验室中度过了四年半的孤独时光。

今天，胡安·费尔南德斯群岛的三座岛屿已经成为了珍奇野生动植物的天然博物馆。那里的许多物种是全世界绝无仅有的独特品种，其中包括 5 种鸟类（例如长达 13 厘米的巨型锈红色蜂鸟，这种濒危的美艳小鸟被称为胡安·费尔南德斯火冠鸟）、126 种植物（例如一些十分奇特的向日葵品种）、一种海狗，以及少数几种昆虫。地球上没有其他任何一个地方有如此之多的特有生物品种。然而，这个群岛物种匮乏的程度同样达到了令人吃惊的程度：这里没有任何一种常见于世界上其他地方的两栖动物、爬行动物或哺乳动物。特有的奇异物种开枝散叶，常见的主流物种不见踪迹——这一幕在不同的海岛上一次又一次地上演着。正如我们将要看到的，这本身就是演化论的有力证据之一。

　　达尔文是第一个对此进行周密调研的人。通过他年轻时在"小猎犬号"上的旅程，以及他与科学家们和博物学家们频繁的信件往来，达尔文意识到，演化论不但必须要能解释动植物的起源与形态，还必须要能解释它们在全球的分布方式。而这些分布方式带来了很多棘手的问题。为什么海岛具有如此迥异于大陆的植物群落和动物群落？为什么几乎所有澳大利亚的本地哺乳动物都是有袋类，而胎盘类哺乳动物则占据了世界上所有其他地区？在世界上有许多地形相似、气候相近的地区，例如非洲的沙漠地区和美洲的沙漠地区。如果物种真的全都是被创造出来的，那么创造者为什么要大费周章，在极其相似的地区安排一些表面极其相似，本质上却有所差异的物种？

　　在达尔文之前就已经有学者在关注这些问题了，还进行了缜密的思考与研究。达尔文总结了前人的工作，并得出了自己的智慧结晶——在《物种起源》中占了整整两章的篇幅，可见达尔文对其重视的程度。后人普遍认为，这两章内容为一个全新研究领域的开创奠定了基础，这就是生物地理学（biogeography）——研究物种全球分布的科学。而且，这两章内容对于生物的地理分布所提供的演化论解释，在提出之初就是大体正确的。此后的大量研究只是对其进行了完善，并给予了进一步的支持。今天，生物地理学方面的演化论证据已经变得坚不可摧。我从未见过任何神创论的书籍、文章或演讲胆敢对其提出质疑。神创论者只是假装这些证据不存在罢了。

　　颇具讽刺意味的是，生物地理学的根却深深地扎在宗教信仰之中。最早的"自然神学家"曾试图证明，生物体在地球上的分布能够与《圣经》中关于诺亚方舟的记述相一致。根据《圣经》的描述，所有现存的动物都是诺亚带上方舟的那一对对动物的后裔。传统上认为，诺亚方舟在洪水消退后停靠的地点是位于土耳其东部的亚拉拉特山。于是方舟上所有的动物都要从那里出发，前往它们在今天的栖息地。不过，这个故事有很多显而易见的漏洞。袋鼠和巨型蚯蚓是如何跨越大洋前往它们现在的澳大利亚家园的？那对狮子会不会把同路的那对羚羊当成了快餐？此外，随着博物学家不断发现新的动植物品种，即便是最坚定的信徒也意识到了一个常识性问题：没有一艘船可以装下所有这些物种，更别提六周的漂泊所需的食物和淡水了。

　　于是，一个新的理论出现了：遍及全球各地的多重创造。19世纪中叶，哈佛大学的知名瑞士生物学家路易·阿加西（Louis Agassiz）断言："不但物种本身是静止不变的，其分布也是静止不变的：无论它们是在哪里被创造的，它们都将世世代代生活在那里。"但形势的发展让这个理论也很快就站不住脚了，特别是不断增多的化石，完全与物种"静止不动"的观点背道而驰。像达尔文的良师益友查尔斯·莱伊尔（Charles Lyell）这样的地质学家开始不断发现新的证据，证明地球不仅古老，而且还处于流动之中。就在"小猎犬号"的旅程中，达尔文在安第斯山脉的高处发现了海生贝类的化石，直接证明现在是高山的地方曾经却是汪洋。所以，陆地可以抬升，也可以沉降；我们今天看到的大陆在过去可能更大，也可能更小。然而，物种分布的问题仍然没有得到解答。为什么南部非洲的植物群落与南美洲的如此相似？虽然没有任何证据的支持，有些生物学家还是异想天开地提出，所有的大陆可能曾经被巨型陆桥连接在一起。（达尔文曾经就此向莱尔抱怨说，这些陆桥简直就是变戏法变出来的，"跟厨师烤出一张薄饼一样简单"。）

为了对付这些难题，达尔文提出了自己的理论。他认为，物种的分布不能用创造来解释，而只能通过演化来解释。首先，动植物要能够通过某种方式扩散到遥远的地方；其次，它们要能够在新的环境中演化出新的物种；最后，还要结合远古时代地表的平移性运动，例如周期性的冰川扩张。如果这三方面都能成立，那么困扰了前人很多年的那些生物地理学的奇特性质就可以得到解释了。

事实证明，达尔文是正确的——但不完全正确。诚然，只要扩散、演化、地貌改变这三点是正确的，那么生物地理学的很多事实的确就是顺理成章的事情了，但这并不能解释所有事实。失去飞行能力的大型鸟类，例如鸵鸟、美洲鸵和鸸鹋，它们分别出现在非洲、南美洲和澳大利亚。如果它们有一个不会飞的共同祖先，它们的散布范围怎么可能如此之广？另外，在中国的东部和北美洲的东部这两个远隔万水千山的地区，却有着一些共同的植物，比如鹅掌楸和臭菘。然而为什么这些植物却没有出现在两地之间的任何陆地上？[22]

现在，我们已经有了当时达尔文所没能捕捉到的正确答案。这要感谢两个领域的发展：大陆漂移理论与分子分类学——这些在达尔文的时代都是无法想象的。达尔文已经意识到了地球也会随着时间发生变化，但对这种变化的程度却完全没有把握。从 20 世纪 60 年代开始，科学家们已经确切地知道，地球过去的地理面貌与今天大不相同：

巨大的超大陆曾经漂来漂去，融合，再分开形成小块。

另一方面，大约 40 年前，我们开始积累 DNA 和蛋白质的序列信息。这些信息不但可以告诉我们物种之间的演化亲缘关系，还能告诉我们物种开始从共同祖先中分化出来的大概时间。演化论预测，在物种从其共同祖先中分离出来的过程中，DNA 序列的改变程度与已经历的分化时间基本呈线性关系。观测到的数据也证实了这一预测。通过以现存物种的化石祖先进行校正，我们就可以知道这种"分子钟"与真实时间的线性关系比例，然后估计那些共同祖先几乎没留下任何化石记录的物种之间的分化时间。

应用分子钟，我们可以把物种的演化亲缘与已知的大陆运动、冰川运动，以及真正的陆桥形成（比如巴拿马地峡）做一个时间上的比较。这将直接告诉我们，新物种的起源是否与新大陆或新栖息地的起源相一致。有了这些全新技术和理论的支持，生物地理学的研究几乎成了一个伟大的侦探故事：利用各式各样的科学工具，探查看似无关的纷繁线索，生物学家们得以推演出每个物种为什么会生活在它们今天所生活的地区。例如我们现在已经知道，非洲与南美洲的植物相似性没什么可大惊小怪的，因为它们的祖先曾经生活在同一块超大陆——冈瓦那超大陆上。这块超大陆后来在距今 1.7 亿年前左右开始分裂，最终形成了今天的非洲、南美洲、印度、马达加斯加和南极洲。

生物地理学的每一项"侦探"工作都证实了演化这个事实。如果物种从未演化，它们（无论是活着的还是已经成为化石的）的地理分布就将变得毫无道理可言。下面我们会先来介绍大陆上的物种分布，然后介绍海洋岛屿上的。

这两种迥异的环境提供了不同类型的演化证据。

大　陆

　　让我们先来看一个令许多周游世界的人吃惊不已的现象。如果你去过两个相距遥远，但有着相近地貌和相似气候的地方，你会发现那里却生活着不同的生命形式。以沙漠为例。许多沙漠植物都是肉质的，表现为许多适应性特征的组合：肥大的肉质茎可以储水，尖刺可以阻止动物的采食，微小甚至已经消失的叶子有效降低了水分的流失。然而，不同的沙漠有着不同的肉质植物。美洲地区沙漠的肉质植物是仙人掌科的家族成员。而在亚洲、澳大利亚和非洲的沙漠里，则完全没有本地原生的仙人掌。这些沙漠中的肉质植物属于一个完全不同的家族——大戟科（euphorb）。从这两类植物的花以及肉质茎的汁液上，就可以轻易看出两者的差别。特别是汁液，仙人掌科的是澄清的水质汁液，而大戟科的是苦涩的奶质汁液。然而除了这些内在的本质差异，仙人掌科与大戟科的植物却可以长得非常相像。我的窗台上就同时有这两科的植物，如果不看标签的话，很少有客人能将两者区分开来。

　　为什么创造者会在世界上相距甚远但有着近似生态环境的两个地区，创造出看似一样却本质不同的植物呢？既然有着相同的土质和气候，遥远的距离对于万能的创造者来说不应该成为阻碍，直接放上同一种植物岂不是更合理的做法？

　　你可能会回应说：虽然沙漠看起来彼此类似，但在某些细微的方面却存在差别，这些差别对于生活在其中的物种可能有着重要的影响，而仙人掌科和大戟科的植物就是为适应各自的栖息地而设计的。但这种狡辩是站不住脚的。

当仙人掌被从新大陆带回旧大陆的沙漠中时，这些外来户生长得并不比本地的肉质植物差。例如在19世纪初期，北美的仙人果被引入澳大利亚种植，以饲养一种胭脂虫，移民们打算从这种虫子当中提取红色染料（这种染料就是波斯地毯深红色的来源）。而仙人果扩散得太快，到了20世纪已经成为了一种有害植物，侵占并毁坏了上千公顷的农场。人们不得不对其采取了极端的根除计划，然而收效甚微。这种情况最终在1926年得以控制，因为人们又引入了仙人掌螟，仙人果的肉质茎是这种昆虫幼虫的大餐。这是世界上第一例生物防控，也是最成功的案例之一。可以确定的一点是，虽然澳大利亚本地的肉质植物是大戟类，但仙人掌同样可以在此繁茂兴盛。

　　另外，不同的物种却可以在生态系统中扮演相似的角色，从而具有相似的外观。这之中最为著名的例子是有袋类哺乳动物和胎盘类哺乳动物。有袋类主要存在于澳大利亚，较为人们熟知的一个例外是弗吉尼亚负鼠；而胎盘类则占据着整个世界的其他地区。这两类动物有着重要的解剖差异，其中最值得关注的是它们的生殖系统。几乎全部有袋类动物都有育儿袋，刚产下的幼崽尚未发育；而胎盘类动物则具有胎盘，使其幼崽出生时的发育状况要好得多。然而在另一些方面，部分有袋类和胎盘类动物却表现出惊人的相似性。有袋类的鼹鼠能够在地下掘洞，其外观和行为与胎盘类的鼹鼠非常相像；有袋类的老鼠完全就是我们身边常见老鼠的翻版；有袋类的蜜袋鼯从一棵树滑翔到另一棵树的动作与飞鼠别无二致；而有袋类的食蚁兽与南美洲的食蚁兽所做的事情完全一样（图20）。

　　那么，人们不禁要再一次发问：如果动物是被创造出来的，创造者为什么要在不同的大陆上创造出本质不同，

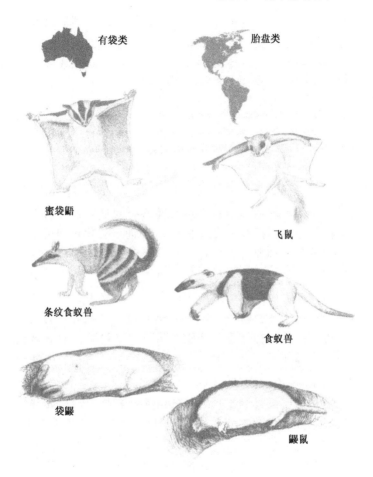

图 20 哺乳动物的趋同演化。有袋类的食蚁兽、蜜袋鼯以及鼹鼠都是在澳大利亚演化出来的，独立于在美洲演化出来的与它们类似的胎盘类哺乳动物。类似的两种动物往往占据类似的小生境，在生态系统中扮演类似的角色。

但外观和行为都极为相似的物种？在澳大利亚，有袋类并不见得就比胎盘类高级，因为引入的胎盘类哺乳动物生活得相当之好。以引入的兔子为例，它们在澳大利亚已经成为了一种严重灾害，甚至正在取代本地原有的有袋类，比如同样长着长耳朵的兔耳袋狸。为了筹措款项在澳大利亚根除"兔害"，动物保护主义者甚至发起了一项运动，劝说人们把"复活节兔"（Easter Bunny）*换成"复活节兔耳袋狸"（Easter Bilby）。现在的每年春天，你都可以在澳大利亚的超市货架上找到巧克力制成的兔耳袋狸。

任何一位神创论者，无论它坚持的是诺亚方舟的故事还是别的什么理论，都无法给出一个可信的解释来说明，为什么不同的地区却有着看似一样的不同物种。他们唯一能做的就是不断强调"天意难测"。然而，演化论却可以用一个非常有名的原理解释这一切，那就是趋同演化。这个原理很简单。生活在类似栖息环境中的物种，其所经历的环境选择压力也是类似的，所以它们会演化出类似的适应性，或称之为"趋同"。其外在的表现就是外观和行为的类似，即便这些物种并没有亲缘关系。一个趋同性的著名例子就是不同北极动物所共享的白色伪装色，比如北极熊和雪鸮**。然而在趋同的同时，这些物种还是会保留一些关键的区别，从中可以看出其远古的祖先。有袋类的祖先移居到澳大利亚的时候，世界上其他地区都被胎盘类主宰着。这两类哺乳动物又进一步各自分化为多种多样的缤纷物种，适应了各自不同的栖息地。如果你要在地下挖洞才能生存并繁殖得更好，那么自然选择就会赋予你减弱的视力和加

---

　　*译注：西方传统节日"复活节"的象征之一，寓意春天的复苏与新生命的诞生。

　　**译注：一种雪白的猫头鹰，羽端略带黑色，活动于北极苔原地区。《哈利·波特》主人公哈利的信使鸟就是一只雪鸮。

长的爪子，不管你是有袋类还是胎盘类。但你还是能保留远古祖先的一些关键性特征——对你当前生活方式影响不大的特征，比如有袋类和胎盘类各自的生殖特征。

仙人掌类与大戟类所表现出来的也正是趋同性特征。大戟类的远古祖先占据了旧大陆，而仙人掌的祖先则生活在新大陆上。那些恰巧碰上沙漠环境的物种就演化出了类似的适应性。如果你是一株处于干旱气候条件下的植物，那你最好坚韧少叶，还有肥大的茎用以储存水分。于是，自然选择把大戟类和仙人掌类的植物塑造成了一个模样。

趋同演化证明，演化论中的三个方面是共同发生作用的：共同祖先、物种形成，以及自然选择。共同祖先导致澳大利亚的有袋类共有一些特征（例如雌性有两条阴道和两个子宫），而胎盘类则共有另一些不同的特征（例如能长时间存在的胎盘）。物种形成是每一个共同祖先产生众多不同后裔物种的过程。而自然选择令每一个物种很好地适应了它们所处的环境。总结以上三点，外加一个事实——世界上的确有相距遥远但环境类似的栖息地，我们就得到了趋同演化。它简洁地解释了生物地理分布所面对的主要问题。

至于有袋类是如何到达澳大利亚的，那又是另一个有趣的演化故事，并引发了一个可以被检验的预测。目前发现的最早的有袋类化石形成于 8000 万年前，位于北美洲而非澳大利亚。随着有袋类的演化，它们向南扩张，在大约4000 万年前到达了现今南美洲最南端的位置。又过了 1000万年，有袋类才出现在澳大利亚的土地上，并分化成为二百余个现存物种。

然而，它们是如何横渡南太平洋的呢？答案是：压根就没发生过这种事情。有袋类来到南美洲的时候，南美洲与澳大利亚是连成一体的，是当时的南方超级大陆冈瓦那的一部分。这个巨无霸当时已经开始解体，当中打开的一条口子就是未来的大西洋。不过此时的南美洲仍与今天成为南极洲的大陆相连，而南极洲又与澳大利亚相连（参见后文图21）。既然有袋类要从南美洲前往澳大利亚，那么它们必定穿过了当时的南极洲。所以我们可以预测：在南极洲必定存在着有袋类的化石，形成时间在距今3000万～4000万年之间。

这一推测太吸引人了。一批批的科学家为此远赴南极洲，寻找有袋类的化石。果不其然，他们在南极半岛附近的西摩岛上发现了十余个有袋类物种的化石。区别于胎盘类的牙齿和爪子令这一发现确凿无疑。西摩岛恰好位于远古时期南美洲与澳大利亚之间的无冰通道上。此外，化石的年龄也刚好吻合：3500万～4000万年。1982年获得这一发现时，极地古生物学家威廉·津斯梅斯特（William Zinsmeister）兴奋地表示："年复一年，人们始终认为有袋类的化石一定就在这儿的什么地方。它把所有关于南极洲的猜想都紧紧地联系在了一起。而今天我们所获得的，正是我们已经期盼多年的发现。"

那些生活在不同大陆的类似栖息环境中，相似却又不完全一样的物种又该如何解释？通体红色的马鹿（elk）生活在欧洲北部，而与之极其相似的加拿大马鹿则生活在北美洲。生活在水中没有舌头的负子蟾出现在两个相距遥远的地区：南美洲东部和非洲的亚热带地区。前文中还提到过亚洲东部与北美东部的植物群落相似性。如果各个大陆都一直处于它们现在所在的位置，那么上述现象对于演化论者就成为了不解之谜。木兰的祖先没有办法从中国扩散到阿拉巴马来，一只淡水蛙也没有办法越过非洲与南美洲之间的海洋，马鹿的祖先同样没有办法从欧洲来到北美洲。

然而，今天我们已经精确地知道这些扩散是如何发生的：通过远古时把大陆连接在一起的陆地。*（这与早期生物地理学家所设想的巨大陆桥是不同的。）亚洲与北美洲曾经通过白令陆桥完好地连接在一起。通过它，植物和动物（包括我们人类自己）都曾移居到了北美洲。而南美洲和非洲曾经同是冈瓦那超大陆的一部分。

当生物扩散到一个新的地区并成功地定居下来之后，它们通常就会发生演化。这就引发了另一个我们在第一章就已经做出的预测：如果演化的确发生过，那么某地的现存物种应该源于稍早时期同样生活在该地区的物种。所以，如果我们在某地挖掘浅层地表，那么发现的化石应该与现在主宰该地区的物种很相像。

事实也的确如此。我们能在哪里找到与现存袋鼠很相像的袋鼠化石？当然是在澳大利亚。另一个例子则是新大陆上的犰狳。在哺乳动物中，犰狳以其披挂的一副骨质甲胄而独树一帜。犰狳的西班牙语名称 armadillo 的含义就是"披甲的小个子"。它们只生活在北美洲、中美洲和南美洲。**我们能在哪里找到与它们相像的化石？当然是在美洲，

---

*译注：关于马鹿的问题可能还存在疑问。2004 年起，有一些针对线粒体 DNA 的研究表明，生活在欧洲北部的马鹿与生活在北美洲的马鹿之间可能并没有直接的亲缘关系。

**译注：犰狳，音"求于"，显然不是原词的音译。事实上，它出自中国古代的奇书《山海经》。在该书的《东山经》卷有云："有兽焉，其状如菟而鸟喙，鸱目蛇尾，见人则眠，名曰犰狳。"虽然《山海经》中的很多描写被认为过于怪诞而不足取信，但这段对于犰狳的描写则十分传神，令中国的生物学家选择了"犰狳"一词作为这种只生活在美洲大陆的动物的中译名。至于书中所描写的是否真的是生活在美洲的犰狳，如果是的话，它又为什么会出现在中国古人的书籍中，这些问题迄今为止仍是不解之谜。

因为那里正是雕齿兽的故乡。雕齿兽是一种同样披盔戴甲的植食性哺乳动物，看起来就像是长过了头的犰狳。这种古兽可以长到大众甲壳虫汽车的尺寸，重达 1 吨，全身覆盖着 5 厘米厚的甲壳，流星锤似的尾梢像老鼠尾巴一样扫来扫去。神创论者被迫要对所有这些物种分布做出解释。而要做到这一点，就必须假设在世界各地有一系列没完没了的灭绝与创造，而且新创造出来的物种还要与当地旧有物种相类似。这已经离诺亚方舟太远了吧。

化石祖先与其后裔物种的一致性，引发了一个在演化生物学历史上最为著名的预测——达尔文假说，他在《人类起源》（1871 年）中提出，人类的演化发生在非洲。

　　　　自然而然，我们不禁要问：人类的诞生地在哪里？在人类诞生的舞台上，我们的祖先从狭鼻猿（旧大陆上的猴子与猿）的祖先中分离了出来。这些祖先与旧大陆猿猴的相似性明确无误地表明，它们曾经的栖息地是旧世界的大陆，而非澳大利亚或任何海岛。这是生物地理分布规律所能推断出来的必然结果。在世界上每一个大的地区，现存的哺乳动物都与当地已经灭绝的物种有紧密的亲缘关系。因此，非洲很可能曾经被现已灭绝的猿类所统治。这些灭绝的猿类是大猩猩和黑猩猩的近亲，而此两者又是人类现存最近的近亲。于是，多少存在这样一种可能性：我们的早期祖先生活在非洲，而不是地球上的任何其他地方。

达尔文做出这一预测的时候，还没有人见过任何早期人类的化石。我们将在第八章中看到，这些化石最早发现于

1924 年。你肯定已经猜到了，其出土地点就在非洲。从那以后，人们又发现了数量丰富的猿人过渡态化石，其中最早期的均发现于非洲。毫无疑问，达尔文的预测是完全正确的。

生物地理学不但可以做出预测，还能够解决疑惑。下面就让我们看一个与冰川和树木化石有关的例子。地质学家很久以前就知道，所有南方大陆和次大陆都曾经在大约2.9 亿年前的二叠纪经历过严重的冰川期。我们之所以知道这一情况，是因为冰川前进的时候，其中所裹挟的岩石和鹅卵石会在冰川之下的岩石上留下划痕。根据这些划痕的方向，我们甚至还能知道当年冰川移动的方向。

观察南方大陆上二叠纪所留下的这些划痕，你会发现一些奇怪的事情。首先，冰川似乎起源于中部非洲这种火热的地区。其次，更让人不解的是，冰川的移动方向是从海里到陆地上（参见图 21 中的箭头方向）。以现在的眼光来看，这显然是不可能的，冰川只能在持续寒冷的气候下形成于干燥的大陆上。当持续不断的降雪压入冰中的时候，冰川在自身重力的作用下就开始了从高处向低处的滑动。那我们要如何解释这些毫无头绪的冰川划痕方向？又如何解释为什么冰川明显源于大洋之中？

别急着回答，难题还没说完。除了划痕的分布，这个问题还涉及一种植物化石的分布——舌羊齿（*Glossopteris*）。这类植物属于松柏类，但其叶子不是针状，而是羊舌状，故尔得名（glossa 在希腊语中的意思是"舌头"）。舌羊齿曾经是二叠纪植物群落的主体之一。植物学家们认为舌羊齿是落叶植物，也就是说每年秋季落叶，次年春天重新萌发新叶。这种认识基于以下原因：舌羊齿化石上能观察到年轮，意味着其有季节性的生长周期；一些特化的特征说明其叶子有从树上脱离的能力。再考虑到其他一些特征，植物学家认为舌羊齿是一种生活在温带地区的植物，每年都要面对寒冷的冬天。

当我们把舌羊齿化石的分布标在地图上的时候，它们绝大多数出现在南半球，并呈现一种奇怪的分布模式（图21）：散布于各个南半球大陆上的部分地区。这种分布模式无法简单地用渡海扩散来解释，因为舌羊齿的种子又大又重，几乎可以肯定它不能漂浮在水中。这可以用神创论来解释吗？先别急。

上述两方面的难题在一个新知识出现之后同时迎刃而解了。这个新知识就是：现在南方的各个大陆在二叠纪末期是像拼图一样对接在一起的，组成了一块叫做冈瓦那的超大陆（图21）。当你把这块超大陆在地图上拼好的时候，冰川的划痕以及舌羊齿的分布都立刻变得合情合理了。在这张古地图上，冰川的划痕一律从南极洲的中心指向周围。而在二叠纪时，南极洲地区恰恰就是冈瓦那超大陆在南极点附近的区域。显然，这里的风雪可以制造无穷无尽的冰川，并从这点扩散开去，造成我们所观察到的那些方向上的划痕。另一方面，当我们把舌羊齿的分布图与冈瓦那的地图叠放在一起时，前者不再显得毫无章法：所有的小片被连接在一起，组成了一个沿冰川周边的环状地带。那恰恰就是温带落叶树木生长的凉爽地区。

所以，树并没有从一个大陆迁移到另一个大陆，而是大陆本身带着树发生了移动。根据演化论，这些难题轻而易举地得到了解决。而神创论在如何解释冰川划痕分布以及断裂的舌羊齿分布带上，又输了一阵。

这个故事虽然已经画上了圆满的句号，但这里还有一个鲜为人知却又令人肃然起敬的注脚。在人类探索南极的过程中有一场著名的竞赛：英国人罗伯特·思科特（Robert

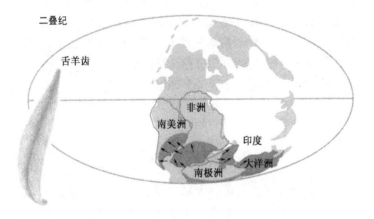

图 21　大陆漂移理论解释了古树舌羊齿的演化生物地理分布。今天舌羊齿化石的分布（深色）已经被打散成了若干小块，分布于不同的大陆上，难于解读。岩石上留下的冰川擦痕（箭头）也同样是个迷。二叠纪时期的舌羊齿分布，当时的大陆组成了一块超大陆。这一图景是合理的，因为这些树位于温带气候中，围绕着二叠纪的南极。而且我们今天看到的冰川划痕也变得合理了，因为他们都从二叠纪的南极指向外围的方向。

Scott）与挪威人罗尔德·亚孟森（Roald Amundsen）都
希望自己成为第一个到达南极点的人。然而当思科特的探
险队经历千辛万苦到达南极点的时候，却发现亚孟森的探
险队已经把这项荣誉拿到了手。带着极度失望的心情返回
的途中，斯科特的队伍被风雪掩埋，全部丧生。当人们重
新发现这支队伍的遗体时，看到他们为了提高生还的希望，
遇难前已经抛弃了相当多的装备。但令后人吃惊的是，他
们身边还保留着重达 16 公斤的化石标本。而他们携带这些
沉重石头的工具仅仅是人力拉动的雪橇。显然，他们当时
已经意识到了这些化石非凡的科研价值——事实上，那就
是首次在南极洲发现的舌羊齿化石标本。

　　大陆上的生命分布成为了演化论的有力证据。但正如
我们将要看到的，岛屿上生命分布的证据更加无可辩驳。

岛　　屿

　　生物学发展史上最伟大的突破之一，就是意识到岛屿
上物种的分布为演化论提供了决定性的证据。这同样也是
达尔文的工作。他在这方面的思想至今仍深深地影响着生
物地理学这个研究领域。在《物种起源》的第十二章中，
达尔文用一个又一个事实建起了一座坚固的楼宇——一砖
一瓦都是经年累月的辛勤野外调查以及与同行的频繁书信
往来得到的，而整幢建筑则显示了达尔文如同律师一样雄
辩而又严密的逻辑性。当我在课堂上向学生们讲解演化论
时，这是我最喜欢的一个部分。整堂课简直就是一个小时
的精彩故事：看似无关的数据的积累，最终却得到了一个
无懈可击的结论——演化论。

　　但在接触这些证据之前，我们有必要对两种岛屿类型

加以区分。第一类是大陆岛屿。这类岛屿曾经是陆地的一部分，后因地质运动而与大陆分离开来，海平面上升淹没陆桥或大陆板块发生移动都是可能的原因。这类岛屿包括大不列颠群岛、日本、斯里兰卡、塔斯马尼亚、马达加斯加等等。它们之中有些非常古老，例如马达加斯加在 1.6 亿年前就已经从非洲分离出来了；另一些则相当年轻，例如大不列颠群岛 30 万年前才从欧洲分离出来，起因可能是其北部一个相当巨大的湖泊决堤溢流。另一类岛屿是海洋岛屿。它们从未与任何大陆相连，直接产生于海底的火山或珊瑚礁，最初只是毫无生命迹象的荒岛。这类岛包括夏威夷群岛、加拉帕戈斯群岛、圣赫勒拿岛，以及本章伊始反复提及的胡安·费尔南德斯群岛。

关于岛屿的演化争论始于这样一个事实：海洋岛屿缺少了很多我们可以在大陆和大陆岛屿上看到的物种。以夏威夷为例，这个热带群岛总面积约 1.6 万平方公里，只比马萨诸塞州略小。岛上有众多本地原生的鸟类、植物和昆虫，却没有任何一种原生的淡水鱼类、两栖类、爬行类，或陆生哺乳类。拿破仑之岛圣赫勒拿，还有胡安·费尔南德斯群岛上同样缺乏这些种类的生物，也同样有着大量特有品种的鸟类、植物和昆虫。加拉帕戈斯群岛倒是有一些本地的爬行动物，包括陆鬣蜥和海鬣蜥，以及闻名世界的巨龟；但那里同样没有原生哺乳动物、两栖动物，或淡水鱼。遍查点缀在太平洋、南大西洋、印度洋上的这些海洋岛屿，我们会一次又一次地看到种类缺失的情况——更准确地说，几乎相同的种类缺失情况。

乍一看，这种缺失很蹊跷。因为即使是很小的一片热带大陆或一个大陆岛屿，比如秘鲁、新几内亚或日本，都有着品种丰富的原生淡水鱼、两栖动物、爬行动物和哺乳动物。

正如达尔文所指出的，这种缺失在神创论的框架下是难以得到解释的："如果一个人承认神创论关于物种分别创造的学说，那么他就不得不同时承认，许多种能够与环境达到最佳适应的动植物没有在海洋岛屿上被创造出来。"但我们如何能知道那些哺乳动物、两栖动物、淡水鱼和爬行动物是否适于在海洋岛屿上生存呢？也许创造者没有把它们放到海洋岛屿上，正是因为它们不能很好地适应那里。对此最明显不过的一个回应就是：大陆岛屿上可是有这些动物的。为什么创造者要在海洋岛屿和大陆岛屿上创造不同的动物呢？岛屿的形成方式不应该成为什么要紧的因素。不过，达尔文紧接着上面所引用的那句话，给出了更好的回应："……要知道，无意之间，人们已经给海洋岛屿上带来了不同来源的物种，远比自然界做得更充分，更完美。"

换言之，人类引入海洋岛屿上的哺乳动物、两栖动物、淡水鱼和爬行动物通常都能活得很好。事实上，它们有时候活得太好了，以至于挤掉了本地物种。引入的家猪和山羊在夏威夷到处乱窜，以本地植物为食。引入的大鼠和獴破坏了夏威夷引人入胜的鸟类群落，甚至使之处于灭绝的边缘。蔗蟾（cane toad），一种原生于美国热带地区的巨型有毒两栖动物，于1932年被引入夏威夷以控制甘蔗的甲虫灾害。现在这种蟾蜍自己反而成了灾害，它们无限制地繁殖，其毒腺还会让误把它们当成美餐的猫狗付出生命的代价。加拉帕戈斯群岛没有原生的两栖动物，却有一种于1998年引入的厄瓜多尔树蛙，这种动物现在已经在三个岛上定居下来。圣多美岛是位于非洲西海岸之外的火山岛，我曾经为了给自己的研究课题采集果蝇而前往该岛。目前黑眼镜蛇已经被从非洲大陆引入了岛上，当然可能是源于意外。想知道它们活得有多好，看看它们的数量就知道了。在岛上的某些地区，我们不敢开展任何野外工作，因为你会在一天之内就碰到几十条这种极具攻击性的剧毒蛇。陆上的哺乳动物同样可以很好地适应海岛生活。引入的山羊帮助亚历山大·塞尔扣克在胡安·费尔南德斯群岛的近地岛上生存了下来，而它们也同样在圣赫勒拿岛上繁盛兴旺。遍布全世界的故事都是一样的：人类把某个物种引入了海洋岛屿上，这个物种不但生存了下来，还替换或摧毁了岛上原有的物种。说了这么多，足以驳斥"海洋岛屿就是不太适合哺乳类、两栖类、爬行类以及淡水鱼类的生存"这种荒谬的说法。

这个问题的另一个方面是：虽然海洋岛屿缺乏很多最基本的动物种类，但当地的生物往往有极大的丰度，由许多类似的物种组成。以加拉帕戈斯群岛为例，在其所包括的 13 个岛屿中，生活着 28 种当地特有的鸟类。而在这 28 种鸟类中，14 种属于亲缘关系极近的同一类——著名的加拉帕戈斯地雀。没有任何一处大陆或大陆岛屿上的鸟类群落像这样以地雀为主导。除了共有的地雀特征外，加拉帕戈斯地雀在生态学上严重分化。不同种的加拉帕戈斯地雀有自己特化的食物对象，从昆虫到种子，甚至还有其他地雀的蛋。"木匠地雀"是极其罕见的会使用工具的物种之一，它的工具是仙人掌刺或枝条的末梢，用以从树干中撬出昆虫来食用。木匠地雀的生态学作用与啄木鸟是一致的，但后者从未出现在加拉帕戈斯群岛。岛上甚至还有一种"吸血鬼地雀"，它们能把海鸟的屁股啄伤，再舔食伤口中渗出的血。

夏威夷则有一种更为壮观的鸟类物种辐射——管舌鸟（honeycreeper）。当玻利尼西亚人在大约 1500 年前来到夏威夷的时候，他们发现了大约 140 种本地鸟类。这个数字是我们通过研究岛上的鸟类"次化石"得出的——那是一些保存在古代垃圾堆或熔岩管中的鸟类骨骼。其中大约 60 种——几乎达到鸟类群落的半数——是管舌鸟，均源自 400 万年前来到群岛上的一支地雀祖先。不幸的是，仅有 20 种管舌鸟得以留存至今，而且均处于濒危状态。其余的已经毁于捕猎、栖息地丧失，以及人类引入的猎食者，包括大鼠和獴。然而，单单是尚存的这几种管舌鸟，也还是展现出了缤纷的生态学作用的差异，如图 22 所示。一只鸟的喙

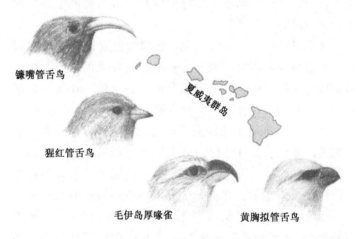

镰嘴管舌鸟

夏威夷群岛

猩红管舌鸟

毛伊岛厚喙雀　　　　　黄胸拟管舌鸟

图 22　一个适应辐射的例子：彼此具有亲缘关系的若干种夏威夷管舌鸟。它们是由一支地雀类的祖先移居到岛上之后演化出来的。每一种管舌鸟都有不同的喙，令它们可以享用不同的食物。镰嘴管舌鸟（'i'iwi）细长的喙有助于它从长长的管状花朵中吸食花蜜；猩红管舌鸟（'akepa）的喙略微交错，可以啄开花苞，寻找其中的昆虫或蜘蛛；毛伊岛厚喙雀（Maui parrotbill）长有巨大的喙，用于刨开树皮，劈开枝条，寻找其中的甲虫幼虫；黄胸拟管舌鸟（palila）的喙短而有力，有助于打开种子荚并取出其中的种子。

可以告诉我们很多有关其食性的信息。有些种类的喙弯曲而长，可用于从花朵深处吸取蜜汁；有些种类的喙短粗有力，可用于弄碎坚硬的种子或碾碎细小的枝条；有些种类的喙细而尖，可用于在树叶丛中准确地啄食昆虫；甚至还有些种类的喙带有钩子，可用于从树干中撬出昆虫，充当了啄木鸟的角色。与在加拉帕戈斯群岛上一样，我们看到了一类生物的"过度呈现"——它们中的有些物种呈现出了超越该类生物的生态学功能，填补了许多不同的生态位。而如果是在大陆上或大陆岛屿上，这些生态位本应由其他完全不同的物种来占据。

海洋岛屿还拥有植物和昆虫的演化辐射。圣赫勒拿岛上虽然缺少许多种类的昆虫，但却是几十种不会飞的小型甲虫的家园，特别是木象鼻虫。在夏威夷，我所研究的果蝇属（*Drosophila*）生物得到了极大的繁盛。虽然夏威夷群岛的面积只占全球土地面积的 0.004％，但却贡献了全世界果蝇属两千余种果蝇中的近一半种类。接下来是最为引人注意的植物演化辐射，发生在生长于胡安·费尔南德斯群岛和圣赫勒拿岛上的向日葵身上：它们中的某些种类竟然变成了小型的木质树。由于海洋岛屿环境缺乏大型灌木和树木等竞争者，小小的向日葵才有可能演化成为高大的树木。

到这里，我们已经看到了海洋岛屿在两方面的事实：第一，它们缺乏在大陆或大陆岛屿生存的许多物种；第二，在海洋岛屿上发现的生物中有许多类似的物种。综合这些观察结果可以得出这样的结论：与世界上其他地区相比，海洋岛屿上的生命组成严重失衡。生物地理学要想成立，必须要能对这种反差做出解释。

但这里还有一些被忽略的事实。看看下面这张表格，它列出了海洋岛屿上常见的本地生物种类和通常缺失的生物种类。显然，像胡安·费尔南德斯群岛等海洋岛屿就很符合这样一张表格。

本地生物种类	缺失生物种类
植物	陆生哺乳类
鸟类	爬行类
昆虫与其他节肢动物	两栖类
（比如蜘蛛）	淡水鱼类

两列生物之间的差别是什么？稍稍一想就能知道答案：第一列中的物种都具备长距离扩散并移居到海洋岛屿上的能力，第二列中的物种则缺乏这种能力。鸟类能够在大海上飞行很远的距离，而且它们所携带的不只是它们的蛋，还有它们所吞下的植物的种子（可以在鸟类的排泄物中生长发芽）、羽毛中的寄生虫，以及脚上粘着的泥土中的微小生物体。植物能够以种子的形式漂洋过海。有倒钩或者黏性表面的种子则能在鸟类的羽毛上搭个便车。蕨类、真菌和苔藓的孢子都很轻，能够乘风飞往非常遥远的地方。昆虫自己也可以飞到岛上，或者乘风而来。

与之相反，表格第二列中的动物物种则很难跨过宽阔的海域。陆生哺乳动物和爬行动物太重，不能游得太远。大多数两栖动物和淡水鱼则完全不可能在海洋的咸水环境中生存。

所以，我们在海洋岛屿上发现的物种，与那些有能力从遥远的大陆跨海来到此处的物种精确吻合。然而，这些只是分析推测，有没有证据能证明这一切真的发生过呢？每一位鸟类学家都知道鸟类有所谓的偶然"访客"，被发现于距自身正常栖息地的千里之外。它们是大风或错误导航的受害者。甚至在人类有记录的历史上，就发生过一些鸟类在海洋岛屿上建立可繁衍种群的事情。紫秧鸡作为偶然访客来到了南大西洋上遥远的特里斯坦-达库尼亚群岛，并最终于 20 世纪 50 年代开始繁衍后代。

　　达尔文自己也做了一些简单漂亮的实验，证实某些植物的种子长时间浸泡在海水中之后仍旧可以发芽。西印度群岛的植物种子曾经被发现于遥远的苏格兰海岸，明显是被墨西哥湾暖流裹挟至此的。而在南太平洋岛屿的岸边，也的确发现过来自大陆或其他岛屿的"漂流种子"。对笼中鸟的观察发现，植物种子在鸟类的消化道内可以留存一周甚至更久的时间，展现了远距离运输的可能性。还有人在飞机或船只上安装了捕虫器，试图在远离陆地的空气中捕捉昆虫样本，结果很多这样的尝试都获得了成功。采集到的昆虫种类有蝗虫、蛾子、蝴蝶、苍蝇、蚜虫，以及甲虫。查尔斯·林德伯格（Charles Lindbergh）在 1933 年横跨大西洋的一次旅程中把显微镜载物片暴露于空气之中，结果观察到了无数的微生物和昆虫肢体。许多蜘蛛在幼虫期都可以乘着丝质的降落伞扩散到远方，有人曾经在离陆地近千公里远的地方发现过这种"乘着热气球"的蜘蛛。

　　动植物搭便车上岛的方式还有"筏子"——圆木或大团的植物。这些东西通常是从河口附近漂离大陆的。1995年，一只可能源于一场飓风的大筏子在加勒比地区的安圭拉岛卸下了"货物"——十五只绿鬣蜥。这种绿鬣蜥此前从未在该岛存在过，它们本来的栖息地位于三百多公里之外。来自北美大陆的花旗松圆木曾经被发现于夏威夷，而南美洲的圆木则到达过塔斯马尼亚。这类乘坐筏子的漂流方式，对于海洋岛屿上罕见特有爬行动物品种的存在给出了解释，比如加拉帕戈斯群岛上的鬣蜥和龟。

此外，如果注意一下海洋岛屿上的原生昆虫和植物，你会发现它们所从属的种类都是最棒的移居者。绝大多数昆虫都很小，准确地说，都小到了可以轻易被风吹飞起来的程度。与杂草相比，树木在海洋岛屿上相对少见，这几乎可以肯定是由于它们的种子太重，既不能漂浮在海上，也不能为鸟类所食。（而椰树无疑是个值得注意的例外，其巨大而轻质的种子可以漂浮在水面上。这种树几乎出现在了太平洋和印度洋的每一个岛屿上。）事实上，树木的缺乏同时也解释了，为什么在大陆上长不高的野草到了海洋岛屿上竟可以演化成为树木的形态。

陆生的哺乳动物不是好的移居者。这也正是海洋岛屿上缺少它们身影的原因。但也并非什么哺乳动物都没有，这里有两个例外，但它们仍旧符合上文中的原则。第一个是由达尔文注意到的：

> 虽然没有陆地上的哺乳动物出现在海洋岛屿上，但天空中的哺乳动物的的确确出现在了几乎每一个岛屿上。新西兰拥有两种世界上独有的蝙蝠，诺福克岛、维蒂群岛、小笠原群岛、卡罗琳及马里亚纳群岛，以及毛里求斯，都有各自特有品种的蝙蝠。或许有人会问：假想中的创造伟力为什么在遥远的岛屿上只创造了蝙蝠，而非其他任何哺乳动物？在我看来，这个问题不难回答：因为没有陆生哺乳动物能够跨越辽阔的海域，但蝙蝠可以通过飞行做到这一点。

海洋岛屿上还有水生哺乳动物。夏威夷岛上有一种本地特有的僧海豹，胡安·费尔南德斯群岛上有一种原生的海狗。如果海洋岛屿上的原生哺乳动物不是被创造出来的，而是移居者的后裔，那么你就可以大胆地预测：那些祖先移居者不是会飞行就是会游泳。

很明显的一点是，某一个物种通过长距离扩散到达一个遥远的岛屿，这种事情不可能很频繁地发生。一只昆虫或一只鸟不仅跨越了辽阔的海域来到海岛上，登陆后还建立了一个可以繁衍的种群——这需要一只已经受孕的雌性个体，或者至少两只性别不同的个体，这种事情发生的概率更是低得要命。要是扩散真成了家常便饭，那么海洋岛屿的生命形式将与大陆以及大陆岛屿上的生命变得十分类似。虽然概率很低，移居的事情还是发生在了几乎每一个海洋岛屿上。这是因为绝大多数海洋岛屿已经存在了千百万年，时间足够长了。正如动物学家乔治·盖洛特·辛普森（George Gaylord Simpson）曾经评论的："任何事情，只要不是绝对没有可能，……那么在足够的时间之后都会变为可能。"让我们看一个推算的例子。假设一个给定的物种每年只有百万分之一的机会移居到一个岛屿上，那么不难算出，在一百万年后，该物种已经移居到这个岛屿的可能性非常之大——准确说是 63%。

要确保演化论的观点完全与海洋岛屿相关的生命现象吻合，逻辑的链条还差最后一环。这个环节的证实有赖于以下观察：几乎无一例外的，海洋岛屿上的动植物与距其最近的主陆上的物种最为相像。以加拉帕戈斯群岛为例，其物种类似于南美洲西海岸的物种。这种类似性不能简单解释为：两地有类似的栖息环境供神创造类似的物种。这是因为，加拉帕戈斯群岛干燥无树，是火山喷发形成的火成岩地貌——完全不同于在美洲占主要地位的物种繁茂的热带地区。对于这一点，达尔文给出了尤其雄辩的论述：

在这些距离大陆达数百公里远的太平洋火山岛上，当一名博物学家观察这里栖息的生物时，他会恍然间觉得自己正身处美洲大陆。为什么会这样？这些创造于加拉帕戈斯群岛之上的独一无二的生物，为什么具有如此明显的印记，表明它们与创造于美洲的生物有亲缘关系？岛上的生存状态、地质环境、海拔、气候，甚至是不同类别生物融合在一起的比例，所有这些方面之中，没有任何一个与南美洲海岸的情况相近。事实上，在每一个方面，两者都有很大的差异。……像上述这些事实，无法与常见的神创论所能给出的任何一种解释相吻合，但却能够符合这里所主张的观点：显而易见，加拉帕戈斯群岛很有可能接收了来自于美洲大陆的移居生物，它们或是偶然地被运送到这里，或是通过了之前存在的连接彼此的陆地（虽然我并不相信这种论调）。……这些外来的移居者将会进一步发生变化——然而遗传法则还是令它们无法隐瞒自己的出生地。

加拉帕戈斯群岛上的情况，在其他海洋岛屿上也是成立的。与胡安·费尔南德斯群岛上的动植物亲缘关系最近的物种，来自于与之隔海相望的陆地——南美洲南部的温带森林；夏威夷的绝大多数物种与附近的印太地区 * （其中

---

* 译注：Indo-Pacific region，一个生物地理学上的划分，主要由热带水体构成，包括了印度洋北部、太平洋中西部，以及两者之间的东南亚地区。若译为"印度洋–太平洋地区"则稍嫌不妥，因为这容易令人误以为包括了整个两大洋的水体。下文中作者列出的国家是一部分位于这一地区的大陆岛屿国家。

包括了印度尼西亚、新几内亚、斐济、萨摩亚和大溪地）或美国的物种相似。现在，考虑到风向以及洋流方向的变幻无常，我们无法确保岛上每一个物种的祖先都是从最近的大陆上移居来的。比如，夏威夷的植物中就有4％的物种与西伯利亚或阿拉斯加的植物具有最近的亲缘关系。但毫无疑问，众多的事实说明，海洋岛屿与距其最近的大陆在物种上有很大的相似性。但这种相似性仍需要演化论予以解释。

在给出解释之前，首先让我们把已有的观察结果进行小结。海洋岛屿有着区别于大陆或大陆岛屿的特性；海洋岛屿有着失衡的动植物群落，其中缺失了生物的主要种类，所缺失的种类在各个不同的海洋岛屿是一样的；岛上存在的生物种类则经常包含众多相近的物种，形成物种的辐射；这些生物种类都是有能力跨越辽阔的海洋进行扩散的物种，比如鸟类和昆虫；此外，与存在于海洋岛屿上的这些物种最为相像的物种，通常出现在最近的大陆上，尽管两地的栖息环境是不同的。

如何能将这些观察结果组合到一起？在一个简洁的演化解释之下，一切都将变得合情合理：海洋岛屿上所栖息的生物源自于早期移居来此的物种，可能是来自于附近的大陆，少数情况下也可能从遥远的地方扩散而来。一旦到达岛屿上，偶然来此的移居者便能形成许多物种，因为海洋岛屿为它们提供了大量没有竞争者或捕食者的空置栖息地。这就解释了为什么物种形成和自然选择在岛屿上变得如此疯狂，创造了像夏威夷管舌鸟那样的"适应辐射"。达尔文学说中的选择、演化、共同祖先和物种形成过程，只要再加上我们已知的的确确发生过的偶然扩散，那么一切事实就都完美地组合到了一起。简而言之，海洋岛屿证明了演化论的每一条原则。

很重要的一点是，上述模式通常不适用于大陆岛屿（我们稍后会看到一个例外），因为它们和曾经与之相连的大陆共有一样的物种。例如大不列颠群岛上的动植物有着平衡得多的生态系统，其物种大部分与欧洲主陆上的物种一致。不同于海洋岛屿，大陆岛屿是从大陆上分离出来的，因而也就带着绝大多数大陆上的物种。

现在，对于上面这些我们已经彻底讨论过的模式，让我们试着想象一种基于神创论的理论来加以解释。为什么一个创造者恰好在海洋岛屿上没有创造两栖动物、哺乳动物、淡水鱼和爬行动物，却在大陆上创造了这一切？为什么一个创造者在海洋岛屿上制造了相似物种的辐射现象，而非在大陆上？为什么一个创造者要在海洋岛屿上创造出与临近大陆上的物种相仿的物种？没有像样的答案——除非你假定创造者的目标就是让物种看起来像是在岛屿上演化而来的。这样的答案根本不会有人买账，这也就是神创论者对于岛屿生物地理学的问题总是敬而远之的原因。

终于，我们可以做出最后的预测了。在极其久远的过去就已经从主陆分离出来的古老大陆岛屿，应该会显现出介于年轻大陆岛屿和海洋岛屿之间的演化模式。古老如马达加斯加（1.6亿年前离开大陆）或新西兰（0.85亿年前离开大陆）的大陆岛屿，早在灵长类和现代植物等许多物种演化出来之前就已经与大陆隔绝。这些岛屿从大陆分割出来的时候，岛上的部分生态位还未被占据。这就为后来演化出来的物种敞开了大门，令它们得以成功地定居并建立栖息地。我们因而可以预测：在那些最为古老的大陆岛屿上，应该有着多少有些失衡的动物群落和植物群落，显示出某些真正的海洋岛屿才具有的生物地理学特性。

事实的确如此。马达加斯加以其不寻常的植物和动物群落而闻名，包括许多本地原生植物，当然还有极为著名的狐猴——最为原始的现存灵长类，它们的祖先在大约6000万年前来到马达加斯加之后，辐射出了多达75个本地特有品种。新西兰同样有许多本地原生物种，其中最著名的就是不会飞的鸟类：恐鸟（moa）、鹬鸵以及生活在地面上的肥胖鹦鹉——枭鹦。其中的恐鸟是一种高达四米的巨大鸟类，但由于人类的捕猎已经在1500年左右灭绝。新西兰还在一定程度上显示出了海洋岛屿的"失衡性"：那里只有几种本地的爬行动物、一种本地两栖动物，以及两种本地哺乳动物——全是蝙蝠（不过最近发现了另一种小型哺乳动物的化石）。那里同样存在辐射效应：虽然恐鸟现已全部灭绝，但其种类曾经多达11种。此外，和海洋岛屿一样，马达加斯加和新西兰的物种分别与其附近的非洲主陆和澳大利亚主陆上的物种有着亲缘关系。

尾　声

生物地理学告诉我们：只有演化论可以解释大陆及岛屿上的生命多样性问题。但是，这里也有另外一个收获：生命在地球上的分布同时反映了偶然性与规则性。偶然性在于，植物和动物的扩散取决于不可预知而又反复无常的风、洋流，以及定居成功的几率。如果没有到达加拉帕戈斯或夏威夷的第一只地雀，我们今天也许会在那里看到完全不同的鸟类。如果像狐猴一样的祖先没能到达马达加斯加，那么这个岛乃至整个地球，可能都不会有狐猴这种生物了。时间和机会共同决定着谁会被流放——我们或许可以称之为"鲁宾逊效应"。不过，这里同样也有规则性。演化论预测，许多动植物到达一个新的未被占据的栖息地之后，会在演化中变得欣欣向荣，形成新的物种，并填补空置的生态位。通常来讲，我们还能在距其最近的大陆或岛屿上找到这些物种的近亲。上述这一切，已经一次又一次地被证实了。偶然性与规则性的相互作用是演化所特有的，如果不能掌握演化的这一特性，就不可能理解演化论。正如我们将在下一章中所要看到的，这种偶然性与规则性的相互作用对于理解自然选择的思想至关重要。

　　然而，生物地理学还对我们有着更为深入的影响，那就是其在生物保护领域的贡献。岛屿上的动植物已经适应了与世隔绝的环境，那里没有潜在的竞争者、捕食者和寄生虫。由于岛屿上的生物没有遭遇过大陆上千姿百态的生命形式，因而也就不太善于与它们共存。于是，岛屿的生态系统成了一件脆弱的工艺品，虽然美丽，却易于被外来的入侵者所粉碎。在这些能够破坏岛屿栖息地和物种的入侵者中，最可怕的就是我们人类。我们不但砍伐森林，猎杀动物，还带来了极具破坏力的随从，比如仙人果、绵羊、山羊、大鼠和蟾蜍。许多在海洋岛屿上特有的物种已经消亡了，它们都是人类活动的受害者。甚至，我们可以惋惜地，同时又很有把握地预计，更多的物种也将很快消失不见。在此生中，我们可能就会看到最后一只夏威夷管舌鸟，看到新西兰鸸鹋和枭鹦的灭绝，看到狐猴的大批死亡，还会看到许多珍惜植物的消失——它们或许不那么魅力非凡，但同样很有趣。每一个物种都代表了上百万年的演化，而且一旦消失就永远不可能再现。每一个物种都是一本书，讲述着关于过去的独特故事。失去任何一个物种，都意味着失去了一部分生命发展的历史。

第五章　演化的引擎

除了豺狼磨尖的利齿，

什么能给羚羊飞奔的四蹄？

除了饥饿以及笼罩百鸟的恐惧，

什么能给苍鹰嵌着宝石般眼眸的头颅？

——罗宾逊·杰弗斯（Robinson Jeffers），《血淋淋的祖先》

演化的奇迹之一就是亚洲巨胡蜂，一种常见于日本地区的肉食性胡蜂。很难想象地球上还会有比它更可怕的昆虫。这种世界上最大的胡蜂有你的拇指那么长，5厘米的躯干上装饰着带有威胁意味的黄黑条纹。它的武器包括一对可怖的颚，用于钳住并杀死昆虫猎物；还有半厘米长的蜇针，每年在亚洲可导致数十人的死亡。此外，借助着翼展将近8厘米的翅膀，它能以40公里/小时的速度飞行（远比你跑得要快），一天内的行程可达近百公里。

这种胡蜂不仅凶残，而且贪婪。其幼虫简直就是肥胖而又贪得无厌的进食机器，不停用头敲打蜂巢以示对肉的需求。为了满足它们无穷无尽的食欲，成年胡蜂不得不去袭击群居性蜜蜂或黄蜂的蜂巢。

巨胡蜂的主要猎物之一就是人工引入的欧洲蜜蜂。它们对蜜蜂巢的袭击简直是一场惨绝人寰的大屠杀，在自然界中很少有能与之相提并论之事。开始时，一只单独的侦察胡蜂发现了一个蜂巢。它会用腹部在蜜蜂栖息处的入口附近释放一滴信息素，以此为大部队标明方位。收到这个信息之后，与这只侦察胡蜂同一屋檐下的伙伴们就会降落在标出的地点。二三十只胡蜂组成的阵式将要对抗三万只蜜蜂组成的族群。

但是，胜负毫无悬念。巨胡蜂们用颚撕开一条血路，而蜜蜂则一只接一只地惨遭斩首。每只胡蜂每分钟可以斩下四十只蜜蜂的首级，于是这场战斗只需个把小时就宣告结束了：蜜蜂全体阵亡，只在蜂巢里留下一片狼藉的尸身。然后，胡蜂们会把食物储藏起来。在接下来的一周内，胡蜂们还会系统地掠夺整个蜂巢，吃掉蜂蜜，并把蜜蜂无助的幼虫带回自己的蜂巢，将其迅速填进胡蜂幼虫那些永远大张着的嘴巴之中。

正所谓"尖牙利爪尽带血红"——诗人丁尼生（Tennyson）的诗句。[23] 胡蜂是恐怖的猎食机器，外来的蜜蜂对其全无还手之力。不过也有蜜蜂能够击退巨胡蜂：日本的本地蜜蜂。它们的防御可谓相当精彩，称得上是适应性行为的另一个奇迹。当侦察胡蜂刚刚抵达蜜蜂的蜂巢时，入口附近的蜜蜂会冲进蜂巢内，一边引诱胡蜂进入蜂巢，一边召唤同伴们武装起来。与此同时，数以百计的工蜂聚到了入口内。只要这只胡蜂一进入蜂巢，就会淹没在蜜蜂的汪洋大海中，被密不透风的蜜蜂"墙"彻底包围。通过振动腹部，蜜蜂们可将"墙"内的温度迅速提升到 47 摄氏度。蜜蜂能在这样的温度下生存，胡蜂却不能。20 分钟之内，侦察胡蜂就被烹熟了，蜂巢通常也就得救了。我想不出还有其他类似的例子中（除了西班牙宗教裁判所），动物会通过"烤"的方法来消灭敌人。[24]

这个曲折的故事令我们得以一窥演化的奥秘。最显而易见的一点是：胡蜂对杀戮的适应性达到令人不可思议的程度——简直就像是为大屠杀专门设计的一样。具体地讲，是许多特征共同起作用才把它们变成了一台杀戮机器。这些特征包括躯体形态（巨大的体形、螫针、致死的颚、宽大的翅膀）、化学物质（标记信息素和螫针内剧毒的毒液），以及行为模式（快速飞行、协同进攻，和幼虫的"我饿"行为对胡蜂发起进攻的推动作用）。然后就是本地蜜蜂的防御：协同聚集，然后烤死敌人。当然，这是针对一次又一次的进攻做出的演化反应。（不要忘了，这种行为通过基因编码于一个比铅笔尖还小的头脑中。）

另一方面，新近引入的欧洲蜜蜂却对胡蜂毫无招架之力。这正如我们所预料的，对于在没有肉食性巨胡蜂的地区演化出来的那些蜜蜂而言，自然选择没有为它们建立防御机制。但我们可以预言：如果胡蜂是足够强大的肉食者，欧洲蜜蜂要么全部死光（除非再次引进），要么就将找到它们自己对胡蜂的演化反应——不一定与本地蜜蜂的方式相同。

某些适应性甚至伴随着更阴险的计谋。其中之一来自一种蛔虫，它寄生在一种中美洲蚂蚁体内。被感染后，蚂蚁的行为和外观都会发生剧烈的改变。首先，其通常为黑色的腹部会变成明亮的红色。其后，这只蚂蚁的行动会变得迟缓，还会把腹部直直地竖立在空中，就像一面挑衅的红旗。其腹部与胸部之间细细的连接也会变得脆弱。此外，一只被感染的蚂蚁受到攻击时也不会再产生警报信息素，所以不能再为同伴报警。

所有这些改变都是由寄生虫的基因所导致的，后者以这个狡猾的计谋来获得自身的繁殖。寄生虫改变了蚂蚁的外观和行为，使之在小鸟眼中像是美味的浆果，而此举将招致杀身之祸。蚂蚁红得像浆果一样的腹部高举在空中，令所有小鸟都能看到，而且易于采摘，这是因为蚂蚁的动作已经变得迟缓，而且腹部与身体其他部分之间的连接已经被弱化。被小鸟狼吞虎咽下去的这种蚁腹中满是虫卵。此后，虫卵将混在排泄物中被小鸟排出体外，而这些排泄物正是腐食性蚂蚁带回巢穴喂给幼虫的食物。虫卵在蚂蚁幼虫体内孵化生长。当蚂蚁幼虫成蛹时，寄生虫移至蚂蚁的腹部进行交配，并在那里产下更多的卵。于是，又一个周期开始了。

令人吃惊的是竟会存在这样的适应性——寄生虫为了传承自己的基因而控制其寄主的多种多样的方式。这样的例证足以令一个演化论者热血沸腾。[25] 想想看，自然选择作用于一只虫子身上，不仅使其强占了宿主的身体，还改变了宿主的外观、行为和结构，将其改造成为诱人的假果子。[26]

像这样的适应性是列举不完的。有一些适应性令动物看起来像是植物，它们把自己伪装在植被之中躲避天敌。例如有些蝈蝈看起来几乎就是一片叶子，有与叶子完全一样的花纹，甚至还有"烂斑"来模拟叶子上的小洞。这种拟态太过精准，以至于你很难在一个满是植物的小花坛中发现它，更别提在野外了。

此外还有相反的适应：植物看起来像是动物。有些兰花的花朵表面看起来像是蜜蜂或黄蜂，还有假的眼点，花瓣则是翅膀的形状。其模仿之惟妙惟肖，足以骗得近视的雄虫落在花朵上，并试图与之交配。当这种情况发生时，兰花的花粉就附在了昆虫的头上。当没能满足自己情欲的雄虫失望地离开时，它在不知不觉中就把花粉带给了下一株兰花，在又一次无果而终的"伪性交"中替兰花完成了授粉。自然选择把兰花铸成了山寨版的昆虫模样，是因为以此种方式吸引授粉者的那些基因更有可能传承给后代。有些兰花还会通过合成化学物质进一步引诱它们的授粉者，这些化学物质的味道就像是蜜蜂的性信息素。

　　寻找食物就像是寻找伴侣，会牵涉到复杂的适应性。长有冠毛的北美黑啄木鸟（pileated woodpecker）是北美地区最大的啄木鸟，其通过在树上凿出洞来，捕食木头中的蚂蚁和甲虫类昆虫为生。除了在树皮下探寻猎物的一流本领（可能是靠听觉或是感受猎物的移动，目前还不确知）之外，这种啄木鸟还有一整套特性可以帮助其凿洞和捕食。或许这之中最非凡的就是其令人感到可笑的长舌头了。[27] 其舌根附于颚骨上，再从上方的一个鼻孔穿出，整个从头上绕到头后方，再从下方重新回到喙中。大多数时间里，这根舌头是缩起来的，但它也能够伸展开来，深入树木内部探寻蚂蚁和甲虫。这根舌头很尖，还覆盖着黏性的唾液，有助于从树洞中获取更多美味的虫子。北美黑啄木鸟还可以用它们坚硬的喙开凿大的巢穴，在树上敲击以吸引异性，或者守卫它们的领地。

　　啄木鸟堪称一把生物风钻。这就引发了一个问题：一种精巧的生物如何能钻透坚硬的木头又不伤害到它自己？（想想把一个钉子楔进厚木板所需的力量吧！）北美黑啄木鸟头骨所承受的负荷是令人惊骇的——在通过"敲鼓"的方式彼此联系的时候，它们每秒能够击打多达十五次，每次击打产生的力量相当于把你的头以 26 公里/小时的速度撞到墙上。这个速度能把一辆汽车挤扁。啄木鸟的确有可能伤害其大脑，甚至可能使自己的眼睛在极大的力量之下被挤出头颅。

为了防止脑损伤，啄木鸟的头骨形状独特，并有额外的骨骼对其加固。其喙位于软骨衬垫之上，而喙周围的肌肉会在每次冲击之前的一瞬间收紧，令击打的力量避开头部，分散到头骨的支持骨骼中。每次击打时，啄木鸟的眼睑都要合上，以保证眼睛不会弹出来。此外还有一扇精巧的羽毛覆盖了鼻孔，令啄木鸟在凿击中不会吸入锯末或木屑。它用一束硬质的尾羽把自己支撑在树上，还有着 X 形的四趾爪（两趾向前，两趾向后）用以牢固地抓住树干。

看看大自然的任何一隅，我们都能发现"看起来似乎"经过完美设计以适应其环境的动物，无论这里的环境指的是生命的物理环境（例如温度和湿度），还是每个物种都要面对的其他动物（包括竞争者、捕食者、被捕食者）。所以，早期的博物学家相信动物是上天设计的产物，是神的造物，这并不令人感到吃惊。

达尔文在《物种起源》中驱散了这种臆想。他用了单独一章完完全全地推翻了上千年来确定无疑的神创论，代之以客观唯物的进程——自然选择，其也能达到同样的效果。这一深刻认识对生物学以及对人们世界观的巨大影响，无论如何作评都不为过。许多人至今仍未从震惊中平复，自然选择的观点也就依然引发着猛烈而疯狂的反对。

然而，自然选择也为生物学家提出了不少问题。它作用于自然的证据何在？它真的能解释适应性吗，包括那些很复杂的适应性？达尔文大量依赖类比来建立其论点：一个广为人知的成功例子是，育种者把动植物改造成为了合适的食物、宠物和观赏物。但在当时，对于选择对自然种群的作用，他几乎没有直接的证据。而且正如他提出的，选择是极其缓慢的，种群的变化要历经数千乃至数百万年的时间，所以在人的一生中很难观察到其发挥作用。

幸运的是，感谢在野外和在实验室内工作的生物学家们，我们今天已经有了这样的证据——而且很多很多。我们发现，自然选择无所不在，它审察着所有的个体，剔除不适应者，发扬更适应者的基因。它能建立错综复杂的适应性，而所花费的时间有时短得令人吃惊。

自然选择是达尔文学说中最为人所误解的一部分。为了明白它是如何起作用的，让我们看一个简单的适应性：野生老鼠的毛色。正常毛色的老鼠，即美国仓鼠（*Pero-myscus polionotus*），有着棕色的毛皮，在深色土壤中掘洞。但在佛罗里达州墨西哥湾区灰白色的沙丘中，生活着这个物种老鼠的一个浅色种，叫做"滩鼠"（beach mice）：它们几乎通体白色，只在背部下方有些许晕开的棕色条纹。这种苍白的颜色是一种适应性，用以把自己伪装起来，躲避在白色沙丘间觅食的鹰、猫头鹰和鹭。我们怎么知道这是一种适应性呢？堪萨斯州立大学的唐纳德·考夫曼（Don-ald Kaufman）进行了一个简单但令人稍感不适的实验，表明当老鼠的毛色与其生活的土地颜色接近时，它们的存活率更高。考夫曼在户外建造了大型的笼子，内有浅色或深色的土壤。在每个笼子中，他放入相同数量的浅毛色老鼠或深毛色老鼠。然后，他在每只笼子里放入一只非常饥饿的猫头鹰，稍后回来检查结果。不出所料，毛色与土壤颜色对比最显著的老鼠更容易被捉到，这说明伪装起来的老鼠的确更易于存活。这个实验也解释了我们在大自然中看到的一种普遍联系：深色的土壤中隐匿着深色的老鼠。

既然白色是滩鼠独特的毛色，那么它们大概是由棕色的大陆老鼠演化而来，这很可能发生于近 6000 年前，带有白色沙丘的沙洲从大陆首次分离出来的时候。这就是选择开始起作用的时刻。美国仓鼠的颜色有所差异，而在那些侵入浅色海滩的老鼠中，毛色较浅的老鼠比深色的老鼠拥有更大的存活机会，因为后者容易被捕食者发现。我们还知道深浅色老鼠之间有基因上的差异：滩鼠携带有"浅色"型的多个色素基因，它们合在一起给了滩鼠浅色的皮毛。毛色更深的美国仓鼠在相同的基因位点上则换成了"深色"型。时光流逝，由于不同的被捕食率，浅色鼠将保存更多的浅色基因拷贝，因为这些基因有更高的几率存活下来并增殖。由于这个过程一代又一代地持续，滩鼠种群就从深色演化为浅色。

这其中发生了什么？自然选择。作用于毛色时，它只是改变了种群的基因组成，增加了基因变异体（浅色基因）的比例，提高了存活率和繁殖率。这里说自然选择"作用于"，并不很准确。选择并不是一套从外部作用于种群之上的机制。相反，选择是一个进程，描绘了导致更佳适应性的基因如何随着时间而提高自身频度。当生物学家说"选择作用于某一特征"时，他们只是在用一种简略的方法来表达"这一特征正在经历着选择的过程"。同理，物种不会"试图"去适应它们的环境。这里不牵涉任何的意愿，也不是有意识的斗争。只要一个物种有正常的基因差异性，其对环境的适应性就是无可避免的。

自然选择创造一种适应性要涉及三个方面。首先，最初的种群必须有差异性（种群内的老鼠必须表现出不同的毛色），否则这一特征无法演化。我们知道老鼠的例子是满足这一点的，因为大陆的老鼠种群的确表现出一些毛色的差异。

其次，上述差异性的一部分必须源于基因型的改变。也就是说，差异性必须要有其遗传基础（称为遗传可能性）。如果在浅色和深色老鼠之间不存在基因的差异，那么浅色的老鼠仍旧能在沙丘中更好地存活，但这种毛色的差异却不能传递给下一代，也就不会有演化上的改变。我们知道，这一基因方面的要求在这种老鼠身上也是满足的。事实上，我们确定地知道哪两个基因对深浅毛色差异有最大的影响。其中之一叫做 *Agouti*，与导致家猫产生黑色皮毛的突变基因是同一个基因；另一个叫做 *Mc1r*，其在人类身上的突变型之一导致了雀斑和红发，尤其常见于爱尔兰人。[28]

基因的差异性源于何处？突变——DNA 序列的意外改变，发生于细胞分裂时核酸分子的复制过程中，通常被当作是一种错误。由突变产生的基因差异性非常广泛。举例来说，基因的突变可以解释人类的很多差异，包括眼睛颜色、血型，以及我们（当然还有其他物种）在身高、体重、生化以及数不清的其他属性等方面的不同。

在大量实验室实验的基础之上，科学家们已经得出结论：突变的发生是随机的。这里的"随机"有特别的含义，常常被人误解，甚至包括生物学家自己。其含义是：突变的发生与其对生物个体有否帮助无关。突变只不过是 DNA 复制中的错误而已。大多数突变是有害的或中性的，但有一小部分能最终成为有益的突变，它们将成为演化的原材料。但是，想要让一个突变符合生物当前适应性需求的可能性得以提高，目前尚无已知的生物学方法。虽然生活在沙丘中的老鼠拥有浅色的皮毛更好，但它们获得这样一个有益突变的几率不会比生活在深色土壤中的老鼠更高。于是，与其称突变为"随机的"，不如改称为"无关的"更准确：一个突变发生的几率与其将对个体有益或有害是完全无关的。

第三个方面，也是自然选择的最后一个方面是，基因的差异性必须影响到个体产下后代的可能性。在老鼠这个例子中，考夫曼的捕食实验表明：伪装得最好的老鼠将使其基因留下更多的拷贝。于是，滩鼠的白色符合了作为一个适应性特征演化的全部条件。

所以说，基于选择的演化是随机性与规则性的结合。首先要有"随机性"（或"无关性"）进程——发生基因上的差异性，或好或坏（在老鼠的例子中是不同的新毛色）；而后是"规则性"进程——自然选择，它对这些变化进行整理，保留好的，筛除坏的（在沙丘上，浅色基因以消耗深色基因为代价而得到了增加）。

这就带来了无疑是对达尔文学说最广泛存在的一种误读：在演化中，"一切都是偶然发生的"，又被表述成"一切都是意外发生的"。这一常见的说法绝对是错误的。没有演化论者（当然也包括达尔文）曾经主张过自然选择是基于偶然性的。恰恰相反，仅靠一个完全随机的过程能创造出凿洞的啄木鸟、骗蜜蜂的兰花，或者伪装起来的蝈蝈和滩鼠吗？当然不能！如果演化突然被强制要求仅仅依赖于随机突变，那么物种将快速退化并灭绝。偶然性本身无法解释个体与环境之间奇迹般的适应。

当然，事实也的确并非如此。诚然，演化的原材料——个体之间的差异性——是偶然的突变所造成的。这些突变的发生杂乱无章，全然不顾其对个体有利还是有弊。是自然选择对多样性的筛选才产生了适应性。自然选择显然不是随机的，它是一种强大的限制力量，积累那些比其他基因更有机会传承给后代的基因，并以此令个体永远能更好地应对它们身处的环境。于是，突变与选择的独特组合——偶然性与规则性——告诉了我们生物如何变得更适应环境。理查德·道金斯（Richard Dawkins）为自然选择提供了最简洁的定义：它是"随机差异性的非随机存活"。

　　自然选择理论有一个重大的任务——生物学的重中之重：解释每一种适应性是如何一步步从之前的特征演化而来的。这不仅包括身体的形态和颜色，还包括所有特性之下的分子基础。选择必须能解释复杂生理特性的演化：能够凝结的血液、能把食物转化成能量的代谢系统，以及能识别并消灭成千上万种外来蛋白质的神奇免疫系统等等。还有就是遗传学本身的细节问题：为什么卵子和精子形成时，成对的染色体会分离开？为什么我们有性别之分，而不是像有些物种那样出芽生殖出克隆体？选择性还必须要对行为作出解释，无论是合作的还是敌对的。为什么狮子成群出动，合作捕猎，但当外来的公狮侵入一个狮群并取代原来的公狮之后，却会杀死狮群中所有尚未断奶的幼狮？

　　选择必须以特定的方式来形成这性特征。首先，它必须创造它们——通常是逐步地，一步步以之前的特性为基础。正如我们已经看到的，每一个新演化出来的特征都源于对之前某种特征的改造，比如四足动物的腿只不过是改造之后的鱼鳍。而且，这一进程的每一步，适应性的每一个细节，都必须给予经历这一进程的个体以繁殖优势。若非如此，选择就不会起作用。从游水的鳍到走路的腿，这之中的每一个阶段有什么样的优势？或是从一只没有羽毛的恐龙到一只既有羽毛又有翅膀的鸟，这之中的每一个阶段又有什么样的优势？适应性的演化中没有"走下坡路"这种事情，因为演化自身的本质决定，它不可能创造一个对演化者不利的阶段。在适应性的世界中，我们永远不会看到你在高速公路上开车时最痛恨的标志："暂时的不便是为了长久的畅通。"

　　如果一种"适应性的"特征是由自然选择演化出来的，

而非创造出来的，我们可以对其做出如下预测。首先，对于这个特征的演化，我们在理论上应该能够想象出一个可信的、渐进的、大致的过程，每一阶段都提升了演化者的适应度（也就是后代的平均数量）。对于某些特征而言，这很容易；例如在陆生动物转变成鲸类的过程中，其骨架的逐渐替换。对于另一些特征而言，则要困难一些，特别是在化石记录中没有留下任何痕迹的生物化学途径*。我们可能永远没有足够的信息来重建许多特征的演化之路，甚至对于某些已经灭绝的物种，我们无法精确理解其部分特征的功能是什么（剑龙背上的骨板到底是做什么用的?）。然而就目前所知，生物学家还没有发现任何一种适应性，其演化过程必然需要一个降低个体适应度的中间阶段。

　　此外还有另一个条件：一种适应性必须通过增加演化者的繁殖数量来实现演化。这是因为，决定了哪一个基因能传给下一代并导致演化的，是繁殖而非存活。当然，基因的传递需要你首先要能活到可以产生后代的年龄。另一方面，一个在生育年龄之后才把你淘汰掉的基因不会招致演化上的劣势，因而将保留在基因库中。进一步分析，一个基因如果在你年轻时对生育有利而在你年老时能害死你，那么它将是个受青睐的基因。实际上，大家普遍认为，此类基因通过自然选择的积累可以用来解释：为什么我们上年纪之后会在甚多方面发生恶化（衰老）。那些帮助你在年轻时四处播种的基因，可能正是令你以后皱纹增多、前列

---

　　*译注：一条生化途径指细胞内或细胞间发生的彼此关联的一系列生物化学反应。生物分子或生物信号在这一系列反应中被改造或传递，看起来像是在一定的路径上发生了有向的前进，因而称这一系列生化反应为生化途径。通常所说的代谢途径就是生化途径中的一类。

腺增生的基因。

　　考虑到自然选择起作用的方式，它应该不会产生有助个体存活却不提高繁殖率的适应性。帮助女性在绝经期后存活下来的基因可能就是个例子*。我们同样不指望能发现某个物种的一个适应性只对另一个物种的成员有利。

　　我们可以对最后这个预测做个检验，看看一个物种所具有的对另一个物种成员有益的特征。如果这些特性源于选择，我们预计这些特性对其自身也应该是有益的。以热带金合欢树为例，它有着肿胀而中空的刺，后者成为了凶猛且带刺的蚂蚁的巢穴。这种树还会分泌蜜汁，在其树叶上生成一种富蛋白体，以供蚂蚁食用。看起来，这种树似乎以自己的损失为蚂蚁提供了居所和食物。这些与我们的预测相悖吗？完全没有。事实上，保有这些蚂蚁为热带金合欢树带来了巨大的好处。首先，草食性的昆虫和动物如果想要停在树旁来一顿树叶大餐，它们会遭到蚂蚁部落的疯狂反抗——我在哥斯达黎加拂拭一棵金合欢树的树叶时，才懊恼地发现了这一点。这些蚂蚁还会砍掉树根周围的植物幼苗——这些幼苗如果长大，可能会与树竞争养分和阳光。显而易见，有能力征召蚂蚁来抵御采食者和竞争者的金合欢树，要比缺乏这一能力的金合欢树产生更多的种子。在每个例证中，当一个物种以某种方式帮助了另一个物种时，它总是也在同时帮助自己。这是由演化论直接得到的一个预测，而且不符合特别创造或智能设计的论点。

_____

　　*译注：似乎这实际上是个反例，因为单纯来看，该基因提高了人类女性个体的存活率，却不可能再提高绝经女性的繁殖率。但从种群的角度来看，绝经女性继续存活是有益的，因为这既有利于继续抚养后代，又利于生存经验的传承。

　　此外，适应性总是能提高个体的适应度，却不一定提高种群或物种的适应度。自然选择"有利于物种"的概念虽然很普遍，但却是被误导的。事实上，演化可能产生这样的特征：它在有利于个体的同时对物种却是有害的。当几只公狮替换了狮群中原来的公狮之后，随之而来的往往就是对尚未断奶的幼狮的一场大屠杀。这种行为对物种而言是有害的，因为它减少了狮子的总数，提高了它们灭绝的可能性。但对入侵的狮子而言却是好事，因为它们因此得以迅速令母狮受孕（后者不再哺乳之后就会重新回到发情期），并以自己的子嗣取代被屠杀的幼狮。* 虽然令人感到不安，但我们还是很容易发现一个杀婴基因是如何以损失更"美好的"基因为代价传播开来的。后一种基因可能会令入侵的公狮只是看护那些与之没有血缘关系的幼狮。正如演化论所预言的，我们永远不会发现有利于种群却无利于个体的适应性——如果生物是一位仁慈的创造者设计的，我们倒是可以期盼这样的事情。**

---

　　* 译注：这个有关狮子的例子值得商榷。虽然幼狮被杀的确在总体上降低了种群数量，但这种降低的程度很有限。实际上，野生动物的子代数量往往要超过母代，再通过生存竞争来维持合适的种群数量。因此杀死幼狮并以自己的后代取而代之，实际上是以较强的基因取代了基因库中较弱的基因，相当于一种变相的生存竞争，有利于物种的演化。然而，有利于个体，但不利于物种的自然选择的确是存在的。

　　** 译注：作者这一观点恐有谬误。在自然界中的确存在着无益于个体，但有利于种群的"利他行为"。研究表明，在特别的生存环境下，导致利他行为的基因可以在利他行为的作用下提高自身在种群内的频度，从而被保留在基因库中。但就像作者所说的，这种利他性的适应不能与生育子代发生矛盾。有些鸟类会为同类抚育后代，而社会性昆虫中的工蚁和工蜂更是极端的"不利于个体，只利于种群"的例证。

没有选择的演化

让我们在此做一个简单的插叙，因为很有必要认识到这样一点：自然选择不是演化中发生变化的唯一方式。大多数生物学家将演化定义为某一等位基因（一个基因的不同形式）在种群中所占比例的改变。例如当老鼠种群中 *Agouti* 基因浅色形式的频度提高时，种群及其毛色就发生了演化。但这样的变化也可能以其他的方式发生。每个个体的每个基因都有两套拷贝，可能相同，也可能不同。每次发生有性繁殖，父母双方各把自己一对基因中的一个给予子代。父母会把一对基因中的哪一个给予子代是没准的事情。比如说，如果你的血型是 AB（一个"A"等位基因与一个"B"等位基因），而且只生有一个孩子，那么这个孩子有 50％的机会得到你的 A 基因，也有 50％的机会得到你的 B 基因。在独生子女家庭中，你必然会失去你的一个等位基因。结果是，在每一代，父母的基因都要进行抽奖，获胜的那个才能表现在下一代身上。由于后代的数量是有限的，基因在后代身上所表现的频度不可能与其在父母身上表现的频度一致。这种基因"抽样"简直就像是抛硬币。虽然每抛一次都有五成的机会得到正面，但如果你只抛几次而已，那么很有可能你会偏离这一预期（例如只抛四次，你有 12％的机会抛出全是正面或全是背面的结果）。因此，不同等位基因的比例可能完全出于偶然性的原因而随着时间发生变化，特别是在小规模种群中。新的突变可能因此乘虚而入，经由这一随机抽样过程而提高或降低其频度。最终，这种"随机游动"甚至可能令基因"固定"在种群中（也就是说频度涨至 100％），或者则是彻底消失。

　　这种基因频度随时间的随机改变被称为基因漂移。这也是演化的一种形式，因为它包含了等位基因频度随时间的改变，但它却不来源于自然选择。漂移演化的例子之一就是美国的旧规阿米什人族群（Old Order Amish）*和敦克人族群**，他们都有着异常的血型频度（ABO 血型系统）。此两者均为小型且与世隔绝的宗教族群，成员内部通婚——恰恰是基因漂移导致快速演化所需的环境。

　　抽样的偶然性还可能发生在以少数几个移民为基础的族群中，比如一些人移居到一个小岛或一个新的地区。举例来说，在美洲原住民人口中几乎完全不存在产生 B 型血的基因，这可能就反应了约 1.2 万年前从亚洲来到北美地区的那一小群人口中该基因的丢失。

　　漂移和自然选择造成的基因变化都被我们称为演化，但两者却有着本质的区别。漂移是一个随机的过程，而选择却是与随机性相对立的。基因漂移会改变等位基因的频度，不管它们对于其携带者是多么有用；与此相反，选择总是去除有害的等位基因，提高有益等位基因的频度。

　　作为纯粹的随机过程，基因漂移无法演化出适应性。它永远不可能构建一支翅膀或一只眼睛。那需要非随机的自然选择。漂移所能做的就是引发对生物既无益处也无害处的特征的演化。达尔文自己就在《物种起源》中预见性地提出了这一观点：

---

　　*译注：基督新教再洗礼派门诺会信徒，生活在美国及加拿大安大略省，是德裔瑞士移民的后裔。其社区有严密的宗教组织形式，拒绝使用电器及汽车等科技产品，不交税，不从军，也不接受社会福利。

　　**译注：在美国生活的德国浸信派兄弟会信徒。该教派发源于德国，信徒移民进入美国后被称为敦克人，即 Dunker，衍生自德语动词 tunken，意为浸洗、洗礼。

此种对有益变化的保留与对有害变化的去除，我称之为"自然选择"。既无用亦无害的变化将不会受到自然选择的影响，并将成为波动不定的因素，正如我们在物种当中所见之多态性。

事实上，基因漂移非但无力创造适应性，甚至还会压制自然选择。特别是在小规模种群中，抽样效应过于强大，以至于提升了有害基因的频度；尽管与此同时，选择正在朝着相反的方向起作用。这就是我们在隔绝的人类族群中经常发现较高的遗传病发病率的原因，这之中包括瑞典北部的戈谢病（Gaucher's disease）、路易斯安那州法裔族群中的泰-萨克斯病（Tay-Sachs），以及特里斯坦-达库尼亚群岛居民的色素性视网膜炎。

由于 DNA 或蛋白质序列的某一个变化可能是——按达尔文的说法——"既无用，亦无害"的（或按我们现在的说法称为"中性的"），因而这类变化尤其具有漂移演化的倾向。举例来说，某些基因中的突变并不影响其所生成蛋白质的序列，因而不改变其携带者的适应度。无功能的伪基因中的突变亦是如此。这些伪基因是仍旧存在于基因组中的古老基因的残片，它们的任何突变都不会对生物产生影响，因而只能通过基因漂移来演化。

分子演化的很多方面，譬如 DNA 序列中的某些变化，都反应了漂移而非选择。同样有可能的是，生物许多可见的外部特征或许也是由漂移演化而来的，尤其是如果它们不影响繁殖的话。人们曾推测，不同树种纷繁的树叶形状（比如橡树与枫树叶子的差异）就是由基因漂移演化而来的"中性的"特征。不过，很难证明一个特征绝对没有选择上的任何优势。即便是一点微小的优势，小到生物学家观察不到也测量不到的程度，其还是能在无尽的年代之后导致演化上的重要变化。

基因漂移与选择，两者在演化上的相对重要性始终是生物学家争论的热点。每当我们看到一种明显的适应性（比如骆驼的驼峰），我们都清楚地看到了选择的证据。但那些我们不理解其演化过程的特征，可能仅仅说明了我们的无知，而非一定源于基因漂移。然而，我们知道基因漂移必定发生着，因为在任何一个有限规模的种群内，繁殖的过程中总有抽样效应。而且漂移肯定在小规模种群的演化中扮演了关键的角色，虽然我们无法给出太多的例子。

动植物育种

自然选择理论预言了我们可以期待在大自然中发现什么类型的适应性，和——更重要的在于——发现不了什么类型的适应性。而这些预言都已经实现了。但许多人有更高的期待：他们乐于"看"到自然选择在起作用，并在其有生之年见证演化上的改变。我们不难接受这样的想法：自然选择需要上百万年来使陆生动物演化到鲸类；但当我们看到演化就发生在自己眼前的时候，选择的概念将变得更令人信服。

这种想要实时观察到选择和演化的意愿是可以理解的，但也有点古怪。毕竟，我们很容易接受科罗拉多大峡谷是科罗拉多河经过亿万年几乎不可觉察的缓慢刻蚀才形成的，即便我们无法在有生之年看到峡谷变得更深。但对某些人来说，这种随时间进行外推的能力只适用于地质学力量，却并不适用于演化。那么，我们如何能确定选择是否是演化的一个重要推动力呢？显然，我们不能重现鲸类的演化，来观察它们重回水中的每一小步改变所带来的繁殖优势。但如果我们能在几代之间就看到选择所导致的微小改变，那么或许更容易接受这样的观点：历经亿万年的时间，类似的选择足以导致化石所呈现的大规模的适应性变化。

选择的证据来自众多领域。最显而易见的是人工选择（动植物育种），正如达尔文所认识到的，它是自然选择不错的类似过程。我们知道，育种者创造了一个奇迹——把野生动植物转化为完全不同的形式，或者是美味的食物，或者是满足了我们审美的需求。我们也知道，这是通过对其野生祖先中就已存在的差异性进行选择来实现的。我们还知道，育种在非常短的时期内就实现了巨大的改变，因为动植物育种实践的历史只有几千年而已。

以家犬（*Canis lupus familiaris*）为例，这个单一物种中就存在如此多样的体形、大小、颜色和习性。其每一个品种，无论纯种的或杂交的，都是源自同一个祖先物种（很可能是欧亚灰狼），人类从大约一万年前开始了对它的选择。美国犬业俱乐部鉴定出了 150 个不同的品种，而其中很多你都见过：小巧而神经质的吉娃娃犬或许是墨西哥的托尔特克人作为食用牲畜驯养的；精力充沛的圣伯纳德犬有厚重的皮毛，能够为困在雪中的旅人驮去成桶的白兰地；灰狗是作为赛犬培育的，有着长长的腿和流线型的体形；身长腿短的腊肠犬很适于在洞穴中捕捉獾；寻回犬是专为从水中取回物品而培育的；毛茸茸的博美犬则被培育成为一种可以舒舒服服抱在怀里的狗。育种者事实上是根据他们的喜好来改造这些狗的：改变毛的粗细和形状、耳朵的长度和指向、骨架的大小和形状、行为习性的特点，以及其他种种。

　　试想一下如果把所有这些狗排成一排时，你所能看到的多样性吧！如果由于某种原因，现在已知的这些犬都只存在于化石之中了，古生物学家将不会把它们当成是一个物种，而是很多个——绝对多于今天生活在自然界的野生犬的 36 种。[29]事实上，家犬的变化远远超出了野生犬的变化。只说一项特征：体重。家犬的体重范围从吉娃娃的 1 公斤到英国獒的 80 多公斤，而野生犬种的体重范围则仅为 1～27 公斤。况且，肯定没有野生犬有着猎肠犬的体形或巴哥犬的面容。

　　成功的犬类育种在选择演化的三个条件中符合两个。第一，犬类的祖先在颜色、大小、体形、行为等方面有丰富的差异，这使得创造今天所有这些品种成为可能。第二，差异之中的一部分是由基因突变产生的，可能被遗传——因为若非如此，育种者不可能取得任何进展。关于犬类育种最令人惊讶的是其达到今天这一结果的迅速程度。所有这些品种都是在不足一万年内选择出来的，这只是野生犬从其自然界中的共同祖先中分化出来所用时间的 0.1%。如果知道了人工选择可以迅速产生如此错综复杂的多样性，也就不难接受自然选择可以用 1000 倍长的时间让野生犬产生较少的多样性。

　　人工选择与自然选择之间其实只有一个差别。在人工选择中，是育种者而非自然界决定了一种变化是"好"还是"坏"。换言之，繁殖成功的标准是人类的意愿，而非对自然环境的适应。有时这两种标准是相符合的。比如说灰狗，它被选择用于赛跑，其体形就很像猎豹。这是一个趋同演化的例子：类似的选择压力给出了类似的成果。

　　犬类可以作为其他成功育种过程的代表。正如达尔文在《物种起源》中谈到的："育种者习惯把动物的身体谈论成为某种可塑的东西，几乎可以随心所欲地加以改造。"奶牛、绵羊、家猪、花卉、蔬菜，等等等等——统统来自于人类对其野生祖先中就已经存在的差异性或养育过程中因突变而出现的变化所进行的选择。通过筛选，苗条的野生火鸡已经变成了我们温驯、多肉、事实上也没什么味道的感恩节怪兽*。它们有着巨大的胸部，以至于家养的公火鸡无法像野生公火鸡那样在母火鸡的背上进行交配，而必须采取人工授精。达尔文自己就进行过鸽子的育种，并记述了不同品种间数量巨大的行为和外观变化，而这些品种都源自于原鸽祖先。你不太可能辨认得出咱们的玉米的祖先，因为它不过是一种毫不起眼的草。西红柿的祖先只有几克重，但现在已经被培育成一两斤重的庞然大物（也没什么味道），并且可以在货架上放很长时间。野生卷心菜已经分化成了五种蔬菜：西兰花、卷心菜、大头菜、抱子甘蓝和菜花，每一种都是选定了植物的某一个部分进行改造的结果（比如，西兰花只不过是扩大之后的紧密花簇）。而对所有野生农作物植物的驯化都发生在距今两万年内。

于是，我们不必惊讶于《物种起源》的开篇不是对自然选择或演化的讨论，而是标题为"驯化之下的差异"的一章——内容是关于动植物的育种。达尔文知道，如果人们能接受人工选择——而且大家必然会接受，因为其成功是如此明显，那么再进入自然选择的讨论就不是那么困难了。正如他所指出的：

> 在驯化中，或许真的可以说，生物体整体在

---

*译注：美国的感恩节是每年十一月的第四个星期四，原为对上天赐予丰收的感谢，今天则成为家人团聚的重要节日。而火鸡是美国家庭感恩节的传统主菜，通常在肚内填入各种调料和食品，整只烤熟，因肉厚而很难入味。

某种程度上变得可塑了。……我们看到，对人类
有用的变化无疑已经发生了；而在生存的复杂斗
争中，对每个物种在某个方面有益的其他变化，
应该在数千代之中的某个时间也发生了。这能被
认为是无稽之谈吗？

由于有些野生物种的驯化仅仅发生在相对很短的时期
内，甚至是在人类已经跨入文明社会之后，所以达尔文知
道，人们要接受自然选择可以在长得多的时期内创造大得
多的多样性，也就并没什么大不了的。

试管中的演化

我们可以再深入一步。与育种者挑出自己喜欢的变化
不同，我们也能让演化"自然地"发生在实验室里，只要
把一个种群暴露在新的环境挑战之下即可。这在微生物中
最容易实现；比如细菌，其分裂的频繁程度可达每二十分
钟一次，令我们得以实时观察到上千代的演化。这可是真
真正正的演化改变，符合选择演化的全部三个条件：差异
性、遗传性，以及差异性导致的不同存活率与繁殖率。虽
然环境的改变是人为制造的，但这类实验比人工选择更接
近自然状态，因为我们没有去选择哪些个体可以进一步
繁殖。

让我们从简单的适应性开始吧。在实验室里，微生物
最终总能适应科学家给它们设置的任何条件：高温或低温、
抗生素、毒素、饥饿、新型养分，以及它们的天敌——病
毒。密歇根州立大学的理查德·伦斯基（Richard Lenski）
所开展的研究，可能是此类研究中持续时间最长的一个。

1988 年，伦斯基把基因一致的大肠杆菌 *E. coli* 菌株置于特别的环境中，作为其食物的葡萄糖会每天耗尽然后次日再得到补充。那么这个实验测试的就是微生物对"饥一顿，饱一顿"的环境的适应能力。在接下来的 18 年里（细菌的 4 万代），细菌持续积累新的突变以适应此种新的环境。在食物不断变化的条件下，它们现在的生长速度比未经选择的原始菌株快 70%。细菌不断演化，伦斯基和他的同事已经先后鉴别出至少 9 个发生了突变并导致适应性的基因。

然而，"实验室"适应还可以更复杂，甚至包括全新生化系统的演化。或许其终极挑战就是取掉微生物在某一特定环境中生存时所需的一个基因，看它作何反应。它能演化出一种方法来绕开所面临的问题吗？通常的答案是：能。在一个精彩的实验中，罗切斯特大学的巴里·霍尔（Barry Hall）及其同事进行了一项研究，从 *E. coli* 中删除了一个基因。这个基因原本可以产生一种酶，令细菌能够把乳糖分解成更小的组分，成为可利用的食物。接下来，失去这个基因的细菌被置入只有乳糖作为食物来源的环境中。当然，最初它们没有这种酶，无法生长。但在很短的时间之后，失去的基因的功能被另一种酶取代。后者之前不能分解乳糖，现在却由于一个新突变的出现而能微弱地分解乳糖。此后，另一个适应性突变发生了：它增加了这种新酶的数量，令更多的乳糖可以被利用。最终，第三个突变发生在一个不同的基因上，让细菌更易于从环境中摄取乳糖。综上，这个实验展示了一个复杂生化途径的演化过程，这个途径让细菌得以依靠之前无法利用的食物来生长。除了证明了演化的发生，这个实验还有两个重要的结论。第一，自然选择能够推动复杂的交互生化系统的演化，这个系统中的所有部分都是相互依赖的，不管神创论者认为这是多么地不可能。第二，正如我们不断看到的，选择不会凭空创造出新的特征：它通过对已经存在的特性的改造来产生"新的"适应性。

甚至，仅在实验室的培养瓶里，我们就能看到全新的、生态学功能不同的菌种的发端。牛津大学的保罗·瑞尼（Paul Rainey）及其同事把一种细菌荧光假单胞菌（*Pseud-omonas fluorescens*）的菌株放在小瓶培养基中进行观察。（令人吃惊的是，这样一个小瓶中实际上包含了不同的环境。例如氧气的含量在表层最高，而在底层最低。）十天之内——不足数百代——原先自由漂浮的"平滑的"菌种已经演化出了两种新的形态，占据瓶内的不同空间。一种被称为"有皱纹的平铺者"，其在培养基的表面形成了一层垫子；另一种被称为"有绒毛的平铺者"，其在瓶底形成了一层毯子。平滑的原始菌种则仍旧占据着中间的液态环境。两种新形式都与原菌种在基因上有所差异，已经通过突变和自然选择发生了演化，能够在其各自的环境中以最佳状态繁殖。那么，这已经不仅仅是演化了，还是发生在实验室中的物种形成：祖先物种产生了两种生态上迥异的后代并与之共存——对细菌来说，这两种新形态可以被认为是不同的新物种。在极短的时间内，对荧光假单胞菌的自然选择就获得了小型的"适应辐射"，等同于动植物遭遇海岛新环境时形成新物种的过程。

对药物和毒物的抗性

当 20 世纪 40 年代抗生素最初被推广的时候，每个人都认为它将终结细菌感染所造成的疾病问题。这些药的功效好得惊人，任何人只要简单打上几针或吃一小瓶药片就能治愈肺结核、链球菌性喉炎或肺炎。但我们忘记了自然选择。细菌有着巨大的种群规模和极短的世代时间。这些特性令细菌成为在实验室内研究演化的理想对象，却也导致其对抗生素产生抗性突变的可能性变得很高。况且，那些能抵抗药物的细菌将存活下去，留下基因一致的同样具有抗药性的后代。结果就是，药物的效力逐渐衰退，我们又一次面对着医疗难题。对于某些疾病，这已经成为了一种严重的危机。比如现在已经有演化后的结核杆菌菌株，可以抵抗医生能够用在它们身上的所有药物。在长期的医药治疗和乐观情绪之后，结核病重又成为了一种致命的疾病。

这就是自然选择，纯粹而简单。每个人都知道抗药性，但很少有人意识到这就是我们正在发挥作用的选择的最好例证。（如果这种现象在达尔文的时代就已经存在的话，他肯定会把它作为《物种起源》的中心点。）人们普遍相信，抗药性是由于病人自身不知为何发生了某种变化才让药物的效力变弱了。但这是错误的：抗性来自于微生物的演化，而不是病人对药物的适应。

关于选择的另一个主要例证是对青霉素的抗性。在20世纪40年代开始推广的时候，青霉素是种神奇的药物，其治疗金黄色葡萄球菌（*Staphylococcus aureus*）造成的感染时尤其有效。1941年，这种药能够除掉世界上任何一种葡萄球菌。而现在，近70年后，95％的葡萄球菌菌株对青霉素有抵抗力。其原因在于，个别菌体内发生的突变给了它们摧毁青霉素的能力。当然，这些突变扩散到了全世界。作为对应，药厂推出了新的抗生素，甲氧苯青霉素。但就是这种药，现在也正由于更新的突变而逐渐失去效用。对于这两种药，科学家都已经准确鉴别出了细菌DNA上发生的导致抗药性的变化所在。

　　病毒，最小的可演化生命，也已经演化出了对抗病毒药物的抵抗力。这之中最值得关注的就是 AZT（齐多夫定），这是一种用于抑制 HIV 在寄主体内进行复制的药物。演化甚至可以发生在单独一个病人的体内，因为病毒以疯狂的步伐突变着，结果就产生了抵抗力，致使 AZT 失效。目前，我们用三种药物组合的"鸡尾酒"疗法把艾滋病逼到了绝路上，但以史为鉴，这同样终将失效。

　　抗性的演化制造了人类与微生物之间的一场军备竞赛，其获胜方不仅仅是细菌，还包括了医药产业，后者不断发明新药来替代逐渐失效的原有药物。不过所幸的是，在个别例子中，微生物还未成功地演化出抗性。（我们必须记住，演化论没有预言过万物皆可演化：如果恰当的突变没有或不能产生，演化也不会发生。）例如，链球菌（*Strep-tococcus*）的一种形式可导致链球菌性喉炎，一种常见于儿童的感染。这些细菌没能演化出哪怕一点点对青霉素的抗性，令后者始终是治疗的选择之一。此外，不同于流感病毒，脊髓灰质炎病毒和麻疹病毒也一直没能演化出对疫苗的抵抗力，令这些疫苗已经被人类使用了 50 多年。

　　还有其他物种通过选择适应了人类导致的生存环境变化。昆虫变得对 DDT 和其他杀虫剂有抵抗力，植物适应了除草剂，真菌、蠕虫、海藻已经演化出了对污染其生活环境的重金属的抵抗力。似乎总有少数个体具有幸运的突变，令它们得以存活和繁殖，迅速让一个易感的种群演化成为一个有抗性的种群。我们于是可以得出一个合理的推论：当一个种群遭遇并非来生人类的生存压力（例如盐分、温度或降水的改变）时，自然选择通常能够令其产生适应性的反应。

野外的选择

我们已经看到的对人类造成的压力和化学物质的反应所构成的自然选择，在任何角度来看都是有意义的。虽然选择的压力来自于人类，但相应的反应是纯粹自然的，而且正如我们已经看到的，也可以是相当复杂的。不过，或许整个过程完全发生在大自然中的选择会更具说服力——其中完全没有人类的参与。也就是说，我们想要看到一个自然界中的种群迎接一个自然界的挑战，我们需要看到那个挑战是什么，还想亲眼看到种群针对这一挑战所发生的演化。

不能期望这种境况很常见。只说一点，野外的自然选择总是慢得要命，例如羽毛的演化可能就用了数十万年。即便羽毛今天仍在演化，我们其实也不可能实时观察到这一演化的发生，更不可能去测定是什么类型的选择发挥了作用，才令羽毛发生改变。如果我们要看到自然选择，那必定是强烈的选择，可导致迅疾的变化。另外，我们最好关注世代时间较短的动植物，以使演化的改变能在若干代上被观察到。而且我们要搞些比细菌强点儿的东西：人们想要看看所谓的"高等"动植物中发生的选择。

进一步讲，对于某个物种的一个或一些特征，我们期望观察到的改变应该很小——也就是所谓的"微演化"改变。由于演化的逐步性，期望在人的一生中看到选择作用让一"种"动植物变化成另一"种"——也就是所谓的"宏演化"——是不合理的。宏演化今天仍在发生着，我们只是活得不够长，无法观察到它。记住，问题的关键不在于宏演化的改变是否发生着——我们已经从化石中知道它的确发生过，而在于它是否由自然选择所引发，以及自然选择是否可以构建复杂的特征与器官。

　　另一个导致难于实时观察到选择作用的因素在于，普通的自然选择并不导致物种的改变。每一个物种都已经是最优适应的，这意味着选择已经使之达到了与环境和谐共处的程度。与没什么新变化需要去适应的漫长时期相比，一个物种遭遇新的环境挑战而发生改变可能只是偶尔才会上演的戏码。但这并不意味着选择没有发生。举例来说，如果一种鸟类已经演化出了适应其环境的最优体形大小，而环境也不发生变化，那么选择只是剔除那些比最优稍大或稍小的鸟。但这种称为"稳定选择"的选择并不会改变平均体形的大小：如果你一代一代地查看其种群，并不会发现什么特征上的改变（虽然大体形和小体形的基因都会被剔除掉）。在人类婴儿的出生体重中，我们也能看到这一点。美国和欧洲的医院统计数字一致表明，平均出生体重约为3.4公斤的婴儿比更轻的（早产或母亲营养不良）或更重的（难产）婴儿存活率更高。

　　那么，如果我们想要看到选择发挥作用，应该关注一些世代时间短且要适应新环境的物种。这很可能发生在物种移居到新的栖息地或经历严重的环境变化时。实际上，那也的确是例证之所在。

　　此类例证之中最著名的就是一种鸟类对气候异常做出的适应，因为已经在别处有过详细的描写［例如乔那森·韦纳（Jonathan Weiner）的名著《雀喙：在我们这个时代的演化故事》（*The Beak of the Finch：A Story of Evolution in Our Time*）］，我将不再赘述。普林斯顿大学的彼得·格兰特（Peter Grant）和罗斯玛丽·格兰特（Rosemary Grant）及他们的同事对加拉帕戈斯群岛上的中地雀进行了数十年的研究。1977 年，加拉帕戈斯的一场严重干旱显著地减少了达芙尼主岛上的种子供应量。这种习惯以小而软的种子为食的地雀被迫食用大而硬的种子。实验证实，较大的鸟更易于弄开硬种子，因为它们有更大更结实的喙。结果只有大喙的个体得到了足量的食物，而那些喙较小的个体不是饿死就是因营养不良而无法生育。大喙的存活者留下了更多的后代，而自然选择让下一代的平均喙长增加了 10％（体形大小也相应增加了）。这是一个令人惊愕的演化改变速率——远远大于我们在化石记录中所看到的任何改变。作为比较，人类的大脑尺寸每一代仅仅平均增长约 0.001％。我们对于自然选择演化的每一个条件要求，格兰特夫妇都在其余研究中做了详尽的记录：原始种群个体在喙长方面的差异性；很大一部分喙长差异性是可遗传的；而有不同喙长的个体留下的后代数目也不同，且与预计的相一致。

考虑到食物对于生存的重要性，有效采集、食用并消化食物的能力是一种强大的选择力量。许多昆虫是宿主特异性的，只在一种或少数几种植物上采食和产卵。在这类情况下，昆虫需要适应于利用植物的特征，包括能够恰当获取植物养分的进食器官、能够解除植物任何毒素毒性的代谢系统，以及能够让幼虫出现在食物充足期（植物的果实期）的繁殖周期。在昆虫中，很容易就能找到亲缘关系很近却利用不同宿主植物的两个昆虫物种，所以在这些昆虫的演化中一定也曾经有很多次从一种宿主植物到另一种宿主植物的转换。这些转换等同于移居到一个新的栖息环境，必定伴随着强烈的选择过程。

实际上，近几十年中，我们已经在无患子虫（*Jadera Haematoloma*）在新大陆上的活动中看到了这种选择过程。

无患子虫本来生活在位于美国不同地区的两种本地植物上：美国中南部的无患子灌木以及南佛罗里达的多年生气球藤。借助其长长的针状嘴，这种虫子可以刺入宿主植物的果实，大吃其中的种子——把种子内部液化之后吸净。但在最近50年中，这种虫子移居到了在其生活范围之内的三种外来植物上。这些植物的果实尺寸与其本地宿主的非常不同：两种大得多，一种小得多。

斯科特·卡罗尔（Scott Carroll）及其同事预计，这种宿主的转换将造成针对虫嘴形状变化的自然选择。移居到果实更大的植物上的虫子应该演化出更大的嘴，以刺穿果实，够到种子；而移居到果实更小的植物上的虫子应该会向着相反的方向演化。而这恰恰是真实发生的情况：在几十年内，虫嘴长度的改变达到了25％。这似乎不算多，但以演化的标准来看则是相当巨大的，特别是在一百代这么短的跨度内。[30]长远来看，这一演化速率只要持续1万代（5000年），虫嘴的尺寸就将增长大概50亿倍，变成近3000公里长的庞然大物，足以叉入月亮大小的果实里！当然，这幅滑稽可笑而又不切实际的图景只是为了说明，看似微小的变化累积起来可以有多么巨大。

这里还有另一个预言：在持续的干旱之下，自然选择会令植物演化得比其祖先开花更早。这是因为，干旱期的土壤在雨后会迅速干燥。如果你是一株在干旱中不能迅速开花生籽的植物，那么你将没有后代。而另一方面，在正常的大气条件下，延迟开花更划算，这样你能长得更大，结出更多的种子。

这一预言在一项自然实验中得到了验证。这个实验是关于约300年前引入加利福尼亚的野生芥末（*Brassica rapa*）的。2000年开始，南加利福尼亚遭受了一场长达五年的干旱。加利福尼亚大学的阿瑟·魏丝（Arthur Weis）及其同事测定了芥末在这一时期之初和之末的开花时间。足以确定的是，自然选择已经精确按预计的方式改变了其开花的时间：干旱过后，这种植物花期的开始时间比原来提早了一周。

还有许多其他类似的例子，而它们都证实了同一件事：我们可以直接见证自然选择导致更佳适应性的过程。《野外的自然选择》（*Natural Selection in the wild*），生物学家约翰·恩德勒（John Endler）的一本著作，记录了人们观察到的超过 150 个演化的事例；而对于其中大约三分之一的事例，我们清楚地知道自然选择是如何在其中发挥作用的。我们看到了适应极端温度的果蝇、适应了竞争者的蜜蜂，以及变得不那么色彩缤纷的孔雀鱼（为了逃避捕食者的注意）。我们还需要多少例子？

选择能够建立复杂性吗？

然而，即使我们承认自然选择的确在大自然中发挥着作用，但它到底能做到什么程度？当然，选择能改变鸟喙或植物的花期，但它能建立复杂性吗？比如复杂如动物四肢的特征；或者完美如凝血过程的生化适应，它引发了一系列精确的步骤，涉及众多蛋白质；又或许是演化史上最复杂的器官——人类的大脑？

在此，我们多少遇到些麻烦。因为正如我们所知道的，复杂特性的演化需要很长的时间，大多数发生在我们无法去亲身观察其过程的久远过去。那么我们如何能确知选择的确参与其中？当神创说者声称选择能制造生物微小的改变，却无力制造巨大的变化时，我们又如何知道他们是错的？

　　不过首先我们必须要问：有什么可以替代演化论的理论吗？我们不知道任何其他一种可以建立复杂适应性的自然进程。最常被提到的那些替代理论总把我们引入超自然的领域。当然，这就是神创论，其最近的化身是"智能设计论"。智设论的鼓吹者提出，一个超自然的设计者已经在生命的历史上多次进行了发明创造，或者是突然生成了自然选择不能建立的复杂适应，又或者是产生了偶然间不可能发生的"奇迹突变"。（某些智设论者走得更远：他们是极端的"年轻地球"神创论者，相信地球只有约 6000 年的历史，而生命完全没有过任何演化。）

　　智设论的主体是非科学的，包含大量无法检验的主张。例如，我们如何能确定突变到底纯粹是 DNA 复制中的意外，还是一个创世者意志的产物？但我们还是要问：是否存在一种适应性，不可能经由选择而建立，因而需要我们为其想出另一套机制呢？智设论的拥趸已经提出了若干这一类的适应性，如细菌的鞭毛（一种微小的发丝状器官，有复杂的分子动力系统，被某些细菌用于推动自身）和凝血机制。这些确实是复杂的特征；例如鞭毛就是由数十种单独的蛋白质组成的，所有蛋白质必须协同工作才能让发丝状的"推进器"运转起来。

　　智设论者辩称，这样的特征涉及很多组成部分，它们必须完全合作才能让相应的特征发挥功能，因而与达尔文学说的解释相悖。因此，在没有别的解释的情况下，它们就只能是由某种超自然的存在所设计出来的。这通常被称为"空隙中的上帝"（God of the gaps）观点，是一种源于无知的辩驳。它其实是在说：如果我们不能理解自然选择建立一个特征过程的所有细节，那么这种不理解本身就是超自然创造的证据。

　　你或许可以看出这一辩驳为什么站不住脚。我们永远不可能重构选择作用建立所有一切的过程——演化发生在我们"出场"之前，总有些事是无法获知的。但是演化生物学像所有其他科学一样，它有很多谜题，而其中一些已经被解开了，一个接着一个。比如说，我们现在知道了鸟类从何而来——它们不是从空气中诞生的（如神创论者曾经主张的那样），而是逐步从恐龙演化而来的。每当一个谜题被破解时，智设论就被迫退却。既然智设论本身没有任何可以检验的科学主张，只是对达尔文学说提出了一些半生不熟的批评，那么智设论的可信度也就随着我们认识的每一次前进而慢慢消亡了。深入地看，智设论本身对复杂特征的解释——超自然设计师的伟大构想——能解释"任何"你能想得出来的对大自然的观察。没准正是设计者的构想让生命"看起来"却像是演化而来的（显然很多神创论者都相信这一点，虽然几乎没人承认）。但如果你没有任何观察结果可以反驳一个理论，那么你的理论就是不科学的。

　　即便如此，我们如何能驳倒智设论所宣称的，某些生命特征完全不可能有任何的起源？在这样的情况下，确切地勾勒出一个复杂特征如何逐步演化而来的详图，这并不是演化生物学家的责任。那需要了解我们尚不存在时所发生的事情的各个细节——这对于多数特征和几乎全部生化途径而言都是不可能的。正如生化学家福特·杜利特尔（Ford Doolittle）和奥尔加·加克西贝耶瓦（Olga Zhaxy-bayeva）在评论智设论所宣称的"鞭毛不可能演化而来"时所主张的："要确定鞭毛演化的每一个细节，演化论者所需要接受的挑战是不可能完成的任务。其实我们只需要证明这样的发展过程是切实可行的，而其中所涉及的进程及要素则像我们已知的那些一样，是相一致的。"这里所说的"切实可行"，指的是每一种新的特征必定都存在其在演化中的前体，而这一特征的演化可以满足达尔文学说的条件，也就是建立适应性的每一步变化都对其携带者有益。

事实上，我们不知道任何起点完全与自然选择无关的适应性。如何能如此确定？对于解剖学上的特征，我们能在化石记录中简单地上溯其演化过程（如果可能的话），看看不同的改变是以什么顺序发生的。于是我们至少就能确定改变的顺序是否遵从逐步适应的进程。在每一个例证中，我们至少都能发现一种切实可行的达尔文式的解释。在从鱼到陆生动物的演化、从陆生动物到鲸的演化，以及从爬行类到鸟类的演化中，我们都已经看到了这样的解释。然而，这些过程也可以不按我们设想的方式发生。比如说，鲸类祖先鼻孔移至头顶的过程，或许可以发生在鳍肢演化出来之前。那可能是创世者神一样莫测的行为造成的，而绝不可能是自然选择演化出来的。但是实际上，我们看到的总是符合达尔文学说的演化顺序。

理解复杂生化特征和途径的演化就没那么容易了，因为它们在化石记录中没有留下任何痕迹。必须以巧妙的方式对它们的演化加以重构，比如试试看如何能通过对更简单的生化前体的修修补补得到这些途径。而且，我们很希望知道这些修补的每一个步骤，以确定是否每一步改变都能带来适应性的提高。

虽然智设论的支持者宣称在这些途径的背后有一只超自然的手，但坚持不懈的科学研究还是已经开始给出一些可信的（并且可以检验的）图景，来说明生物是如何演化的。以脊椎动物的凝血途径为例，其中牵涉到了一系列事件。最开始，开放创口附近的一个分子与另一个分子粘着在了一起。这就引发了一个复杂的级联反应，长达 16 步。每一步都涉及不同的一对蛋白质之间的相互作用，最后以形成凝血块告终，总共有超过 20 种蛋白质参与其中。这怎么可能是演化而来的？

我们当然还不能确切地知道答案，但已经有证据表明，这个系统可能由较简单的前体以适应的方式建立而来。许多与凝血相关的蛋白质是由彼此相关的基因制造的，而这些基因是复制所产生的。这是突变的一种形式：由于细胞分裂中的错误，一个祖先基因及其之后的后代沿着 DNA 链变成了两份完整的拷贝。一旦出现，这些基因拷贝接下来可能会按照彼此独立的途径演化，从而最终行使不同的功能，如凝血中蛋白质的功能。此外我们知道，这条途径中的另一些蛋白质和酶在脊椎动物之前的生物中有着不同的功能。比如，凝血途径中的一个关键蛋白质叫做纤维蛋白原，它能溶于血浆之中。在凝血的最后一步，这个蛋白质会被一种酶切断，而较短那个部分（称为纤维蛋白）会由于互相粘在一起而变得不再可溶，形成最终的血凝块。既然纤维蛋白原在所有脊椎动物中都作为一种凝血蛋白质出现，可以推测它是演化自一种有着不同功能的蛋白质，后者存在于非脊椎动物祖先体内，这种祖先生物不具有凝血途径。虽然一个智能设计者也可能凭空发明出一种合用的蛋白质，但那不是演化所采取的方式。必定有一种蛋白质是纤维蛋白原在演化上的祖先。

加利福尼亚大学的罗素·杜利特尔（Russell Doolittle）预言，我们将能发现这样的蛋白质，并且真的在 1990 年与他的同事徐淘* 一起，在海参体内发现了这种蛋白，而海参

---

*译注：现为中国科学院院士。

这种无脊椎动物是中餐里的一种食物原料。海参与脊椎动物的祖先至少在 5 亿年前就已经在演化上分道扬镳了，然而海参却拥有这样一个明显与脊椎动物的凝血蛋白相关的蛋白质，只不过其并不用于凝血的作用。这意味着，海参与脊椎动物共同的祖先就有这样一个基因，它此后在脊椎动物体内被征用来实现新的功能，这与演化论所预言的结果精确一致。自那以后，杜利特尔和细胞生物学家肯·米勒（Ken Miller）都设计出来一套可信的适应次序，描述了从各个组成蛋白的前身到整个凝血级联反应的演化过程。人们发现，所有这些蛋白前身都在无脊椎动物中有着凝血之外的其他功能，是在演化过程中才被脊椎动物征用到了运转着的凝血系统之中。至于细菌鞭毛的演化，我们虽然对其还未完全理解，但也已经知道其中包含了许多从其他生化途径中征召而来的蛋白质。[31]

　　科学的脚步总是走在难题的后面。虽然我们仍不能理解每一个复杂生化体系的演化，但我们每一天都了解得更多。毕竟，生化演化只是一个刚刚起步的领域。如果说我们从科学的历史中学到了什么的话，那就是，战胜无知靠的是努力研究，而非放弃并把我们的无知归结于创世者奇迹般的工作。当你听到某些人宣扬别的理论时，只要牢记达尔文所说的这样一句话："无知往往比知识更令人自信：如此肯定地断言科学永远不可能解决这个或那个问题的人，是那些所知甚少的人，而非知识渊博的人。"

　　于是，在理论上，演化建立起复杂的生化体系似乎没有任何问题。但是时间因素呢？有没有真正足够的时间，让自然选择同时建立复杂的适应性以及生物形式的多样性？当然，我们确知有足够的时间供生物体来演化——化石本身就已经告诉了我们这一点，但自然选择是否强大到足以驱动这样的演化？

我们的方法是，将化石记录中体现的演化速率与实验室中用人工选择造成的演化速率进行比较，或者与物种移居至新栖息环境时在演化改变方面的历史数据进行比较。如果化石记录中体现的演化远远快于实验室实验或移居事件——此两者皆为很强烈的选择作用，我们可能就需要重新考虑选择是否可以解释化石中的变化了。但事实上，结果恰恰相反。密歇根大学的菲利普·金格里奇（Philip Gingerich）证明，动物在实验室内以及移居研究中的尺寸和体形改变速率，远快于化石中的变化速率：分别快 500 倍（移居中的选择）和 100 万倍（实验室选择实验）。而且，即便是化石记录中最快的演化，也根本比不上人类在实验室中实现选择作用时最慢的演化。更有甚者，移居研究中观察到的演化平均速率，大到足以在仅仅 1 万年的时间里把老鼠变成大象的尺寸。

上述事实告诉我们：选择极其适于解释我们在化石记录中看到的变化。人们提出这一问题的原因之一在于，他们没有（或不能）意识到选择作用要在其中发挥效力的巨大时间跨度。毕竟，人类演化到现在这个程度，为的是处理我们生命时间尺度上的事物——这一尺度在人类演化中的大部分时间里只有大约 30 年。长达 1000 万年的跨度远远超越了我们的直觉所能领会的程度。

最后一个问题是，自然选择足以解释一个真正复杂的器官（例如眼睛）的演化吗？脊椎动物（以及鱿鱼和章鱼等软体动物）所具有的"摄像"眼一度是创造论者的宠儿。其内部复杂地排列着虹膜、晶状体、视网膜、角膜等等结构——所有这些必须要一起工作才能产生视像——自然选择的反对者们声称：眼睛是不可能逐步形成的。"半只眼"

能有什么用处啊？

在《物种起源》中，达尔文精辟地评论并反驳了这种主张。他调查了现存物种，看能否找到有功能但没那么复杂的眼睛。这样的眼睛不仅仅是有用的器官，还可以放入到假说的演化序列之中，展现摄像眼是如何演化而来的。如果能做到这一点——实际上的确也能做到，那么关于自然选择永远不能演化出眼睛的辩驳就不成立了，因为现存物种的眼睛显然都是有用的。眼睛的每一步改进都可能带来明显的益处，因为它令个体更易于发现食物，躲避捕食者，并为其在生活环境中引领前进的方向。

一个可能的演化序列始于由光敏色素组成的简单眼点，如在扁形虫身上看到的。而后皮肤内陷形成杯状，以保护眼点并能更好地定位光源。帽贝就有类似这样的眼睛。在鹦鹉螺中，我们可以看到杯状结构开口更窄，可产生进一步优化的视像；而在沙蚕中，杯口还覆有透明的覆盖物以保护开口；鲍鱼眼中的液体凝成了晶状体，有助于聚焦光线；而在很多物种（例如哺乳动物）中，左近的肌肉被征用来移动晶状体，改变焦点。接下来就是自然选择主导的视网膜、视神经等结构的演化。在这个假设的变迁"系列"中，每一步都为其拥有者带来了适应度上的提高，因为每一步变化都能让眼睛采集更多的光线或者形成更好的视像——两者都对存活和繁殖有利。而且这个过程中的每一步都是切实可行的，因为每一种状态都可以在现存物种的不同眼睛类型中找到。在这一系列变化的最后，我们有了摄像眼，其适应性演化已经复杂到了似乎不太可能的程度。但这种最终的眼睛的复杂性能够被分解成一系列微小的适应步骤。

然而，以上只是把现有物种的眼睛串成一个适应性的序列，我们完全可以做得比这更好。以简单的前体为起点，我们可以为眼睛的演化建立模型，看看选择作用能否在合理的时间内把前体转变成更为复杂的眼睛。瑞典隆德大学的丹-埃里克·尼尔森（Dan-Eric Nilsson）和苏珊·佩尔格（Susanne Pelger）就建立了这样一个数学模型。他们以一片背后是色素层的光敏细胞（一个视网膜）为起点，然后让这个结构周围的组织随机改变形态，并把每一步的尺寸和厚度变化都限定在1%以下。为了模拟自然选择，模型只接受提高了视觉敏锐度的"突变"，去除了那些降低敏锐度的突变。

在令人惊异的短时间内，模型就获得了一个复杂的眼睛，历经了与上述假设的真实过程相似的各个阶段。眼睛先向内折叠以形成杯状，然后杯口被透明的表面所覆盖，接着杯中的内含物不但凝成了晶状体，而且还具有能够产生最佳图像的尺寸。

始于一个像扁形虫一样的眼点，这个模型最终产生了某些类似于脊椎动物复杂眼睛的东西。这一切的实现完全是通过一系列微小的适应步骤——准确地说，共 1829 步。尼尔森和佩尔格还计算了这个过程要花费的时间。为此，他们做了一些假设，比如在开始经历选择的种群中，眼睛形状的基因变化占多大比例；以及每一步的选择作用可以在多大程度上促成眼睛尺寸的变化。这些假设故意设置得比较保守——基因变化的比率被设定得很合理且不大，而自然选择的作用也被设定得很弱。即便如此，眼睛还是演化得非常快：从未完善的光敏片到摄像眼的整个过程只用了不足 40 万年。由于有眼睛的动物最早出现在 5.5 亿年前，那么根据这个模型，多出来的 1500 倍时间足以让眼睛演化出来。在现实中，眼睛是在至少 40 组动物中彼此独立演化而来的。正如尼尔森和佩尔格在其论文中提到的："显然，眼睛从来不是对达尔文演化论的一个威胁。"

那么，我们已经知道了些什么？我们知道，一个与自然选择非常相像的进程——动植物育种——利用了表现在野生物种身上的基因差异性，并以此创造出了"演化上的"巨大转变。我们知道，与过去发生的那些真正的演化相比，这些转变的程度大得多，速度快得多。我们已经看到了选择在实验室内、在致病的微生物中，以及在野外发挥的作用。我们知道，没有任何一种适应性绝对不可能由自然选择塑造成形，并且在很多例证中，我们都能可信地推断出选择作用具体是如何塑造它们的。而数学模型更是表明，自然选择可以迅捷地催生复杂的特征。结论很明显：我们可以暂时假定，自然选择是全部适应性演化的动因所在——不过还不是一切特征的演化，因为基因漂移也有自己的戏份。

的确，育种者没有把一只猫变成一只狗，而实验室内的研究也没有把一个细菌变成一只变形虫（虽然实验室内已经诞生了新的细菌品种）。但如果认为这些是反对自然选择的有力理由，那将是很愚蠢的。大的转变需要时间——跨度巨大的时间。要真正认识到选择的威力，我们必须把选择作用在我们生命时间内所创造的微小变化，外推到选择作用在自然界中发挥作用的亿万年的时间尺度上。类似地，我们不能看到科罗拉多大峡谷变得更深，但是只要凝视着壮阔的峡谷，想象着科罗拉多河正在下面徐徐地刻蚀着，你就将领会达尔文学说最关键的要义：微弱的力量经过长时间的作用也能造就巨大而精彩的改变。

第六章　性别怎样驱动演化

比如说天堂鸟和孔雀，
它们的雄鸟在雌鸟面前竖起、展开，并振动绚丽的羽毛
是一个痛苦的过程。
很难想象这样一个过程会没有任何的目的性。

——查尔斯·达尔文

　　自然界中很少有哪一种动物能够比开屏的孔雀更为华丽多彩。它们蓝绿色的尾羽上流动着彩虹的光泽，镶嵌着宝石般的眼点，骄傲地散开在那闪亮的蓝色身躯之后。然而这种鸟似乎违背了达尔文学说的每一个方面，因为所有这些令它美艳至极的特征同时又对它的生存极为不利。长长的尾巴带来了飞行时的空气动力学问题——只要你见过孔雀挣扎着飞行的样子就知道了。这令它们夜晚回到树上休息变得很困难，也不利于逃避天敌。特别是在雨季，一条湿漉漉的尾巴就成了一条实实在在的拖把。雄孔雀尾羽的闪亮颜色也会吸引捕食者，特别是与雌孔雀相比的话——雌孔雀的尾巴短小，通体伪装在略微发绿的土褐色中。雄孔雀令人惊艳的尾羽还分流了大量的代谢能量，因为这条尾巴每年都要彻底换羽一次。

　　雄孔雀的羽毛不但看起来毫无意义，甚至还是一种阻

碍。它怎么可能是一种适应呢？如果这身华服是自然选择演化的产物，带有这种羽毛的个体就能留下更多的基因，那为什么雌性却与雄性大相径庭呢？在1860年写给美国生物学家亚萨·格雷（Asa Gray）的一封信中，达尔文对于这些问题大发牢骚："我清楚地记得当时关于眼睛的想法是如何令我全身发冷的，但我已经熬过了那个痛苦的阶段。现在，反而是那些微不足道的结构细节常常令我感到很不舒服。比如那些雄孔雀尾巴上的羽毛，无论我什么时候看见都觉得不胜厌烦。"

像雄孔雀尾羽一样的谜不在少数。譬如说已经灭绝的爱尔兰马鹿。首先，这种命名很不恰当，因为它既不专门生活在爱尔兰，也不是一种马鹿。它实际上是一种已知体型最大的鹿，曾经遍布欧亚大陆，灭绝于仅仅1万年前左右。这种鹿的雄性头上骄傲地顶着一对极其巨大的鹿角，从一边末梢到另一边末梢的跨度达到近4米。这对巨角重达40公斤，可支撑着它的头颅却只有微不足道的2公斤。想想这种巨大的压力吧！这就好像你每天走来走去的时候，还要把一个十多岁的孩子放在头上。而且像雄孔雀的尾巴一样，这种巨角也是每年都要脱落，然后再重新长出来的。

除了这些华而不实的特征，还有一些只在一个性别身上才能观察到的奇怪行为。中美洲的雄性吞嘎拉（túngara）蛙每天夜里都要用他鼓胀的声囊演绎一首长长的小夜曲，以此吸引异性的注意。然而这种歌声也招来了蝙蝠和吸血蝇。会唱歌的雄性吞嘎拉蛙被捕食者发现的几率远高于不会出声的雌性。在澳大利亚，雄性的园丁鸟会用小树枝搭建出奇特的大型"凉亭"。鸟的种类不同，凉亭也各具风格，有的像隧道，有的像蘑菇，还有的像帐篷。这些凉亭还会如同过节一样点缀不同的装饰：鲜花、蜗牛壳、浆果，以及果荚。要是附近有人类居住，装饰中还会包括瓶盖、玻璃碎片，或锡纸片。这些凉亭需要数小时甚至数天的时间去搭建。有些甚至达到了 3 米宽，1.5 米高。然而没有一个凉亭最终会作为巢穴使用。为什么雄性要做这些大费周张的事情？

达尔文推测，这些特征会降低生存率，而我们今天已经对此有了更切实的证据。在近年的研究中，科学家们证实了这些特征需要多么大的代价。雄性的红领寡妇鸟有着闪亮的黑色羽毛，只在颈间和头上有些深红色的羽毛，还拖着极长的尾巴——基本是其身长的两倍。带着这条上下翻飞的长尾巴，雄性寡妇鸟在空中的飞行简直就是一种挣扎。任何人看到这幅场景都不禁要问：这条长尾巴到底有什么用处？瑞典哥德堡大学的莎拉·普赖克（Sarah Pryke）和斯蒂芬·安德森（Steffan Andersson）在南非捕捉了一些雄性寡妇鸟，进行尾羽截短的实验，一组鸟截短 2.5 厘米，另一组截短 10 厘米。放归大自然并度过繁殖季节之后，这些雄鸟被重新捕获。研究人员发现，尾羽长的雄鸟比尾羽短的鸟体重降低更明显。显而易见，那些延长出来的尾巴是一种不能忽视的生存障碍。

明亮的颜色亦是如此。一个巧妙的关于环颈蜥的实验证实了这一点。这种 30 厘米长的蜥蜴生活在美国西部，两性的外观很不一样：雄性身体呈松石绿色，镶有黑白斑点，头黄色，颈间犹如戴有黑色的项圈，并因此得名；雌性则没这么花哨，其浅棕色的体表只有淡淡的斑点。为了验证"雄性的亮色更容易吸引捕食者"这一推测，俄克拉荷马州立大学的杰里·胡萨克（Jerry Husak）及其同事在沙漠中放置了环颈蜥的黏土模型，并分别刷上雄性或雌性的颜色和花纹。当任何捕食者错把这些模型当成真正的环颈蜥时，

图 23 性别二态性举例，雄性与雌性在表观上有着显著的差异。上图：剑尾鱼（*Xiphophorus helleri*）；中图：萨克森王国天堂鸟（*Pteridophora alberti*），其雄鸟头部有精美的饰羽——一侧是天蓝色，另一侧则是棕色；下图：鹿角锹甲（*Aegus formosae*）。

它们啄咬的印记就会留在柔软的黏土上。仅仅一周之后，40个艳丽的雄性模型中就有35个显示出啄咬的印记，多数是蛇类和鸟类所为。与之截然相反，40个颜色黯淡的雌性模型中，没有任何一个遭到过攻击。

一个物种中雄性与雌性之间的差异特征（如尾巴、颜色或歌声等）被称为性别二态性。二态性（dimorphism）这个单词源于希腊语"两种形态"之意（图23给出了一些例子）。一次又一次地，科学家们发现表现在雄性身上的性别二态性特征似乎违背了演化论：其不但浪费时间与能量，还降低了生存率。色彩斑斓的雄性孔雀鱼比朴素的雌性更经常被吃掉。黑麦鹟是一种生活在地中海的鸟类，其雄鸟会不辞辛苦地在不同的地点堆起很大的石冢，而搬运这些40倍于自身体重的小鹅卵石要花费他们两周左右的时间。雄性艾松鸡则有着精细的表演：他们在灌木间的空地上趾高气扬地走来走去，不停拍打翅膀，还从两个声囊中发出巨大的声响。[32]这些把戏会令一只雄鸟消耗巨大的能量：一天的表演所消耗的能量相当于冰激凌店里的一份香蕉船。考虑到这些特征或行为的复杂性，它们应该是选择的结果，但我们需要知道自然选择如何铸就了这一切。

解　答

在达尔文之前，性别二态性一直是个谜。以神创论的角度来看，为什么超自然的设计者要在一个性别且仅在一个性别中创建某种特征，且有害其生存？在达尔文的时代，神创论者同样不能解释这个问题，当然现在也不能。作为自然多样性最伟大的解释者，达尔文当然急于理解这些看似无用的特征是如何演化出来的。最终，他注意到了寻获答案的关键所在：如果在一个物种的雄性和雌性之间有差异性的特征，那么那些复杂精美的行为、结构和装饰几乎全是出现在雄性之中的。

　　现在，你大概已经猜到这些代价巨大的特征是如何演化出来的了。记住，选择的传递不在于存活与否，而在于繁殖与否。有一条漂亮的尾巴或者一副动人的歌喉并不能帮助你生存下去，但却可能增加你拥有后代的机会。这就是那些华丽的特征与行为产生的原因。显然，生存与繁殖之间蕴含着一种平衡性。而达尔文是第一个认识到这一点的人，他将这类导致性别二态性的选择命名为性选择（sexual selection）。性选择的含义很简单，就是能够提高一个个体获得配偶之可能性的选择。它只不过是自然选择的一部分而已。不过，性选择也的确值得单独用一章的篇幅来探讨，因为其起效的方式非常独特，而其产生的适应性简直可以说是"不适应性"。

　　性选择导致的特征将在这样的情况下获得演化：其所带来的繁殖率提升的程度超过了其所导致的生存率下降的程度。有长尾巴的雄性寡妇鸟或许不能很好地逃避其捕食者，但雌性寡妇鸟或许更愿意选择长尾雄性作为伴侣。有更大鹿角的鹿或许要在巨大的代谢负担之下生存，但他们同样或许可以更经常地在伴侣争夺战中胜出，从而留下更多的后代。

　　性选择有两种形式。一种以爱尔兰马鹿为代表，雄性间进行直接的争斗，以决定谁可以接触到异性。另一种就是产生了寡妇鸟长尾巴的性选择，是由雌性在可能的伴侣中进行选择。雄性与雄性之间的争斗（或者按照达尔文常常很好斗的命名方法，称之为"争斗法则"）是最容易理解的。正如达尔文所说："可以确定的是，几乎所有动物中都存在为了拥有雌性而发生的雄性之间的争斗。"一个物种雄性之间的争斗方式很多，比如鹿用鹿角猛撞，鹿角锹甲用角直刺对方，蟹眼蝇用头对撞，还有象海豹之间血淋淋的争斗。无论是哪种方式，获胜者都能将失败者赶走，从而获得异性。长久以来，选择都更青睐那些能够导致胜利的特征，只要其提高交配的机会足以弥补降低的生存率。这类选择造成了不良的"军备竞赛"：更强的武器、更大的体型，或者是任何对雄性的身体对抗有利的特征。

相反，像明亮的颜色、装饰、凉亭，以及求偶表演这些特征，形成于第二类性选择——配偶选择。在雌性眼中，所有的雄性似乎并不一样。她们发现了某些雄性的特征或行为对自己更有吸引力，于是产生这些特性的基因就得以在种群中积累。在此框架下，雄性之间也有一定的竞争，但却是间接的：取胜的雄性有着最响亮的嗓音、最明亮的颜色、最诱人的外激素、最性感的表演，诸如此类。与雄性之间的争斗不同，谁是这里的胜利者是由雌性来决定的。

在上述两种模式下，都是雄性来竞争雌性。为什么不是与之相反呢？答案在于两个小小的细胞——精子与卵子——的尺寸差异。稍后我们会再来说明这个问题。

那么，在争斗中取胜的雄性、饰物更漂亮的雄性、表演最成功的雄性，他们是否真的能获得更多的配偶呢？如果不能，性选择的整套理论就将瓦解。

事实上，各种证据给了这一理论强有力的一致支持。让我们先从雄性之间的争斗开始。北美洲的太平洋沿岸生活着北象海豹，一种在体型上有着明显性别二态性的哺乳动物。其雌性个体大概长 3 米，重约 700 公斤；而雄性个体的体长为雌性的两倍，重可达将近 3 吨——与一辆悍马越野车的重量不相上下，长度还要超出一筹。北象海豹是

"一夫多妻"制的，也就是说，雄性会在交配季节与一只以上的雌性交配。一只雄性头领的配偶数量甚至会高达100个。大约三分之一的雄性会守卫在自己的妻妾身边，而余下的雄性则难逃独身生活的厄运。交配的殊荣花落谁家，全由雄性之间的一场激烈争斗来决定——甚至在雌性爬上海岸观战之前就已经展开了。这种争斗很血腥：雄性硕大的身体猛撞到一起，牙齿在对方脖子上留下深深的伤口。最终，一种由最强大的雄性个体居于顶端的统治体系由此建立。当雌性真的到来时，取得优势的雄性就会把她们赶入"后宫"之中，并赶走任何胆敢接近的竞争者。一年之中的绝大多数幼崽，都只是少数几只那一年最强大的雄性的后代。

　　这就是雄性之间的争斗，简单纯粹，而奖励就是繁殖下一代。在这样的配偶体系中，我们很容易发现为什么性选择促进了大型、凶猛的雄性的演化：更大的雄性能够把他们的基因传给下一代，而小个子则不行。雌性大概由于不需要争斗，因而得以保持繁殖所需的最佳体态。很多物种之中都存在体格大小方面的性别二态性，包括我们人类自己。造成这一现象的原因可能正是雄性之间为了获得雌性而引发的争斗。

　　雄鸟经常为了"不动产"而争斗。在许多种鸟类之中，雄性吸引雌性的唯一手段就是控制一片植被丰茂的领地——这样的地域更适合筑巢。一旦他们拥有了领地，雄鸟将通过多种方式宣示主权：展示自己的形象和声音，甚至直接攻击越界的其他雄鸟。许多在我们听来美妙如天籁的莺歌燕语，其实却是警告其他雄鸟不要接近的威胁之声。

　　美洲红翼鸫（red-winged blackbird）是一种生活在北美洲的鸟类，它们需要守卫的领地处于开放地带，往往是淡水湿地环境。与象海豹一样，这种鸟也是一夫多妻制。有些雄鸟有 15 个妻妾在其领地内筑巢。许多其他雄鸟则被称为"流浪者"，过着没有伴侣的日子。流浪者总是不断试图侵入已经建立的领地中，当然是为了与雌鸟一夜风流，这使得领地的主人总是在忙于赶走这些"采花贼"。一只建立了领地的雄鸟要把四分之一的时间花在保护地盘上面。除了直接的巡逻，红翼鸫保卫领地的手段还包括复杂的歌唱，以及恐吓性地展示其饰物——令其得名的一道亮红色肩章（雌鸟肩上的同样位置是棕色的，有些时候只有一道退化了的小小肩章）。雄鸟的肩章不是用来吸引异性的，而仅仅是用于在领地争夺战中恐吓其他雄鸟。在一个实验中，雄鸟的肩章被涂为黑色，从而在羽毛中隐去不见，另一组雄鸟则只在肩章上涂有透明的漆料溶剂作为对照。结果"失去"红色肩章的雄鸟有 70% 也同时失去了自己的领地，对照组的这一比例仅为 10%。肩章能够防范入侵者的原因可能是它传递了这样一个信号：这块地盘已经有主人了。实验显示，歌唱同样重要。被暂时夺去发声能力的安静雄鸟同样会失去领地。

对于红翼鸫而言，歌唱与肩章都能帮助其获得更多的配偶。在上述研究以及很多其他研究中，科学家们证实，性选择之所以能发挥作用，是因为有着更为复杂精细特征的雄性在拥有后代方面获得了更多的回报。这一结论看似简单，但却需要满怀好奇之心的生物学家进行数百小时单调乏味的野外观察。在整洁舒适的实验室中对 DNA 进行测序似乎是一项更为迷人的工作，但一个科学家要想真正了解选择在大自然中如何发挥作用，那就一定要去环境糟糕的野外。

交配的完成并不是性选择的结束，雄性在交配之后还要继续竞争。在很多物种之中，雌性都可以在短时间内与多于一个雄性交配。当一个雄性个体让一个雌性个体受孕之后，他如何能防止其他雄性与他的配偶再度交配，甚至丧失自己当父亲的权利呢？这种交配后竞争产生的一些特征是性选择所造就的特征中最为诡异的。有时，一个雄性个体会在交配后不离配偶左右，防备其他求偶者。当你看到一对蜻蜓彼此粘在一起，很可能只是雄性在交配后守卫自己的雌性，武力阻止其他雄蜻蜓的接近。一种中美洲的千足虫已经把交配后的守卫工作发展到了极致：雄性会在交配之后干脆骑在雌性身上不下来，彻底打消其他雄虫的念头。化学物质也能达到同样的功效。有些蛇类和啮齿类动物的精液中包含一种物质，能够在交配完成后暂时堵上雌性的生殖道，阻碍其他前来试探的雄性。在我所研究的这一类果蝇中，雄性的精液里含有一种被称为"抑情剂"的化学物质，相当于给雌性注射了使其不再愿意交配的药物，效力可以持续好几天。

雄性用以维持其父权的很多武器是被动性的。但他们甚至还可以更离谱——许多种类还有着主动性的武器，用以除去前一个交配者留在雌性体内的精子，并换上自己的。其中最巧妙的一种设备是某些豆娘的"阴茎铲"。当一只雄虫与一只刚刚交配过的雌虫交配时，他会用阴茎上的倒刺先把前一个交配者的精液刮出来。只有当这只雌虫体内的精子基本都除去了，雄虫才会开始播种自己的精子。我自己的实验室还发现雄性果蝇（*Drosophila*）* 的精液中含有一种物质，可以令前一个交配者留下的精子失活。

那么对第二种形式的性选择——配偶选择，我们又了

＊译注：这种果蝇就是很多遗传学实验所选用的著名模式生物。

解些什么呢？与雄性之间的争斗相比，对于配偶选择如何起作用这个问题，我们的所知要少得多。这是因为颜色、羽毛以及表演的意义，远没有鹿角和其他武器的意义那么显而易见。

为了搞明白配偶选择是如何演化的，让我们先从那条让达尔文颇为忧虑的孔雀尾巴开始吧。关于孔雀配偶选择研究的大部分工作，是由玛丽昂·皮特里（Marion Petrie）及其同事完成的。他们对英国贝德福德郡惠普斯奈德公园（Whipsnade Park）内栖息的一个自由放养的孔雀种群进行了研究。这种孔雀的雄性首会集合在一处求偶场，集体向雌性做表演，给雌性以机会来对他们进行直接的比较。不是所有的雄性孔雀都会参加求偶场的表演，但只有那些参加了的才有可能赢得异性的芳心。对 10 只求偶场中的雄性所做的观察表明，雄性尾羽上的眼点数量与其可以获得的配偶数量有很强的关联性：最精美的雄性尾羽上有 160 个眼点，而这只雄性参与了种群全部交配行为中的 36％。

这个结果暗示雌性喜欢更精美的尾巴，但并不能对其进行证明。还存在这样一种可能性：雄性孔雀求偶时的其他某方面因素才是雌性真正关注的东西，比如其表演的活力如何——而这些关键方面恰巧与羽毛的精美程度相关罢了。要除去这种可能性，我们可以做一个实验性的处理：人为改变雄孔雀尾羽上的眼点数目，看这是否会影响他追求异性的能力。令人称奇的是，这样一个实验早在 1869 年就出达尔文的竞争者阿尔弗雷德·罗素·华莱士（Alfred Russel Wallace）提出来了。虽然这两人在许多方面都持一致的观点，特别是在自然选择方面，但他们在性选择的问题上却各持己见。雄性之间争斗的观点两人都能接受，分歧在于华莱士不认为存在配偶选择的可能性。然而，他对

此保持了开放的态度，而且在检验这个问题的方法上远远
超前于他的时代：

> 留给饰物单独起作用的余地非常小。饰物的
> 这种作用不可能被证实。但如果真的可以证实，
> 那么哪怕只是饰物方面的轻微优势，都将决定配
> 偶的选择。

> 然而，这一点是能够被实验所验证的。我建
> 议某些动物学会或者有条件的个人应该尝试下述
> 这个实验。在同一种鸟中选择同龄的十余只雄鸟，
> 比如家鸡、野鸡或红腹锦鸡。每只雄鸟都必须是
> 已知可以被雌鸟所接受的。其中一半要减掉一或
> 两只尾羽，或者将其颈羽减短一些。其程度要足
> 以产生大自然中可能出现的差异性，但又不足以
> 严重损伤其外貌。然后我们来观察雌鸟是否还会
> 注意这些身有残缺的雄鸟，是否会一致性地拒绝
> 这些饰物较差的雄鸟。这样一个实验，只要在几
> 个交配季中持续地精心加以完成，并在参数上给
> 予审慎的调整，必然能就这个有趣的问题给出最
> 有价值的信息。

而实际上，这样一个实验直到一个多世纪之后才得以
完成。其结果是：雌性选择是普遍存在的。在一个实验中，
玛丽昂·皮特里和蒂姆·哈利迪（Tim Halliday）将一组
雄孔雀中的每一只都剪去了二十个眼点。而对照组的雄孔
雀也进行了处理，但只是做做样子，没剪去任何眼点。果
然，在下一个交配季中，饰物减少的那一组与对照组相比，
每只雄孔雀的配偶数量平均减少了 2.5 个。

这个实验确定了一点：雌性更喜欢饰物没有被削弱的雄性。但更理想的情况是，我们还能在另一个方向上进行实验：人为地将尾巴变得更精美，看是否会提高交配的次数。然而这对孔雀而言是很难实现的。但是，瑞典生物学家马尔特·安德森（Malte Andersson）对于一种圈占领地的非洲长尾寡妇鸟进行了这项实验。在这个具有性别二态性的物种中，雄鸟的尾巴长达半米，而雌鸟的只有 8 厘米长。通过除去一段尾巴并把它粘到其他正常的尾巴上，安德森创造了三组不同的非正常雄鸟：短尾组（减至 15 厘米）、"正常"对照组（把剪掉的尾巴再原样粘好），以及长尾组（延长到 75 厘米）。不出所料，与对照组相比，去短尾组雄鸟领地上筑巢的雌鸟较少。而带着人工长尾的雄鸟则获得了异乎寻常的配偶增长，吸引到的雌鸟几乎是对照组的两倍。

这一结果带来了一个问题：既然有着 75 厘米长尾的雄鸟赢得了更多的雌鸟，那长尾寡妇鸟为什么没有一开始就演化出 75 厘米长的尾巴呢？我们还不知道这个问题的答案。但是，这样长的尾巴对雄鸟寿命带来的损害效应，很可能已经超过了对其获得配偶的能力所带来的增长效应。半米长的尾巴可能在长度上是最优的，能令雄鸟一生的繁殖产出平均达到最大值。

那么，当雄性艾松鸡在灌木间的空地上费劲地表演他那滑稽的舞步时，他又从中得到了什么呢？答案又是获得配偶。与孔雀一样，雄性艾松鸡会形成一个求偶场，为在一旁观察的雌性做集体表演。人们已经证实，只有最具活力的雄性（每天要"炫耀"大约 800 次左右）才能赢得异性的青睐，而绝大多数其他的雄性则得不到伴侣。

性选择还能解释园丁鸟搭建凉亭的建筑壮举。几项研究都显示，凉亭所用的装饰材料的种类因园丁鸟的品种而异，同时也密切关系到能否成功求偶。以缎蓝亭鸟为例，他们如果在凉亭中放更多的蓝色羽毛就能获得更多的配偶。对于斑点园丁鸟而言，获得最大成功的秘诀就是展示绿色的茄莓（*Solanum* berry）——一种与野生番茄有亲缘关系的水果。剑桥大学的约亚·马登（Joah Madden）在一个实验中从斑点园丁鸟的凉亭中剥除了装饰物，然后给雄鸟 60 种不同的东西供其选择。果然，他们用来重新装饰凉亭的材料主要还是茄莓，这种东西还被放在了凉亭中最为显著的位置上。

　　我们已经关注了很多鸟类的例子。这是因为生物学家们发现鸟类的配偶选择行为最易于研究：它们在白天活动，因而易于观察。但是在其他动物当中，也有很多配偶选择的例子。雌性吞嘎拉蛙喜欢能吼出最复杂叫声的雄性配偶，雌性孔雀鱼喜欢有长尾巴和更多彩色斑点的雄性配偶，雌性蜘蛛和鱼类通常会喜欢更大的雄性配偶。在马尔特·安德森那本详尽的著作《性选择》（*Sexual Selection*）中，他描述了 186 个物种中的 232 个实验，表明极其多的雄性特征都与求偶的成功率有密切的关系；而且这些例证中的相当大一部分涉及了雌性的选择。毫无疑问，来自雌性的选择推动了许多性别二态性的演化。终究达尔文还是正确的。

　　到此为止，我们一直忽视了两个重要的问题：为什么选择要由雌性做出，而雄性就必须求偶或为她们而争斗？还有就是，雌性到底为什么要做选择？为了回答这两个问题，我们必须首先了解生物为什么要有性别这种麻烦事。

为什么有性别？

　　为什么会演化出性别来？这其实是演化论最大的谜题之一。每一个进行有性生殖的个体都生成了只含一半基因的卵子或精子。与无性生殖的个体相比，有性生殖的个体对于下一代的基因贡献只有50％，而另外的50％则被牺牲掉了。让我们试想下面这种情况：假设人类有这样一个基因，它的正常型让人类得以进行有性生殖，而它的突变型则导致女性可以进行单性生殖——生成可以在未受精状态下自行发育的卵子（有些动物的确可以做到这一点，已经观察到的有蚜虫、鱼类以及蜥蜴）。第一个发生突变的女性将只有女儿，而这个女儿又将单性生殖出更多的女儿。相反，进行有性生殖的非突变女性必须要与男性交配才能产下后代——一半是男孩，一半是女孩。那么这个群落中的女性比例将迅速超过50％，而基因库中的女性基因会渐渐充满了只生女儿的突变。最后，所有的女性都将是单性生殖的结果，而男性将成为多余的，并最终消失。这是因为没有女性需要男性与之交配，而所有女性都能生育更多的女性。单性生殖的基因将以压倒性的优势战胜有性生殖的基因。理论上可以证明，"无性"基因每一代都能把自己的拷贝数量在"有性"基因拷贝数基础上翻番。生物学家称之为"性别的双倍代价"。说到底，在自然选择之下，单性生殖的基因传播太快，必将淘汰有性生殖。

　　但是这种事情并未发生。地球物种的绝大多数都进行着有性生殖，而且这种繁殖方式已经有超过10亿年的历史了。[33]为什么性别的代价没有导致它被单性生殖所替代呢？显然，性别必定有某种巨大的演化优势，并远远胜过其代价。虽然我们还没搞清楚其确切的优势所在，但已经有许多理论。问题的关键可能就在于有性生殖时所发生的基因随机重组，它在后代中创造了基因的新组合。这就令若干个有益的基因可能被带入到同一个个体之中，于是性别促成了更快速的演化，使个体得以应对环境时常发生改变的情况。例如，寄生虫可能就是这样持之以恒地演化，才对我们同样处于演化中的防御系统找到了应对之道。或许，性别还可以从一个物种中去除坏的基因，其方式是把这些坏的基因重组到一个严重处于不利地位的个体中——一个坏基因的替罪羊。不过，任何已知的优势真的可以压倒性别的双倍代价吗？生物学家们对于这一点仍旧有所质疑。

　　不管怎么说，一旦性别已经演化出来了，那么性选择就是不可避免的了——只要我们能再解释另外两件事情。第一，通过交配把基因组合在一起传给子代，为什么这一切只有两种性别来完成，而不是三种或更多的性别？第二，雄性的精子数量大而尺寸小，雌性的卵子数量少而尺寸大；为什么两种性别各自的配子有着不同的大小和数量？性别的数量问题是个棘手的理论问题，我们不应该阻滞于此。不过理论研究表明，有三种甚至更多种性别的配偶体系最终都将在演化中被两性体系所取代。两种性别是最有活力又最稳健的策略。

　　为什么两种性别有着不同数量和尺寸的配子，这同样是一个十分棘手的问题。在有性生殖的早期，两性配子大概在数量和大小上是一致的，然后或许是在演化中逐渐形成今天这种状况的。理论生物学家已经相当令人信服地证明，自然选择会最终令原始状态演化成为现今的状态：一种性别（我们称之为雄性）产生大量配子，即精子或花粉；

而另一种性别（我们称之为雌性）产生少量配子，但尺寸更大，也就是我们知道的卵子。

正是配子在尺寸上的不对称性为所有形式的性选择搭建了舞台，并令两种性别演化出了不同的求偶策略。先说雄性。一个雄性个体能产生大量的精子，因而有潜力成为很多子女的父亲；但在实际中还要受两个问题的限制：他所能吸引到的雌性数量，以及他的精子的竞争力。对于雌性来说，情况就不同了：卵子是宝贵的，而且数量有限。况且，就算雌性短期内能多次交配，她的子代数量也几乎无法增加。

关于这种差异的一个鲜活的例证，就是我们人类自身子女数量的最高纪录。猜猜一位女性一生最多可以生育多少孩子？你大概会猜是 15 个左右。再猜猜？《吉尼斯世界纪录》对此给出的"官方"纪录是 69 个孩子，由一位 18 世纪的俄国农妇创造。在 1725 年至 1745 年的 27 次怀孕之中，她生下了 16 次双胞胎、7 次三胞胎，以及 4 次四胞胎。这位农妇或许在生理上或基因上有某种病变，才导致了如此之高的多胞胎率。你也许会为这位持续生育的女性感到哀伤，然而她的纪录还远不及男性的最高纪录。这条纪录由摩洛哥苏丹穆莱·伊斯梅尔（Mulai Ismail，1646～1727）创造。据《吉尼斯世界纪录》记载，伊斯梅尔是"至少 342 个女儿和 525 个儿子的父亲，他在 1721 年的时候已经有了 700 个男性后裔，并因此而闻名"。那么，尽管是在这类极端的情况下，男性还是超出了女性十多倍。

雄性与雌性之间的演化差异，其实就是差异化投入的问题：投入于宝贵的卵子或是廉价的精子；投入于怀孕，那是雌性保存并滋养受精卵的阶段；投入于子代抚养，很多物种的雌性都是独自抚养幼崽的。对雄性而言，交配是廉价的；对雌性而言，交配是宝贵的。对雄性而言，交配的代价只是一点点精子；对雌性而言，交配的代价则要大得多。首先，雌性要生成富含养分且又尺寸巨大的卵子；其次，这常常还伴随着巨大的时间与能量的耗费。在超过90％的哺乳动物中，雄性在子女身上的唯一投入就是他的精子，而雌性则承担了全部的子女抚养工作。

在配偶及子女数目方面，雄性与雌性之间都存在着潜在的不对称性。这就进一步导致了双方在择偶时关注点的不同。雄性与一个不太合格的（比如虚弱或有病的）雌性交配时几乎没什么损失，因为他们可以轻易地一次又一次重新与其他异性交配。于是选择作用就青睐雄性体内这样的基因：使他们总是不停地与几乎每一个可能的雌性胡乱交配。（甚至是任何与异性有稍许相像的东西。例如雄性艾松鸡有时会尝试与成坨的奶牛粪便交配。还有就是我们前文已经谈到的例子，有些兰花能引诱好色的雄性蜜蜂来跟它们的花瓣交配，从而完成授粉。）

雌性则不同。由于她们在卵子和子代方面做出了高额的投入，那么她们的最佳策略就是要挑剔而非胡来。雌性必须珍惜每一次机会，所以要选择最好的雄性来给自己的卵子受精，因而她们会对潜在的交配对象进行仔细的调查。

所有这些因素加在一起，造成雄性一般而言就必须要为雌性而竞争。雄性应该是不加选择的，而雌性应该是腼腆的。雄性的一生应该是自相残杀的一生，始终在与自己的伙伴竞争配偶。优秀的雄性要么更有吸引力，要么更强壮，经常会看护着一大群雌性，并且也应该被更多的雌性所青睐。反之，不合格的雄性则得不到伴侣。另一方面，几乎所有的雌性最终都会找到配偶。由于每一个雄性都在为雌性而竞争，所以雌性获得配偶的成功率更平均。

对于这种差别，生物学家是这样描述的：雄性内部获得配偶成功率的差异性，要高于雌性内部的这一差异性。真是这样吗？是的，我们经常能看到这一现象。以马鹿为例，其雄性一生留下的子代数量的差异性是雌性该差异性的3倍。象海豹的这一区别更明显：在其几个交配季中留下子代的雄性不足所有雄性的10％，而雌性的这一比例超过了一半。[34]

雄性与雌性在潜在子代数量上的差异性，同时推动了两种性选择形式的演化：雄性之间的争斗，和雌性选择。雄性必须要通过竞争才能为有限的卵子授精。这就是为什么我们能看到"争斗法则"：雄性之间为了在下一代中留下自己的基因而进行的最直接的竞争。这也是为什么雄性总是色彩缤纷的；或者总要进行表现，要发出求偶的歌声，要搭建凉亭，以及类似的种种。这些都是雄性的表达方式，他们只不过是在说："选我吧，选我吧！"最终，是雌性的偏好驱动的演化，让雄性有了更长的尾巴、更有活力的表演，以及更响亮的歌声。

上述模式是通常的情况，然而自然界总有例外。有些物种是一夫一妻制的，雄性雌性都要承担养育的责任。演化会促成一夫一妻制也是有原因的：与抛弃子女另寻新欢相比，如果帮助抚养下一代能带来更多的后代，那么一夫一妻制就是有益的。以很多鸟类为例，它们都需要两位全职父母：当其中一方外出觅食的时候，另一方就负责孵蛋。但是一夫一妻制在大自然中并不普遍。例如，哺乳动物中就只有2％的物种采用了一夫一妻制的配偶体系。

此外，对于体格大小的性别二态性，也存在不涉及性选择问题的解释。以我所研究的果蝇为例，雌性可能更大，只是因为她们需要消耗更多的能量来生成大个的卵子。还有一种情况是：如果雄性和雌性有各自独特的食物，那么它们可能会成为更有效率的捕食者。自然选择避免了两性在食物来源方面的竞争，导致它们演化出不同的体型大小。这可能就解释了某些蜥蜴和鹰的二态性问题：它们的雌性比雄性大，同时也捕捉相对较大的猎物。

打 破 规 则

令人好奇的是，我们在很多"社会性一夫一妻制"的物种中仍然能看到性别二态性。这类物种的雄性与雌性结成一对，共同抚养后代。既然它们的雄性不必为了雌性而竞争，为什么还要演化出亮丽的颜色和装饰物？这看似矛盾的现象实际上却为性选择理论提供了进一步的支持。事实上，我们只是被表象所欺骗了。在这类情况中，那些物种是社会性的一夫一妻制，却不是实际上的一夫一妻制。

这类物种的代表之一是绚丽的细尾鹩莺（fairy wren）。我在芝加哥大学的同事斯蒂芬·普鲁埃特-琼斯（Stephen Pruett-Jones）对这种鸟进行了研究。乍一看，这种鸟全都是模范夫妻。雄鸟与雌鸟通常会在结合之后白头偕老，共同保卫自己的领地，共同承担抚养后代的责任。然而，它们却在羽毛上表现出令人震惊的性别二态性：雄鸟的蓝黑二色羽毛有着炫目的彩虹光泽，而雌鸟羽毛则是暗淡的灰棕色。为什么呢？因为它们普遍存在"通奸"现象。当交配时节来临时，雌鸟在与其社会配偶交配之外，还会与其他雄鸟交配（这一点已经被 DNA 亲子鉴定所证实）。而雄鸟也都在玩着这个"背叛"的游戏，他们会主动寻求"外遇"。而且，雄鸟的生殖成功率差异性还是要比雌鸟的差异性高。性选择与这种通奸行为联系到一起，当然就产生出了两性之间在颜色上的差异性。这种细尾鹩莺的行为并不是绝无仅有的。事实上，虽然90%的鸟类是社会性的一夫一妻制，但在其中四分之三的种类中，雄鸟和雌鸟会与社会配偶之外的异性发生关系。

性选择理论还可以做出能够检验的预测。如果一个性别的个体拥有明艳的羽毛、威武的角、活力充沛的表演，或者精心搭建的建筑来引诱异性，那么你就可以打赌说：该性别的成员一定要通过竞争来获得异性的垂青。反之，在行为和外观上性别二态性不太强的物种，则更有可能是一夫一妻制。这是因为，如果雄性和雌性结成一对，并且不发生外遇，那就没有性竞争的必要，也就不会有性选择。事实的确如此，生物学家在配偶体系与性别二态性之间观察到了强烈的相关性。体格、颜色或行为等方面的极端二态性总是在这样一类物种中被发现：它们的雄性为雌性而竞争，并且只有少数雄性能够获得大部分雌性配偶，比如天堂鸟和象海豹。雄性与雌性相差不大的物种，比如鹅、企鹅、鸽子和鹦鹉，都倾向于真正的一夫一妻制，是动物界忠贞的典范。这种联系是演化论的又一次胜利，因为只有性选择能够做出这样的预测，而神创论却不能。除非演化论是正确的，否则颜色与配偶体系之间就不可能有所关联。其实，看到孔雀的尾羽时真正应该"感到不胜厌烦"的恰恰不是演化论者，而应该是神创论者。[35]

到此为止我们所谈论的性选择给人一种感觉，似乎胡来乱搞的总是雄性，而挑剔的总是雌性。但有时，情况却是完全相反的——虽然很罕见。而且，当这些行为在两性之间交换过来的时候，二态性的方向也发生了逆转。我们在那些最吸引人的鱼类——海马，以及它们的近亲尖嘴鱼身上观察到了这种逆转。在其中某些物种中，怀孕的是雄性而非雌性。这怎么可能？虽然产生卵子的仍旧是雌性，但在雄性使之受精以后，受精卵被置于雄性腹部或尾部的一个孵化袋中。雄性会携带着这些受精卵，直至其孵化。雄性一次只能携带一代受精卵，其"妊娠期"比雌性新产生一批卵子的周期要长。于是，与雌性相比，雄性实际上在养育子代方面投入更多。而且，由于携带着未受精卵子的雌性比能够接受她们的雄性还多，为了争夺仅有的"未受孕"雄性，雌性就必须展开竞争。于是，雄性与雌性各自的生殖策略就逆转了过来。而且正如你在性选择理论下所能预见的，最终是雌性装饰上了明艳的颜色与饰物，而雄性则相对显得灰头土脸。

　　同样的情况也出现在瓣蹼鹬（phalarope）中，这包括三种优雅的涉禽，生活在欧洲和北美洲。其施行极少见的"一妻多夫制"的配偶体系。（这种罕见的配偶体系在少数人类族群中也存在，其中包括藏族人。）* 雄性瓣蹼鹬全职负责养育后代、筑巢，以及为嗷嗷待哺的小鸟喂食，而雌鸟则准备与下一只雄鸟交配。于是，雄鸟在子代中的投入比雌鸟大，而雌鸟就要为照顾子代的雄鸟而竞争。那么理所当然地，在其所有三个种当中，雌鸟都比雄鸟拥有更亮丽的颜色。

　　海马、尖嘴鱼和瓣蹼鹬，它们是例外，但同样证明了前述规律的正确性。如果演化论关于性别二态性的解释是正确的，那么这些物种发生"逆转"的装饰方式，则完全是我们所能预见的现象。但这些现象对于神创论来说则不合情理。

---

　　*译注：藏族的一妻多夫制是旧时的婚姻制度。与一般人想象的不同，这种制度并非是女权主义的，而仍旧是男权主义的。它实际上是在一夫多妻的同时，又允许其中相当一部分妻子拥有自己的"助理丈夫"。而一个妻子的几个丈夫通常都是亲兄弟。

为什么要选择？

让我们回到"正常"的配偶选择中来，雌性是那个挑剔的性别。当她们挑选一个雄性的时候，到底在寻找什么特性？这个问题引发了演化生物学上一个著名的争论。正如前文已经提到的，虽然最终被证明是错，但阿尔弗雷德·罗素·华莱士在当时还是很怀疑雌性是否就是挑剔的。他自己的理论是，雌性不如雄性那样色彩艳丽，是因为她们要在捕食者面前伪装自己。而雄性亮丽的颜色与饰物是某些生理原因造成的副产品。然而他没有进一步解释为什么雄性就不需要伪装。

达尔文的理论要好一些。他强烈地感觉到，雄性的鸣叫、颜色和饰物，都是通过雌性的选择来演化的。然而雌性选择的基准是什么？他给出了令人讶异的答案：纯粹的美感。为什么雌性要选择那些复杂精美的歌声或长尾？除了因为这些事物本质上所具有的感染力，达尔文看不到任何其他的理由。达尔文对于性选择的开创性研究体现在他1871 年出版的著作《人类的由来与性选择》（*The Descent of Man, and Selection in Relation to Sex*）中。书里充满了奇特有趣的拟人化描述，比如雌性如何被雄性的各种特征所"迷倒"，雄性又如何用各种手段向雌性"求爱"。然而正如华莱士已经注意到的，这里仍旧存在着一个问题：动物，特别是像甲虫与苍蝇这类简单的动物，是否真的像我们自己一样具有审美观？达尔文打了个擦边球，推说不知：

虽然我们已经有正面的证据表明，鸟类欣赏明亮的颜色与美丽的物体（例如澳洲的园丁鸟），还欣赏歌声的力量，然而我还是要承认自己感到非常惊讶：在许多鸟类以及一些哺乳类当中，它们的雌性竟然被赋予了相当的品味来欣赏装饰物——我们有理由将这些装饰产生的原因归结为性选择。而且，当这些情况发生在爬行类、鱼类，以及昆虫身上的时候，我们甚至更为惊讶。不过，我们对低等动物的心智实在是所知不多。

看来，达尔文虽然不知道所有的答案，但也比华莱士更接近事实的真相。的确，雌性要做出选择，而且这个具体的选择看起来解释了性别二态性。然而，如果说雌性的偏好完全是基于审美观的，那就没有任何道理了。具有紧密亲缘关系的物种，例如新几内亚的天堂鸟，其雄鸟有着极为不同的羽毛和求偶行为。对于一个物种来说是美的事物与对于另一个物种来说是美的事物，会有如此之大的不同吗？

事实上，我们现在已经有大量证据表明，雌性的偏好本身也是适应的结果，因为偏好特别类型的雄性有助于雌性散播自己的基因。偏好并不像达尔文所假设的那样，总是一些与生俱来各具特色的品味，反而在大多数情况下仍是经由选择演化而来的。

什么是一个雌性在选择特定雄性的过程中必然会得到的？有两个答案。她能直接受益：选择一个可以共同养育后代的雄性，从而得到更多更健康的幼崽；或者她能间接受益：选择一个基因比其他雄性更优秀的雄性，让自己的子女在种群的下一代中"赢在起跑线上"。无论是哪一种方式，雌性偏好的演化都将来自于选择——自然选择。

先来看看直接受益。如果一个基因能够让一只雌鸟选择那些拥有更好领地的雄鸟交配，那么这个基因就让雌鸟的子女获得了更好的喂养，或者占据了更好的巢穴。长大之后，这样的子女与其他年幼时领地条件较差的年轻个体相比，将能生存得更好，并产下更多的后代。这就意味着在这一代中，种群内携带"偏好基因"的雌鸟比例比前一代提高了。代代相传，持续不断的演化让每一只雌鸟最终都携带了偏好基因。而且，如果还有其他基因也能提高雌鸟对更好领地的偏好性，那么这种基因在种群内的频度同样也会增加的。随着时间的前进，对拥有更好领地的雄鸟的偏好会越来越强。然后，这种情况反过来又会对雄鸟造成影响，令其越来越激烈地竞争更好的领地。雌性对领地的偏好与雄性对领地的竞争就这样"手牵着手，肩并着肩"地向前演化着。

令挑剔的雌性间接受益的基因也能被散播开来。试想一个雄性有某种基因能令他比同类对疾病有更强的抵抗力。一个雌性如果与这样一个雄性交配，其子女也将有更强的疾病抵抗力。那么选择这个雄性就为这个雌性带来了演化上的益处。现在再假设，有一个基因能让雌性鉴别出这种更健康的雄性，并将其选作配偶。如果这个雌性能与这个雄性交配，那么产下的子女将同时携带两种基因：那些带来疾病抵抗力的基因，以及那些对有疾病抵抗力的雄性的偏好基因。每一代中，最有疾病抵抗力的个体繁殖情况都更好，也同时携带着能告诉雌性如何挑选最具抵抗力的雄性的基因。随着这些抵抗力基因在自然选择下的散播，雌性偏好基因也就搭上了顺风船。以这样的方式，雌性偏好基因和疾病抵抗力基因就在物种中同时得到了增强。

上述两个例子都解释了为什么雌性会偏好某一特定类型的雄性，但都没有解释为什么她们偏好雄性的某一特定特征，例如亮丽的颜色或精美的羽毛。这种情况的发生可能是因为，这些特征能够告诉雌性，雄性是否能提供直接或间接的益处。让我们来看几个这方面的例子。

北美地区的红雀在颜色上具有性别二态性：雌鸟为棕色，而雄鸟则在头部和胸部有明亮的颜色。雄鸟没有领地性，但却能承担养育责任。密歇根大学的杰弗·希尔（Geoff Hill）发现，在一个局部地区的种群中，红雀的雄鸟颜色不尽相同，从浅黄色到橙色，再到亮红色。为了看看颜色是否会影响生殖成功率，他用染发剂把雄鸟变得更明亮或更苍白。果然，毛色较亮的雄鸟比毛色较浅的显著获得了更多的配偶。而在未经处理的鸟群中，雌鸟经常会从毛色较浅的雄鸟窝中逃跑，这种情况对于毛色较亮的雄鸟则不常见。

为什么雌性红雀更偏好亮丽的雄鸟？希尔发现，在同一个种群中，亮色的雄鸟喂食子女的频率比浅色的雄鸟高。由此，雌鸟从选择亮色雄鸟中获得了一个直接的益处：她们的后代将得到更好的抚养。可能也是基于同样的原因，与浅毛色的雄鸟交配的雌鸟才会离家出走，因为她们的子女根本吃不饱。那为什么亮色的雄鸟能带来更多的食物呢？可能是因为明亮的颜色是一种全面健康的标志。雄性红雀的红色完全来自于他们食物种子中的类胡萝卜素，而他们自己是不能合成这种色素的。雌鸟选择更亮色的雄鸟，可能仅仅是因为这种颜色在告诉她们："我是一个更有能力把家里的冰箱塞满的男人！"任何能让一只雌鸟偏好亮色雄鸟的基因，都将给这只雌鸟带来直接的益处，于是选择必然会增强这种偏好。有了这种偏好，任何更有能力把种子转化为毛色的雄鸟也将随之获得优势，因为他将能得到更多的配偶。随着时间的前进，性选择会逐渐夸大这种雄鸟的红色。而雌鸟之所以始终颜色暗淡，是因为她们不会从明亮的颜色中得到任何好处；实际上，甚至还会因此引来捕食者的注意。

选择一个健康壮硕的雄性还能带来其他的直接益处。雄性有可能携带有寄生虫或疾病，并有可能传染给雌性或子女。如果有能力避开这种雄性，对雌性而言当然是一种优势。一个雄性的体色、羽毛和行为，都可能成为辨别其是否染病的线索，因为只有健康的雄性才能唱出响亮的歌声，呈现具有活力的表演，或是长出亮丽而帅气的羽毛。如果一个物种的雄性体色通常都是明亮的蓝色，那么最好要避免与颜色苍白的雄性交配。

演化论表明，雌性应该会偏好任何能够显示"这个雄性将是个好爸爸"的特征。然后就需要有某些基因能够在雌性中增强对这种特征的偏好，而这种特征表现出来的差异又能成为判断雄性身体状况的线索。那么再往后的事情就是自然而然的了。在艾松鸡身上，寄生的虱子会在雄鸟的声囊上造成血点。当这样的雄鸟在求偶场上表演时，由于其声囊需要成为一个肿胀的半透明囊袋，那么血点的特征就会变得极为显著。那些被人为涂上血点的雄鸟在实验中明显少了很多配偶，因为这些假血点仿佛在告诫雌鸟们："这是一只受到感染的雄鸟，会成为一个身上长虱的爸爸。"选择青睐那些能促成雌鸟对无斑点雄鸟偏好的基因。选择也令雄鸟需要更好地展示自己的身体状况。于是，雄鸟的声囊会变得越来越大，而雌鸟相应地会越来越偏好平滑的声囊。正是这样的相互作用最终导致了雄性高度夸张的演化结果——比如寡妇鸟滑稽可笑的超长尾巴。如此下去，这种雄性特征将变得过度夸张，等到其哪怕再夸张一点点，雄性生存率的下降都将超过对异性的吸引，从而最终打击到子代的繁殖率时，上述整个演化过程才会停止下来。

那么，那些间接受益的雌性偏好呢？这种模式最大的好处是雄性总是会给其后代留下的礼物：自己的基因。而且，同一类型的特征既可以显示一个雄性是健康的，同时又可以显示其被赋予了良好的基因。或许，有更亮毛色、更长尾巴，或更响亮叫声的雄性之所以能够显示这些特征，首先是因为他们有某种基因，能够令自己比竞争者存活并繁殖得更好。能够搭建精美的凉亭或是堆砌巨大的石冢的雄性亦是如此。你可以想象出很多基因，它们都可能以不同的方式显示出一个雄性拥有更利于生存、更利于繁殖的好基因。演化论显示，在这种情况下，有三类基因会同时提高频度：令雄性能够形成"指示器"特征的基因，这个指示器可以反映雄性具有良好的基因；令雌性能够偏好这一指示器特征的基因；当然还有被指示器所指示的良好基因。这是一个很复杂的模式，但大多数演化生物学家相信，这是对精美的雄性特征与行为的最佳解释。

但我们如何能测试这种"好基因"模型是否正确呢？雌性真的在主动寻找直接或间接的益处吗？一个雌性可能抛弃一个不太有力或不太艳丽的雄性，但这些特征可能并不表示后者的基因不好，而只是环境导致的虚弱，比如感染或营养不良。这种复杂性使得每一个案例中的性选择原因都纠结在了一起。

或许对于好基因模型的最佳检验来自于密苏里大学的阿莉森·威尔奇（Allison Welch）对灰树蛙所做的实验。在美国南部的夏夜，你常能听到雄性灰树蛙吸引雌性的巨大叫声。对捕获的灰树蛙进行的研究表明，雌蛙更喜欢叫得长久的雄蛙。为了检验这些叫得长久的雄蛙是否就有更好的基因，研究者从不同的雌蛙体内取出蛙卵，人工授精，体外孵化。一半受精卵的精子来自叫声更长的雄蛙，而另一半受精卵的精子则来自叫声较短的雄蛙。由这些受精卵发育而来的蝌蚪继续被养至成熟。实验的结果非常精彩。叫声长的雄蛙的后代生长得更快，作为蝌蚪时成活率更高，变形为青蛙时体型更大，并且在成为青蛙后同样生长得更快。由于雄性灰树蛙对子代的贡献只有精子，所以选择一只叫声更长雄蛙不会给雌蛙带来任何直接的好处。这个实验强烈暗示更长的叫声是更好的基因的标志。选择了这样雄蛙的雌蛙，就能产出基因上占优的后代。

那么，孔雀又是怎么回事呢？我们已经看到，雌孔雀更喜欢与尾巴上有着更多眼点的雄孔雀交配，而且雄性对于养育后代没有任何贡献。玛丽昂·皮特里在惠普斯奈德公园的工作表明，有更多眼点的雄性所留下的后代不仅长得更快，存活率也更高。看来，似乎雌孔雀通过选择具有更多眼点的尾巴，同时也就选择了具有更好基因的雄孔雀，因为一只有优良基因的雄孔雀更有能力长出复杂精美的尾巴。

上述两个实验都证实：雌性所选择的雄性具有更好的基因。但这同时也是我们目前所掌握的全部证据。还有一定数量的研究没有在配偶偏好与后代基因质量之间发现任何联系。不过，好基因模型仍是目前对性选择问题的最佳解释。在如此稀少的实验证据之上，我们建立了一个信念：雌性一定有某种方法来辨别雄性基因的质量。这可能也部分反映了演化论者对严格的达尔文解释的偏好。

然而，关于性别二态性还有第三种解释，这也是最简单的一种。它基于一个被称为"感官偏差"（sensory-bias）

的模型。这个模型假定，性别二态性的演化，只是被雌性神经系统中某种早已存在的偏差来驱动的，而这些偏差只是某些自然选择作用的副产品。这些自然选择形成了生物在择偶功能之外的其他功能。例如我们可以假定，一个物种已经演化出了对红色的视觉偏好，因为这一偏好有助于它们寻找成熟的果实作为食物。再假设有一个雄性的胸前有一块突变所导致的红色。如果这个雄性出现在雌性眼前，那么雌性很可能就会很喜欢这个雄性，其原因仅仅是已有的对红色的偏好。于是红色的雄性就有了某种优势，那么一种颜色上的二态性就得以演化了。（当然，我们还要假定红色对雌性而言是一种劣势，因为它会吸引捕食者，所以不会出现在雌性身上。）除此之外，雌性也可能喜欢某种新特征，而仅仅是因为这种新特征能刺激其神经系统。譬如说，她们可能会喜欢更大个的雄性、能通过更复杂的表演更多地吸引她们注意力的雄性，或者是外形更为奇特的雄性——只因为他们拥有长长的尾巴。与前面提到的模型不同，在感观偏差模型中，选择一个特定的雄性既不会给雌性带来任何直接的益处，也不带来任何间接的益处。

这个理论是可以检验的。我们可以给雄性添加一些他们本来不具备的特征，看雌性会不会对他们感兴趣。加利福尼亚大学的南希·伯利（Nancy Burley）和理查德·塞曼斯基（Richard Symanski）在澳大利亚的两种草雀身上开展了这一类的实验研究。他们在雄鸟的头上粘了一根竖起的羽毛，形成了一个人造的羽冠。草雀没有羽冠，但有些与之无关的物种的确长有天然的羽冠，比如美冠鹦鹉（cocktoo）。然后，研究者把这种戴冠的雄鸟和不戴冠的对照组一起带到雌鸟面前。结果发现，雌鸟对于戴有白色羽冠的雄鸟怀有非常强烈的兴趣，超过了戴有红色或绿色羽冠的雄鸟，也超过了无冠的正常雄鸟。我们不知道为什么雌鸟更偏爱白色，但这有可能是因为她们会在巢穴上加一些白色羽毛来给蛋做伪装，以躲避偷蛋吃的捕食者。在蛙类和鱼类中开展的类似实验表明，雌性对于她们从未见过的新特征也会有所偏好。[36] 感观偏差模型也许是很重要的，因为自然选择总会创造一些偏好，使其有利于动物的生存和繁殖。而这些偏好就可以被性选择征用，来创造新的雄性特征。或许，达尔文关于动物审美观的理论是部分正确的，即便他的确使用了拟人化的方式把雌性偏好形容成为"对美的品味"。

　　这一章明显欠缺的内容就是关于我们人类自身的讨论。我们自己是什么情况呢？性选择的理论可以在多大程度上应用到人类身上，这是一个很复杂的问题，我们将在第九章再讨论这个问题。

第七章　物种的起源

即使人类能借由基因工程创造一个新的生命，
我们仍旧无法复刻任何一个物种，
因为每一个物种都是演化的杰作。

——E. O. 威尔逊（E. O. Wilson）

1928 年，一位名叫恩斯特·迈尔（Ernst Mayr）的年轻德国动物学家动身前往荷属新几内亚采集野外的动植物标本。刚刚从学校毕业的他没有任何野外工作的经验，但他随身带了三样东西：对鸟类的终生热爱、无比高涨的热情，以及最重要的——来自英国银行家、业余博物学家沃尔特·罗斯柴尔德男爵（Lord Walter Rothschild）的经济支持。罗斯柴尔德拥有当时世界上最多的鸟类标本，并希望迈尔的工作能进一步完善他的收藏。在接下来的两年里，迈尔带着他的笔记本和采集工具跋涉在高山莽林之间。他常常要独自面对恶劣的天气、错综复杂的道路，以及排外的当地人——他们之中的大多数人从未见过西方人。而最可怕的则是不断袭来的疾病，在一个还没有抗生素的年代，这是个很严重的问题。然而，他的孤身探险还是取得了巨大的成功：迈尔带回了很多全新的物种标本，包括 26 种鸟类和 38 种兰花。在新几内亚的工作成为了他作为一名演化生物学家辉煌事业的开始，并最终给他带来了哈佛大学终身教授的殊荣。正是在那所著名学府读博期间，我很荣幸地有了他这样一位良师益友。

迈尔的一生刚好走过了一百个年头。在此期间，他撰写了一系列的著作和论文，甚至直到生命之火熄灭的那一天。在这些著述之中，最为经典的是出版于 1963 年的《动物物种与演化》（*Animal Species and Evolution*）——正是这本书引领我走进演化生物学的殿堂。在这本书中，迈尔讲述了一件令他感到震惊的事情。他当时统计了新几内亚阿法克（Arfak）山当地居民给本地的鸟类起的名字，总计有 136 个不同的品种。而西方动物学家依照传统的分类学方法，一共在当地鉴别出了 137 个物种的鸟类。也就是说，对于那里的野生鸟类分类问题，当地人与科学家的结论几乎是相同的。惊人的一致性发生在两个背景完全不同的文化人群之间——这令迈尔相信，同时也应该令我们相信：自然界的不连续性并非是随心所欲的人为创造，而是一个客观的事实。[37]

的确，关于大自然最令人吃惊的事实就是它的不连续性。如果你发现了一只动物或一株植物，它几乎总是可以归于众多离散的组群之一。比如说看到一只野生的猫科动物，我们马上就能辨别出它是一只狮子还是一只美洲狮，或是一只雪豹等等。并不存在这样的情况：所有的猫科动物彼此之间只有微小的模糊差别，形成一系列中间体。虽然每群动物之中的个体之间会有一定的差异（比如所有研究狮子的科研人员都知道，每只狮子之间都有外貌上的差别），但群与群之间还是在"生物体空间"中保持离散*。我们在所有的生物体中都能看到这种群的概念，群内可以进行有性生殖。

这样的离散群就是我们所知道的物种（species）。乍一看，物种的存在似乎是演化论的一个麻烦。演化本身是一个连续的过程，为什么却会产生出离散的、不连续的一组组动植物，并且组与组之间在外观和行为上有所差异呢？这些分组的形成就是物种的分化问题，或者说，物种的起源。

当然，这就是达尔文最著名的那本著作的标题，暗示他将有很多关于物种形成的事情要讲。他甚至还在开篇的段落中宣称："南美洲的生物地理学将会叩开通向物种起源的大门。正如我们最伟大的一位哲学家所说过的：物种起源乃万谜之谜。"这位"哲学家"其实是一位英国科学家约翰·赫歇尔（John Herschel）。然而，达尔文在这部大部头的作品中却甚少言及"万谜之谜"，很少几处提及的地方也被大多数现在的演化论学者认为是含糊不清的。显然，达尔文没有看到大自然的不连续性是一个有待解决的问题；或者即使他看到了这一点，却认为这种不连续性可能是自然选择乐于见到的结果。无论是两种解释中的哪一种，达尔文都没能以清晰的条理阐释自然界中存在离散群的问题。

所以，《物种起源》或许应该改成《适应起源》更合适。达尔文的确在书中讲明了一个单独的物种如何，以及

---

*译注：为了说明不连续性的问题，作者在这里借助了一些数学概念，比如群、离散、空间等等。举一个或许不恰当的粗略例子，设想有一个带有刻度的方盒子，这就是一个数学意义上的空间。现在我们在盒子里灌上水，水就是连续的，因为每一滴水的旁边还是水。如果我们用吸管往水中吹一些气泡，那么这些气泡就是离散的，因为气泡与气泡之间都有一定的间隔。

为什么,会随着时间发生改变,并且大部分改变是在自然选择的作用下发生的。但与此同时,他从未解释一个物种如何分裂成为两个物种。可是,从许多方面来看,这个物种分裂的问题与理解单一物种如何演化的问题同等重要。毕竟,大千世界的多样性包含了上百万的物种,每一物种都有自己独特的一套特征。而所有这些多样性全都来自一个古老的单一祖先物种。如果想要解释生物多样性,那我们就不能仅仅解释新的特征如何出现,还要解释新的物种如何出现。如果物种分化从未发生,生物多样性也就无从谈起。地球上今天生活着的,只会是最初那个物种经过了漫长的演化之后得到的唯一后裔物种。

一个连续的演化过程为什么会产生离散的分组,也就是我们所说的物种?《物种起源》发表之后,生物学家们年复一年地努力想要解释这个问题,却又年复一年地失败。事实上,这个物种分化的问题直到 20 世纪 30 年代中期才真正得到重视。今天,达尔文已经去世超过一个世纪了,我们终于对于"物种是什么"以及"物种如何产生"这些问题有了合理的完整概念。同时,我们也掌握了足够的相应证据。

但是,在理解物种的起源之前,我们首先需要搞清楚物种的确切含义。一个很显然的答案基于我们对物种的判别方法:一个组群中个体之间的相像程度,超过它们与另一组群中的个体的相像程度。根据这种被我们称为"形态学物种概念"的定义,"老虎"这一种类的定义大概就是"包括所有成体长于 1.5 米,橙色身体上有竖直黑色条纹,眼睛和嘴的周围呈白色的亚洲猫科动物"。你在野外指南上找到的动植物物种就是以这类方式描述的。林奈(Linnaeus)最初于 1735 年对物种进行分类的时候,采取的也是这样的方式。

然而，这个定义有点问题。比如我们在上一章中看到的性别二态性的物种，其雄性和雌性看起来很不相同。事实上，早期博物馆的鸟类和昆虫研究人员经常把雄性与雌性个体误当成两个不同物种的成员。只要你去博物馆看看孔雀的外表就会很容易明白，雄孔雀和雌孔雀怎么可能按照上面那种定义方式分成一类呢？在可以相互交配的一组动物内，还存在个体差异性的问题。比如，人类可以根据眼睛的颜色分成几个离散组群：蓝眼睛的、棕眼睛的，以及绿眼睛的。这绝对是毫不含糊的差异。那我们为什么不考虑一下把人类照此分成三个物种？类似的情况还发生在不同地区看起来很不相同的种群间。人类仍旧是最主要的例子。加拿大的因纽特人看起来与南非的布须曼部落人很不一样，两者看起来又都不同于芬兰人。我们能把他们都看成是不同的物种吗？这种错误当然会令我们很诧异。毕竟，所有人类种群的成员都可以彼此成功交配。对人类是这样，对很多其他的动植物也是这样。以北美歌雀为例，根据羽毛与歌声，它们已经被分成了 31 个地理上的"种族"（有时也称为"亚种"）。但所有这些种族的成员都可以彼此交配并产生有生殖能力的后代。种群之间的差异性要大到什么程度才足以令我们称之为不同的物种？虽然我们知道物种是一种客观的事实，而非随心所欲的人类构建，但在某种程度上，形态学物种概念的确令物种的指定多少成了一种随心所欲的行为。

与此相反的是，生物学家当作是不同物种的生物，有时看起来却完全一样，或者几乎一样。这些"含糊不清"的物种存在于很多生物大类之中，包括鸟类、哺乳类、植物，以及昆虫。我研究的是果蝇属（*Drosophila*）中的物种形成，该属包括九个物种。这些物种的雌性即使在显微镜下也无法区分；而雄性只在生殖器上有微小的差异。类似地，携带疟疾的一种蚊子甘比亚疟蚊（*Anopheles gambiae*）是一组七个物种之中的一个。这七种蚊子看起来都很相像，但生活的环境和叮咬的对象却很不一样。其中有些不叮咬人类，因而没有传播疟疾的危险。如果我们要与这种疟疾进行有效的斗争，对这些蚊子进行区分就变得很重要。此外，由于人类是视觉动物，我们很容易忽视那些不易看到的特征。比如信息素的差别就经常能够用来区分长相类似的昆虫。

你可能已经想到了这样一个问题：为什么这些看来相像的含糊不清的生命形态却会被认为是完全不同的物种？答案是：即使它们同时存在于同一个地方，也从不会彼此交换基因。也就是说，一个物种的成员无法与另一个物种的成员交配。可以在实验室里通过交配实验检验这件事情；也可以直接观察基因，看看两组之间是否存在基因的交换。所以，这些生物组群之间彼此是"生殖隔离"的，它们构成的不同基因库不会彼此混合。似乎可以做出这样一个合理的假设：以任何一种可行的方式来看待自然界中的分组问题，这些含糊不清的形态也必然是彼此区分的。

回过头来想想人类的问题。为什么我们可以把棕眼睛的人和蓝眼睛的人、因纽特人和布须曼人都看成是同一个物种呢？因为我们知道，他们彼此之间可以交配，生下的孩子混合了父母双方的基因；也就是说，他们属于同一个基因库。差异模糊不清的不同物种，同一物种的人类成员有着显著的差异——当思考这些现象时，你应该已经开始意识到问题的关键了：物种得以区分不是纯粹因为它们看起来不一样，而是因为它们之间存在着无法相互交配的壁垒。

恩斯特·迈尔和俄国遗传学家特奥多修斯·多布然斯基（Theodosius Dobzhansky）是最早认识到这一点的人。1942年，迈尔提出了物种的全新定义，其后来成为了演化生物学的黄金法则。依据物种的生殖状况，迈尔把物种定义成为："能够彼此交配的自然种群组成的一个类群，其在生殖方面与其他这样的类群之间彼此隔离。"这一定义被称为"生物学物种概念"。"生殖隔离"意味着不同物种的成员必然有某些特征上的差异，比如外观、行为或生理等方面，这些差异阻碍了它们成功完成交配；而物种内的成员之间却很容易就可以彼此交配。

是什么令两个近亲物种的成员不能交配呢？事实上，有许多种不同的生殖壁垒。有些物种之间无法交配，可能仅仅是因为它们的发情期或开花期彼此错开了。比如有些珊瑚每年只有一夜进行繁殖活动，海量的精子和卵子喷涌而出，弥漫在周围的海域里，整个过程长达几小时。亲缘关系很近的珊瑚物种即使生活在同一个地区，还是能彼此区分，因为它们的喷涌时间会有几个小时的间隔，阻止了一个物种的卵子与另一个物种的精子相遇。动物常常有着不同的求偶表演或信息素，因此一个物种的异性在另一个物种看来一点儿都不"性感"，完全没有吸引力。我所研究的果蝇，其雌性的腹部有一种用以吸引雄性的信息素，但其他物种的雄性果蝇对这种信息素毫无兴趣。物种还可能由于偏爱不同的栖息地而彼此隔离，它们的成员根本就不会碰面。许多昆虫只以一种植物为食，也只在这一种植物上繁殖。于是不同种的昆虫就被限制在了不同种的植物上，这令它们不会在交配季节相遇。亲缘关系很近的植物能彼此分开，是因为它们使用不同的授粉者。比如，沟酸浆（*Mimulus*）的两个种都生长在内华达山脉的同一地区，但很少会彼此交配，因为其中一个物种由大黄蜂授粉，而另一个物种则由蜂鸟授粉。

壁垒也可能在交配之后起作用。一种植物的花粉可能无法在另一种植物的雌蕊上萌发出花粉管*。有时，即使交配后能形成胚胎，其也会在出生前死掉——绵羊与山羊杂交就会发生这种情况。或者即便杂交后代能够存活，也可能没有生育能力。广为人知的一个例子就是强健有力但没有生育能力的骡子——公驴与母马生下的后代。产下的后代不能生育，两个物种实际上还是没能交换基因。

当然，几种壁垒也可能同时发挥作用。在过去的十年间，我研究了两种果蝇，它们生活在圣多美这个位于非洲西海岸之外的火山岛上。这两个果蝇物种某种程度上是通过栖息地来隔离的：一种生活在火山的山腰上，另一种则生活在山脚下；不过两者的分布区域也有少许重叠。它们的求爱表现也不同，所以即使能彼此碰到，也很少会交配。当它们真的交配成功之后，一个物种的精子却很少能令另一个物种的卵子受精，因而只能产生极少量的后代。而这些后代之中，有一半——所有的雄性——是没有生育能力的。把所有这些壁垒组合到一起，我们可以得出结论：这两个物种的果蝇在自然界中不会交换任何基因。这一点已经被 DNA 测序结果所证实。于是，这两个类别就可以被认为是真正的两个生物学物种。

生物学物种概念的优点在于：基于表观的物种概念不能处理的很多问题，生物学物种概念却能轻松应对。比如说那些含糊不清的蚊子分类问题，它们之所以是不

---

　*译注：大部分被子植物的花粉不能直达子房内，而是先要在雌蕊的柱头上萌发出花粉管，而后花粉内的精子才能顺花粉管进入子房并完成交配。因此，如果能阻止花粉管的萌发，就能阻止交配的完成。

同的物种，是因为它们无法彼此交换基因。因纽特人和布须曼人呢？这些族群也许不会直接相互交配（事实上我怀疑从没发生过这样的事情），但却存在着从一个族群到另一个族群经由中间地理区域的潜在基因流动。我毫不怀疑，如果他们真的彼此交配，一定可以产下有生育能力的后代。我们之所以认为一个雄性个体和一个雌性个体同属一个物种，就是因为它们的基因在生殖过程中可能整合在一起。

那么，根据生物学物种概念，一个物种就是一个繁殖上的群体——一个基因库。这同时也意味着，一个物种也是一个演化上的群体。如果一个"好突变"出现在一个物种中，比如说老虎的一个突变可令其雌性的产崽量提高10％，那么包含这个突变的基因就会迅速传遍这个老虎种群。但是，这个突变不会传出老虎这个种群，因为老虎不会与其他物种交换基因。于是，生物学物种就成为了演化的单位——或者更广义地说，是真正发生了演化的"那个东西"。这就是为什么物种内的成员看起来总是大体相像，行为也很类似，因为它们共享同样的基因，它们对演化的压力做出的反应也是一样的。而且，正是由于生活在同一地区的不同物种不会互相交配，才保持了物种之间在表观和行为上的差异性，使得物种可以各自不受限制地继续分化。

但是，生物学物种概念也不是万能的。那些已经灭绝的生命怎么办？很难再去检测它们是否具有生殖上的兼容性。所以，博物馆的工作人员和古生物学家们仍不得不求助于传统的基于表观的物种概念，通过整体相似性来对化石和标本进行分类。而不进行有性生殖的生物体，比如细菌和一些真菌，也不适合用生物学物种概念来判别。在这类生物中，物种的判定是一个很复杂的问题。我们甚至不知道，无性生殖的生物体是否也像有性生殖的生物体一样可以形成离散的组群。

抛却这些问题不谈，生物学物种概念仍然是演化论者研究物种形成时所偏爱的，因为它触及了演化问题的核心。在生物学物种概念的框架下，如果你能解释生殖壁垒是如何演化的，那么你就已经解释了物种的起源。

这些生殖壁垒形成的确切方式困扰了生物学家很长一段时间。1935 年左右，生物学家们终于在野外工作和实验室研究中都逐步理出了一些头绪。其中最重要的观察结果之一来自于博物学家。他们注意到，亲缘关系最近的两个物种，也就是所谓的"姊妹物种"，常常在大自然中被地理壁垒所阻隔。比如，海胆的两个姊妹物种生活于巴拿马地峡的两侧。淡水鱼的姊妹物种往往栖息于彼此分隔的河流流域。这种地理上的分隔是否与这些物种从同一个共同祖先演化而来有某种联系呢？

是的！遗传学家和博物学家都这么认为。他们最终证明了地理和演化的组合效应是如何起作用的。如何能让一个物种分化为两个，并在两者之间产生生殖壁垒？迈尔认为，是自然选择和性选择让地理分隔的种群向着不同的方向演化，而这些壁垒纯粹只是选择作用的副产品而已。

举例来说，假设一种开花植物的祖先物种被一种地理壁垒（譬如说一条山脉）分隔成了两部分。最初，这个物种可能是在鸟胃里越过大山，扩散到山脉另一侧的。现在，设想其中一个种群的生长地点有很多蜂鸟，但只有很少的蜜蜂。在这样一个地区，花朵就会通过演化来吸引蜂鸟成为授粉者。为此，通常来讲，花瓣会变成红色——鸟类眼中最有吸引力的颜色；它还会产生更多的花蜜来回报蜂鸟，生出更长的花蜜管以适应蜂鸟长长的喙和舌头。山脉另一侧的种群可能会发现其所处的授粉者环境恰恰相反：有很少的蜂鸟，却有很多的蜜蜂。为了吸引蜜蜂，花朵会在演化中变成粉红色——蜜蜂偏爱的颜色；它会生出浅浅的花蜜管以适应蜜蜂的短舌头，且产生较少的花蜜——蜜蜂对花蜜的需求量很有限；它会拥有较平的花型，其花瓣形成了起降平台——与悬停的蜂鸟不同，蜜蜂通常要降落之后才能采集花蜜。最终，两个种群将在花形、花蜜量等方面分化，每一个种群都专门针对单一的授粉动物物种发生了改变。现在，试想地理壁垒消失了，刚刚分化的种群发现自己又回到了同一区域——既有蜂鸟，又有蜜蜂。两者现在就产生了生殖隔离：每种花只能由不同的授粉者授粉，其基因将不会再通过交叉授粉混合。它们于是就成为了两个不同的物种。事实上，这很可能就是前文提到的沟酸浆从共同祖先分化出来的方式。

　　这只是"趋异"选择作用演化出生殖壁垒的方式之一。趋异选择是驱动不同的种群向着不同方向演化的选择作用。你肯定可以相像出其他的场景，让地理分隔的种群分化成为以后无法彼此交配的不同物种。影响雄性行为或特征的不同突变可能出现在不同的位置，比如在一个种群中是更长的尾羽而在另一个种群中是橙黄色羽毛，性选择可能就会由此驱动两个种群向着不同的方向演化。最终，一个种群中的雌性偏爱长尾巴的雄性，另一个种群中的雌性则更喜欢橙黄色的雄性。即使两个种群今后彼此相遇，它们在配偶选择方面的不同偏好也将阻碍其发生基因的混合。于是，它们就可以被认为是两个不同的物种了。

　　那么，杂交后代的短命和不育又如何解释呢？对于早期的演化论者来说，这是个大问题，因为他们当时无法看出自然选择为何要产生这样明显不适应的特征。然而，这些特征大概不是自然选择的直接产物，而只不过是基因分歧偶然之间的副产品，而这种基因上的分歧则是自然选择或基因漂移的结果。如果两个地理分隔的种群在不同的道路上各自演化了足够长的时间，它们的基因组很可能已经大不相同了。如果让两者产生杂交后代，不同来源的基因肯定难以彼此相容。这可能会严重扰乱发育过程，导致杂交后代胎死腹中，或者即使能生存下来也失去了生育能力。

很重要的一点是，物种并不像达尔文所认为的那样，是为了填补某种生态位的空缺才出现在大自然中的。不是因为自然界需要不同的物种，我们才拥有了不同的物种。远远不是这样。对于物种形成的研究告诉我们：物种是演化的意外。"不同类群"对生物多样性而言很重要，但它们并不是因为增加了生物多样性才被演化出来，也不是因为提供了平衡的生态系统才被演化出来。它们仅仅是在空间上彼此隔离的种群向着不同方向演化所产生的基因壁垒造成的不可避免的必然后果。

在很多方面，生物的物种形成很像是源于同一祖先的两种很接近的语言的"语种形成"过程。一个例子就是德语和英语这两种"姊妹语言"。与物种类似，语言的分化可能会发生在曾经共有一种祖先语言而后又隔绝开来的族群中。而且当来自其他族群的个体混入当前族群的现象越少发生时，当前族群语言的改变就发生得越快。种群的基因通过自然选择发生改变（有时也通过基因漂移）；人类语言则通过语言学上的选择（有力或有用的新词汇被发明出来）发生改变，有时也通过语言学漂移（由于模仿和文化的传播导致发音的变化）。生物物种形成的过程中，基因的改变达到了不同物种的个体不会把彼此当作配偶的程度，两者的基因也不能共同产生有生育能力的后代个体。与之相仿，语言的分化达到了彼此无法相互理解的程度：讲英语的人不会天生就能听懂德语，反之亦然。语言就像是生物物种，两者都形成离散而非连续的组群：随便哪个人的话通常都可以确定无疑地归为几千种人类语言之中的某一种。

　　这种类似性甚至还可以更为深入。语言的演化可以一直回溯到遥远的过去，可以通过整理词汇和语法的相似性画出一张谱系树图*。这很像是通过阅读生物体基因的DNA编码来给物种画一张演化树图。我们还可以通过分析现有语言的共同之处来重构原始母语，或者说，祖先的语言。这恰恰就是生物学家预测缺失环节或祖先基因应该是什么样子的方法。各种语言的起源也是意外造成的：人们开始用不同的语言讲话，并不是因为故意希望如此。新语种就像新物种一样，是其他进程的副产品，拉丁语在意大利变形成为意大利语的过程就是一个例子。物种形成与语种形成之间的相似性最早是由——除了他还能有谁——达尔文在《物种起源》中提出的。

　　然而，这种相似性也不是全方位的。与物种不同，语言可以"交叉受精"，从其他语言中获取词汇或短语。比如英语中就使用了"焦虑"和"幼儿园"等德语单词。史蒂文·平客（Steven Pinker）在他引人入胜的著作《语言本能》（Language Instinct）中描述了语言分化与物种分化之间其他令人吃惊的相似性和差异性。

　　物种起源的第一步是地理上的分隔——这种观点被称为地理物种形成理论。这一理论可以表述得很简单：种群

---

　　*译注：显然，发端于欧洲的各种字母语言之间可以建立这样的谱系树图。而独立演化形成的汉语等其他语言则很难加入到这张谱系树图中。

之间遗传隔离的演化首先需要它们在地理上被隔离。为什么地理隔离如此重要呢？为什么两个新的物种不能像它们的祖先一样在同一个地区产生呢？种群遗传学理论以及一系列实验室实验告诉我们：把一个单一种群分成两个群体，在它们仍有机会相互交配的情况下，让这两个群体产生遗传隔离是非常困难的。如果没有地理上的隔离，即便一种选择作用能将种群一分为二，也还是不得不与相互交配的反作用不断抗争。这是因为，相互交配总是把个体带到一起，并使它们的基因混合到一起。让我们想象一种生活在一片小树林中的昆虫，林子里有两种植物，都可以作为这种昆虫的食物。那么对于每一种植物，昆虫都要有一套不同的适应性才能加以利用，因为两种植物有不同的毒素、不同的营养，以及不同的气味。当这种昆虫中的一群开始适应其中一种植物时，它还会与适应另一种植物的一群昆虫交配。这种不断发生的混合就能防止基因库一分为二。最终你所能看到的昆虫，可能会是一种单一的"万金油"物种，能同时利用两种植物。物种的形成就像是分开油与水的过程一样：虽然两者有强烈的分开趋势，但只要你一直不停地搅，它们就永远不能分开。

那么，地理物种形成的证据是什么呢？这里寻找的证据要证明的，不是"是否"发生了地理物种形成，而是地理物种形成"如何"发生。我们已经从化石记录、胚胎学以及其他数据中得知，物种都是分化自某个共同祖先。我们真正想要看到的是，在地理上分隔开的种群真的形成了新的物种。这不是件简单的事情。首先，除了细菌以外，其他生物的物种形成都极为缓慢——远比语言的分化慢得多。我和我的同事艾伦·欧（Allen Orr）计算过，从一个祖先开始，大概要用 10 万～500 万年的时间才能演化出两个彼此生殖隔离的后裔物种。这种缓慢的速度意味着：除了几个特例之外，我们不要指望能够在有生之年见证物种形成的整个过程，甚至不可能见证其中的一小部分。要研究物种的形成，我们只能借助于间接的方法——检验那些依据地理物种形成理论做出的预测。

第一个预测是：如果物种的形成主要依赖于地理上的隔离，那么在生命发展的历史上，一定有大把的机会让物种经历这种隔离；毕竟，今天有数百万不同的物种生活在地球上。还好，地理隔离的确很常见。山脉隆起、冰川扩张、沙漠形成、大陆漂移以及干旱，把一片原本连绵不尽的森林变成了由草原分隔的小块林地。每次有这些情况发生，都至少有一个物种会有机会被切分成为两个或者更多个种群。当巴拿马地峡在大约 300 万年前形成的时候，出现的陆地把原本同属一个物种的海洋生物分成了两边彼此隔离的种群。即使一条河也能成为地理壁垒，譬如对有些不喜欢飞越水面的鸟类来说。

然而，种群被隔离开并不一定需要地理壁垒的出现。它们可能只是由于意外的远距离扩散而被分隔开了。大概是一些任性的个体，甚至是一个怀孕的雌性个体，误入歧途，最终移居到了一处遥远的海岸。这个群落的生物此后就会与大陆上的祖先分隔开来，独立演化。这就是海洋岛屿上所发生的事情。这种通过扩散实现隔离的机会在群岛上要更多一些，那里的个体偶尔就能往返于邻近的岛屿之间，每一次都产生了新的地理隔离。每一次的隔离都产生了新的一次物种形成机会。这就是为什么在群岛上会有最著名的近亲物种"辐射"，例如夏威夷的果蝇、加勒比地区的变色蜥（*Anolis*），以及加拉帕戈斯群岛的地雀。

那么，历史上已经有过充足的地理物种形成的机会。

但是，有足够的时间吗？这同样不成问题。物种形成是一个分化事件，一个祖先分支分裂成为两个小分支，它们以后又会进一步一次又一次分裂，最终形成枝蔓横生的生命之树。这意味着，物种的数量是以指数增长的方式累积的，尽管其中有一些枝桠由于灭绝而被剪除了。要想解释今天的物种多样性，物种形成的速度得有多快呢？首先，据估计，地球上现存的物种有1000万种左右。让我们把这个数字提高到1亿种，以涵盖那些没有被发现的物种。计算结果是：即使物种形成的速度仅为每2亿年一分为二，那么一个35亿年前的单一物种也已经能产生我们今天现存的这1亿个物种了。然而我们知道，真正的物种形成速度远比这个速度快。所以，即便算上那些演化出来又灭绝掉的物种，时间仍然绰绰有余。[38]

　　有了机会，有了时间，最重要的那个问题呢？生殖壁垒真的是演化改变的副产品吗？这一点至少可以在实验室内检验。生物学家为此进行了选择实验，强迫动植物适应不同的环境。对于在大自然中被隔离的种群所遭遇的不同栖息地而言，这类实验可以成为一个模型。经过一个时期的适应之后，研究人员在实验室内检验了不同的“种群”之间是否存在生殖壁垒。由于这些实验的生物只经历了数十代，而野外的物种形成却经历了数千代，所以不能指望着看到一个全新物种的诞生。然而，我们应该偶尔能看到生殖隔离的端倪。

　　令人吃惊的是，即便是这些周期不长的实验，也的确能经常造成遗传壁垒。这类实验大概有20个左右，全是在蝇类身上完成的，因为它们的传代时间较短。而选择的压力可能是不同种类的食物，也可能是在一个迷宫中向上或向下运动的能力。最终，有一半的实验得到了阳性的结果：

在选择开始一年之内，两个种群之间产生了生殖隔离。而且大多数情况下，对不同"环境"的适应也令它们能正确识别出属于自己种群的配偶。我们还不能确切地知道这些种群是用什么特征来区分彼此的，但是在如此之短的时间内演化出来的遗传壁垒是很确定的。它证实了地理物种形成理论的关键预测。

这一理论的第二个预测涉及地理学本身。如果种群必须在身体上彼此隔离才能产生新的物种，那么最近形成的物种应该出现在不同但相近的地区。我们已经知道，两个物种 DNA 序列中差异位点的数量，与两个物种从一个共同祖先分化之后所经过的时间是基本成正比的。所以，通过比较两个物种 DNA 序列中的差异数量，就能够粗略知道它们是在多久以前分化的。于是，我们可以在一类动物中寻找"姊妹"物种，两者应该在 DNA 序列方面有着最大的近似性，因而也就有着最近的亲缘关系。我们可以看看这样的两个物种是否是地理分隔的。

这个预测同样被证实了。我们看到许多被地理壁垒分开的姊妹物种。比如，在巴拿马地峡的两边有七种卡搭虾（snapping shrimp）生活在浅水中。与每一种卡搭虾亲缘关系最近的一种虾一定都生活在地峡的另一边。当时的情况一定是这样：卡搭虾的七个祖先物种被 300 万年前从海底升起的地峡分隔在了两边。结果，每个祖先物种都形成了今天的一种大西洋卡搭虾或太平洋卡搭虾。（这里要顺带指出的是，卡搭虾本身也是一个生物学上的奇迹。它们的名字来源于其在水下制造的巨大噪声。这种虾捕食的时候不触碰自己的猎物，而是把自己那只超大号的螯猛地合拢，产生一道高压声波，击晕猎物。大群卡搭虾所产生的巨大噪音足以干扰潜艇的声纳系统。）

植物也同样如此。可以在亚洲东部和北美洲东部发现成对的开花植物姊妹物种。所有植物学家都知道，这两个地区有着类似的植物群落，比如臭菘、鹅掌楸和木兰。一项植物调查发现了九对姊妹物种，包括凌霄花、山茱萸以及盾叶鬼臼，每一对中都有一个物种位于亚洲，而与其亲缘最近的物种则位于北美洲。植物学家建立了一套理论，认为这九对中的每一对原来都是一个单一物种，连续分布在两块大陆上。但在大约 500 万年前，当气候变干变冷的时候，抹掉了两地之间的广阔森林，令两地的植物形成了地理上的隔离。于是，两地的物种才开始各自独立演化。果然，基于 DNA 的测年法确定，这九对物种的确已经分化了 500 万年左右。

要知道物种的形成是否需要地理上的隔离，群岛是个天然的好去处。单一的岛屿往往太小，无法让种群产生地理上的分隔。而这又恰恰是物种形成的第一步。另一方面，不同的岛屿由海水分隔，应该能够让新物种很容易地出现。所以，如果一类生物在一组群岛上已经形成了多个物种，那么我们就应该发现，亲缘关系最近的物种生活在不同的岛屿上而非同一座岛屿上。当然，这个预测也被证实是普遍正确的。例如在夏威夷，果蝇的姊妹物种经常占据着不同的岛屿。其他一些不太出名但也具有惊人物种辐射的生物也是如此，比如不会飞的蟋蟀以及半边莲。此外，对果蝇的 DNA 检测发现，其物种形成事件发生的时间与我们预测的完全吻合——最古老的物种就生活在最古老的岛上。

地理物种形成模型的另一个预言依赖于一个合理的假设：地理物种形成在大自然中正在发生着。如果真是这样，我们应该能够发现一个单一物种被隔离的种群正在开始形成新的物种，并与其他种群之间表现出轻微的生殖隔离。

果不其然，这样的例子非常之多。其中之一是一种生长在南非的兰花 *Satyrium hallackii*。在这个国家的北部和东部，这种花由天蛾和口器较长的苍蝇授粉。为了吸引这些授粉者，这种花在花朵中演化出了长长的花蜜管，即使是长口器的天蛾和苍蝇要想吸食到花蜜，也必须尽量靠近花朵，从而完成授粉。但在沿海地区，其唯一的授粉者是短口器的蜜蜂。于是在这里，这种兰花演化出了短得多的花蜜管。如果这种兰花生长在同时有这三种授粉者的地区，长花粉管与短花粉管的两种花无疑会表现出生殖隔离的现象，因为长口器的昆虫很难为短花粉管的花朵授粉，反之亦然。还有很多例子发生在动物身上：不同种群个体之间的交配不如同一种群的个体之间那么容易。

　　检验地理物种形成理论，我们还有最后一个预测：应该能够找到一对地理隔离的种群，它们彼此之间的生殖隔离正在随着时间缓慢地变强。为了检验这个预测，我和我的同事艾伦·欧观察了许多对果蝇物种。使用第四章中介绍过的分子钟方法，通过一对物种 DNA 序列中差异的数量，我们能够估计这对物种开始分化的时间。结果，每一对果蝇从其共同祖先分化出来的时间都不相同。我们还在实验室中测量了三种生殖壁垒：一对物种彼此之间辨别不出配偶、杂交子代的不育性，以及杂交子代难以存活。正像预测的一样，我们发现物种之间的生殖隔离是随时间稳步变强的。两组物种之间的遗传壁垒强到能够完全阻断彼此的交配，大概是在分化之后 270 万年。这是一段极长的时间。显而易见，至少在果蝇来讲，新物种的起源是个很缓慢的过程。

　　我们研究物种形成所采用的方式，很像天文学家研究恒星随时间"演化"时所采用的方式。作为研究对象的这两个过程都太慢了，我们无法在有生之年看到其完整发生。但我们还是可以了解它们发生的方式，方法就是找到处于不同演化阶段的瞬间，再把这些瞬间组合成一部想象中的电影。对于恒星，天文学家在星系中看到了弥散的物质云——恒星的温床。在别的地方，他们又看到了这类物质云压缩而成的原恒星。在另外的地方，他们看到原恒星继续压缩，当其内核温度高到足以把氢原子聚合成为氦原子时，原恒星就发出了光芒，也就成为了一颗完整的恒星。另一些恒星是巨大的"红巨星"，比如猎户星座的参宿四；有些恒星显然正在向太空中抛洒外层物质；有些恒星则是很小很质密的白矮星。基于对恒星物理上及化学上的结构与行为的了解，我们可以把所有这些阶段组合成一个有逻辑的顺序，于是就拼凑出了恒星如何诞生、存在，以及消亡的过程。依据这张恒星演化的图景，就可以做出一些预测。比如我们知道，像太阳这样大小的恒星在膨胀成为红巨星之前，可以稳定发光 100 亿年。由于太阳的年龄大概是 46 亿岁，我们就知道了：在最终被膨胀的太阳吞没之前，地球作为一颗行星的生命历程刚刚走了一半。

　　对物种形成的认识过程亦是如此。我们看到了地理隔离的种群从没有生殖隔离，到具有逐步提高的生殖隔离（那些地理隔离时间长一些的种群），到最终完成新的物种这一系列过程的各个阶段。我们看到源自共同祖先的年轻物种出现在了地理壁垒（例如河流或巴拿马地峡）的两边，以及群岛中的不同岛屿。把所有这些总结到一起，我们得出结论：隔离开的种群会发生分化，当分化的时间足够长时，生殖壁垒就会作为演化的副产品而出现。

　　神创论者常常声称：如果我们在一生之中不能看到一种新物种的演化，那么物种形成就不可能发生过。这种论调真是愚昧至极。它就好像是在说，因为我们从没见过一颗恒星经历其完整的一生，所以恒星不可能发生演化；或是说，因为我们从没见过一种新语言的诞生，所以语言不可能发生演化。一个进程的历史重建是研究这一进程完全可行的方法，而且可以产生可检验的预测。[39]我们可以预测太阳将在大约 50 亿年内燃烧殆尽，就像我们可以预测实验室内按不同方向人工选择的种群将发生遗传隔离。

　　大多数演化论者接受种群的地理隔离是物种产生的最普遍方式这种观点。这意味着，如果亲缘关系很近的物种生活在同一地区面对同一种环境，它们各自更早时期的祖先一定是在地理上彼此隔离的，而后发生了分化，再然后才又重新聚到同一地区。但也有些生物学家相信，新物种的产生并不一定需要地理上的分隔。比如在《物种起源》中，达尔文就不断提出：新的物种，特别是植物的新物种，可能出现在一块很小的有限的区域内。这种方式被称为"同域物种形成"。同域（sympatric）这个词源于希腊语的"同一个地方"。自从达尔文的时代以来，生物学家们一直就此进行着激烈的争论，焦点就是：如果没有地理壁垒，还是否存在物种形成的可能性。这里的问题我在前文已经指出了：当两组生物的成员还生活在一地时，很难让它们的基因库彼此分开，因为两组之间的交配会不断把它们拉回到同一个物种中来。然而，数学上的理论计算表明：同域物种形成是可能的，但其发生的环境极为特别，有很多限制条件。这样的情况在大自然中可能并不普遍。

　　寻找地理物种形成的证据相对容易，而寻找同域物种形成的证据则要难得多。如果你在同一个区域看到两种亲缘关系极近的物种，这并不一定意味着两者都是在那个地区产生的。物种的生存范围总在发生变化，因为它们的栖息地可能会随着长期气候变化以及冰川期等因素而扩大或缩小。生活在同一地域的近亲物种可能发端于别的地区，只是后来才又重新碰面的。那我们如何才能确定生活在同一地域的两个物种也的确就是在当地产生的呢？

这里有一种方法。我们可以去检查那些栖息环境的"孤岛"：像海洋岛屿这样隔离的小片陆地，或者是像湖泊一样隔离的小片水体。它们都太小了，无法容下任何地理壁垒。如果能在其中找到亲缘关系极近的物种，我们或许就可以得出这样的结论：这些物种是在同一地域形成的。这是因为地理隔离的可能性在这儿根本不存在。

这样的例证极少。其中最好的一个是喀麦隆两个极小的湖泊中生活的慈鲷（cichlid）。这两个非洲湖泊位于火山口中。它们太小了，分别只有 0.5 和 4 平方公里，其中的生物不可能在空间上被分隔开。然而，每个湖中都包含不同的物种微辐射，有各自的共同祖先。一个湖中有十一种慈鲷，另一个则有九种慈鲷。这或许是我们关于同域演化的最佳证据，虽然我们并不知道它为什么会发生，以及如何发生。

另一个例子与生长在豪勋爵岛上的棕榈树有关。这是一个位于塔斯曼海，距澳大利亚东岸约 560 公里的海洋岛屿。虽然这个岛屿很小，只有 13 平方公里，但它却有两种本地原生的棕榈树——荷威棕（kentia）和拱叶荷威棕（curly palm），两者恰好彼此有着最近的亲缘关系。其中荷威棕可能更为人们熟知，因为它是一种遍及世界各地的广受欢迎的室内观赏植物。这两个物种似乎都源于 500 万年前生活在该岛的一种祖先棕榈树。这一物种形成过程涉及地理隔离的可能性微乎其微，尤其是考虑到棕榈树是一种风媒植物，它的花粉可以散布到相当大的区域内。

　　关于同域物种形成还有几个例证，只不过它们没有上述两个例子那么具有说服力。而最令人惊讶的在于，即便是有机会的时候，同域物种形成还是很少会发生。有很多栖息环境的孤岛包含了相当数量的物种，但其中没有任何两种之间有很近的亲缘关系。显然，同域物种形成没有发生在这些"孤岛"上。我和我的同事特雷弗·普莱斯（Trevor Price）调查了隔离的海洋岛屿上的鸟类物种，寻找可能标志着物种形成的近亲物种。我们调查过的 46 个岛屿中，没有一个岛屿上的当地特有品种彼此互为近亲。变色蜥是一种小小的绿色爬行动物，经常能在宠物商店中见到。对于变色蜥的调查得到了与鸟类近似的结果：比牙买加更小的岛上就已经不可能发现两种亲缘关系极近的变色蜥了。而牙买加的面积很大，有山脉，其地形变化，足以产生地理隔离。这些岛屿上姊妹物种的缺乏表明，同域物种形成在这些生物中并不普遍。这同时也是一个反对神创论的证据。毕竟，一个创造者没有显而易见的理由要在大陆上创造近似的鸟类或蜥蜴，却不在隔绝的岛屿上这样做。（这里所谓的"近似"是指，演化论者会把这些生物划分成为亲缘关系极近的物种。但大多数神创论者不承认物种之间有"亲缘关系"，因为这就等于承认了演化。）同域物种形成的罕见性也正是演化论能预测到的，反过来进一步给这一理论以支持。

　　然而，同域物种形成还有两种特殊的形式，它们不仅在植物中很普遍，还为我们提供了唯一"正在发生的物种形成"的例子——可以在人的一生中看到的新物种形成。这两种形式之一被称为"异源多倍化物种形成"。这类物种形成的奇特之处在于，它不是始于同一物种被隔离的种群，而是始于生活在同一地区的两个不同物种的杂交。通常，这两个不同物种还要有不同数量或不同类型的染色体。由于这种差异的存在，两者的杂交后代在生成花粉或胚珠时无法正常进行染色体配对，因而丧失了进一步繁殖的能力。但是，如果有可能让杂交体内的染色体加倍，每条染色体自然就有了配对的对象，这种二倍染色体的杂交体就能够继续繁殖下去了。同时，它也将是一个全新的物种，因为它能与其他类似的杂交体交配育种，却不能与其两种亲代植物之中的任何一种混种繁殖——那样会产生无法繁殖的带有奇数条染色体的细胞。事实上，这种带有"二倍染色体"的异源多倍化经常发生，带来了很多新的物种。[40]

多倍化物种形成也不并一定需要杂交。多倍化可以直接由单一物种的染色体加倍实现，称为"同源多倍化"。这同样能形成新的物种，因为每一个同源多倍体与其他一样的同源多倍体交配时，都能产生有繁殖能力的后代；但与其亲代物种交配时，却只会产生没有繁殖能力的后代。[41]

要发生上述任何一种多倍化物种形成，需要在相邻两代中都发生一个罕见的事件——带有异常高数目染色体的精子和卵子的形成与彼此结合。基于这个原因，你可能会认为这种物种形成实际上很少见。但事实并不是这样。要知道，单独一株植物就可以产生数百万的卵细胞和花粉粒，于是不太可能的事也就变得可能了。据估计，在世界上已经充分调研过的地区，有多达四分之一的开花植物是多倍化的产物。虽然估计值有所差异，但这至少体现了其比例的惊人。而另一方面，在现存植物物种中，其祖先可能曾经发生过多倍化的则占到了高达70％的比例。显然，这是一种新植物物种诞生的普遍方式。更进一步讲，我们发现几乎所有大类的植物中都有多倍化的物种（值得注意的一个例外是树）。许多食用植物或观赏植物都是多倍化的物种，或者是多倍化物种的不育子代，其中包括小麦、棉花、卷心菜、菊花和香蕉。这是因为人类意识到了自然界中的杂交可以把亲代双方的有用特征带给子代；或者是人类有意识地制造杂交，以创造出想要的基因组合。在你的家里就有两个这样的例子，天天都能看到。许多种类的小麦都有六套染色体，历经了很复杂的交叉杂交才得以出现，涉及了三个不同的物种。而这个工作是由我们的祖先完成的。市场上能买到的香蕉是由两种野生物种杂交出来的没有繁殖能力的物种，具有一方亲代的两套染色体和另一方亲代的一套染色体。你在香蕉里面看到的那些黑色斑点其实是流产的植物胚珠，因为染色体不能正常配对而无法形成种子。由于香蕉是一种不育的植物，它的种植需要采用扦插*的方法。

多倍化在动物中则很罕见，只会偶然出现在鱼类、昆虫、蠕虫以及爬行类中。这些发生多倍化的生物绝大多数都可以无性生殖。然而也有一种有性生殖的多倍化哺乳动物，就是阿根廷奇特的红色八齿鼠（viscacharat）。它所具有的112条染色体是哺乳动物中最多的。我们不知道为什么动物中的多倍化如此罕见。有可能是因为多倍化破坏了X/Y染色体决定性别的机制，也可能是因为动物不具备自授精的能力。因为正是自授精的能力可以让一个单独的多倍化新个体产生许多后代个体，从而迅速壮大成为一个新的物种。

多倍化物种形成与其他物种形成的方式很不一样，因为它改变的是染色体的数目而不是基因本身。同时，它也

---

*译注：植物繁殖的一种方法，将植物的茎、叶、根、芽等剪下，直接插入土中或水中培育生根，再进一步培植成独立的植株。

比"正常的"地理物种形成要快得多，因为只在两代之间就可以产生一个全新的多倍化物种，这对于地质时间来说只不过是弹指一挥间。此外，它也给了我们史无前例的机会来"亲眼目睹"一种新物种的产生，满足了"实时"看到"正在发生的物种形成"这种需求。我们至少知道五种这样正在产生的全新植物物种。

其中之一是威尔士千里光（*Senecio cambrensis*），一种菊科的开花植物，最早在 1958 年发现于北威尔士地区。近期的研究表明，它实际上是两种其他植物物种的多倍化杂交体。其中之一是普通的千里光（*Senecio vulgaris*），英国的本地植物；而另一种是牛津千里光（*Senecio squalidus*），于 1792 年引入英国。牛津千里光直到 1910 年才进入威尔士地区。要知道，英国人对于植物学有着很高的热情，这使得英国各地的本地植物有着连续的发现史。这就意味着，杂交产生的威尔士千里光必定出现于 1910 年～1958 年之间的某个时间。关于这种植物是多倍化杂交产生的，有着来自各方面的证据。首先，它看起来就像是杂交品种，因为它同时具有普通千里光和牛津千里光的特征。此外，它的 60 条染色体数目恰恰就是两种亲代植物 20 条染色体和 40 条染色体的数目之和，与它是多倍化杂交体的预测一致。基因研究显示，其基因和染色体就是两种亲代植物的组合。最后一项证据来自圣安德鲁斯大学苏格兰分校的杰奎琳·韦尔（Jacqueline Weir）和露丝·英格拉姆（Ruth Ingram）。他们通过在两种亲代物种之间进行不同的杂交实验，完全在实验室中合成出了威尔士千里光。人工获得的这种杂交植物与野外的威尔士千里光分毫不差。（这种重新人工合成的方法是检验野外杂交物种的常用方法。）综上，威尔士千里光代表了一种产生于最近 100 年间的全新物种，这一点可谓毫无疑问。

实时物种形成的另外四个例子与此类似。它们全是一个本地物种与一个外来物种杂交的结果。虽然这之中有一定的人为因素，因为毕竟是人把植物从一个地方带到了另一个新的地方；但如果我们想要在眼前看到物种的形成，那这几乎就是必需的条件。当两种合适的物种生活在同一地区时，多倍化物种形成的发生似乎非常快。所以，如果想要在大自然中看到多倍化物种的形成，我们必须在两个祖先物种彼此接近之后立即来到现场。满足这样条件的，只能是新近发生的生物入侵事件，比如人为引入的植物。

然而，多倍化物种形成的确已经在演化的过程中发生了很多次，虽然没有目击证人。我们之所以这么确定，是因为科学家已经在温室中人工合成出了早在人类出现以前就已在野外形成的多倍化杂交物种。这些人工合成的物种不仅与野外的物种一模一样，甚至还可以与其交配。这些都很好地证明了一件事：我们已经重构了自然形成的物种起源过程。

对于那些除非亲眼所见，否则就绝不接受演化论的批评家们，这些多倍化物种形成的案例应该已经能够让他们满意了。[42] 但是，即便没有多倍化这回事，我们还是有充足的证据来证明物种的形成：我们在化石记录中看到了种系的分化；我们看到了被地理壁垒所阻隔的近亲物种；我们还看到了种群初步演化出了生殖壁垒，开始形成新的物种，而生殖壁垒正是物种本身的基础。毫无疑问，如果达尔文老先生今天能够重新醒来，他会很欣慰地看到，物种的起源不再是"万谜之谜"。

第八章　人类的起源

达尔文学说里的人们啊，尽管品行端庄，
充其量也不过是剃了毛的猴子罢了。

——威廉·S. 吉尔伯特（William S. Gilbert）词，
阿瑟·沙利文（Arthur Sullivan）曲，
歌剧《艾达公主》

1924 年，当雷蒙德·达特（Raymond Dart）正在为出席一个婚礼盛装打扮的时候，一样东西交到了他的手上。这样东西后来成为 20 世纪最伟大的化石发现。达特不仅是南非威特沃特斯兰德大学年轻的解剖学教授，同时也是业余人类学家。他到处告诉别人说，自己正在为一个新的解剖学博物馆寻找"有趣的发现"。就在达特穿上晚礼服的时候，邮差给他送来了两盒含有骨骼碎片的岩石，开采自南非川斯瓦地区汤恩附近的一个石灰岩采石场。达特在他的回忆录《缺失环节的探险之旅》（*Adventures with the Missing Link*）中这样描述了当时那个时刻：

> 盖子一打开，我就激动得浑身颤抖。在那堆岩石的最上面，毋庸置疑是颅腔的印记，或是头骨的内模。无论这是哪一种类人猿的脑模化石，

它都足以被列入伟大发现的行列，因为这样的东西之前从未有过报道。然而，我一看就知道，躺在我手中的绝不是普通类人猿的大脑。在石灰岩加固的砂石中，这个脑模的大小是狒狒大脑的三倍，比任何成年黑猩猩的大脑都明显更大。脑回和脑沟的印记令人吃惊地清晰可辨，头部的血管亦是如此。

对于原始人而言，这个脑还不够大。但是对于类人猿而言，这已经是一个相当大的有着折皱的大脑了。最重要的在于，其前脑很大，并且已经生长到了非常靠后的位置，以至于完全覆盖了后脑。

在这堆岩石中，会不会有一张脸与这个脑相匹配呢？我兴奋地把盒子搜了个遍，颇有收获。我找到了一块带有凹陷的大石头，刚好与脑模匹配。石头上可以模糊地看到一块头骨碎片的轮廓，甚至还能看到下颌的背面以及牙槽。这说明面部化石一定在这堆石头当中……

我站在暗处抓着这个脑模，就像守财奴贪婪地抱紧自己的金子。然而，我的思绪早已飞到了更远的地方。我确信这将是人类学历史上最重要的发现之一。

我再次想到了达尔文饱受质疑的学说：人类的早期祖先可能生活在非洲。我能成为那个"缺失环节"的发现者吗？

这些愉快的白日梦被打断了，新郎正在拽我的袖子。

"上帝啊，雷，"他尽力不让自己的语气显露出紧张，"你必须立刻换好礼服——不然的话，我可得另找一个伴郎了。婚车随时就要来了！"

新郎的顾虑是可以理解的。没有人愿意在婚礼那天发现，自己的伴郎对一盒子满是灰尘的岩石的兴趣远远超过了即将到来的婚礼。然而我们也很容易理解达特的感受。在《人类起源与性选择》一书中，达尔文推测，我们这个物种起源于非洲，因为与我们亲缘关系最近的大猩猩和黑猩猩都发现于非洲。但这只不过是一种科学家的直觉，当时没有任何化石证据能够支持这一观点。对于我们与其他类人猿的共同祖先而言，它肯定更像猿而非人，所以它与我们人类之间还存在着一道明显的演化鸿沟。在 1924 年的那天，迈出第一步的石头已经被发现了，表明这道鸿沟最终将被逾越。就在那里，在达特颤抖的双手之中，我们直接看到了长久以来只能无奈地被称作"缺失环节"的东西。这让达特如何还能在婚礼上专注于伴郎的职责呢？

达特在这个盒子里发现的，是后来被他命名为南方古猿（*Australopithecus africanus*）的第一个标本。在接下来的三个月里，达特用从妻子那里偷偷拿来的削尖的编织针小心翼翼地剥离岩石，终于让整个面部重见天日。这是一张婴儿的脸，现在被称作"汤恩幼儿"（Taung child），带着乳牙和新长出的磨牙。这张脸混合了人类的特征和像类人猿一样的特征，清楚地证实了达特最初的想法：他确实误打误撞地发现了人类祖先的开端。

从达特的时代开始，古人类学家、遗传学家以及分子生物学家已经借助化石和 DNA 测序建立了我们人类在演化树中的位置。人类是由其他猿类演化而来的猿类，与我们亲缘关系最近的物种是黑猩猩，它们的祖先与我们的祖先在数百万年前于非洲分化开来。这些都是不争的事实。这些事实并没有令我们的人性就此泯灭，相反却带给我们满足与惊叹。因为人类因此与所有的生命成为了一个整体，无论是现存的还是已经逝去的。

但不是所有人都这样想。对于那些拒绝接受达尔文学说的人而言，人类的演化是他们抗拒演化论的核心所在。接受哺乳类由爬行类演化而来，或是接受陆生动物由鱼类演化而来，这似乎并不太难。我们只是无法让自己承认：与其他物种一样，我们同样演化自某种截然不同的祖先。我们总是将自己视为某种超脱自然万物的存在：宗教信仰说，人类在创造的诸般事物中是最特别的存在；天然唯我论者说，我们的大脑是自我意识的。有了这些说辞的鼓动，人们拒绝了演化论的教诲——与其他动物一样，我们人类也是自然选择这个盲目的无意识进程的偶然产物。而处于原教旨主义支配之下的美国，已经成为了抵制人类演化事实的急先锋。

在 1925 年那起著名的"猴子审判"中，中学教师约翰·斯科普斯（John Scopes）在田纳西州代顿市接受了审判，并最终获罪。他当时的罪名是违反了田纳西州的巴特勒法案（Butler Act）。该法案并不禁止讲授一般的演化论理论，但不允许宣讲人类也发生过演化的观念：

　　　　依据田纳西州议会制定的法律，在全部或部

分由州立公共学校基金支持的任何大学、师范类
院校以及所有其他州立公共学校中，任何教师讲
授任何否定圣经中"神创造人"这一故事的理论，
以及讲授人由更低等的动物演化而来的理论，都
是违法的。

虽然有些开明的神创论者承认有些物种由另一些物种
演化而来，但所有的神创论者都与人类演化的问题划清了
界线。他们会说：我们与其他灵长类之间的鸿沟，是演化
所不能跨越的，因此必然要涉及特别的创造。

在生物学历史的大部分时期里，"人类是自然界的一部
分"这一观点也同样是被诅咒的。1735 年，曾建立了生物
分类体系的瑞典植物学家卡尔·林奈（Carl Linnaeus），基
于解剖学的相似性把人与猴子和猿归为一类，并将人命名
为"智人"（*Homo sapiens*）。林奈并未提出这些物种之间
的演化关系。他的意图很明确，只是想揭示上帝造物背后
的法则。然而，他的做法还是引发了争议，并招致其所在
教区大主教的盛怒。

一个世纪之后的达尔文坚信人类由其他物种演化而来，
但他也清楚地知道提出这样一个观点所要面对的怒火。在
《物种起源》中，他谨慎地绕过了这个问题，只在书末的一
句中隐晦地提出："人类的起源与历史必将大白于天下。"
直到十几年之后，达尔文才在《人类的由来与性选择》
（1871 年）中讨论了这个问题。日益增长的洞察力和信念
让达尔文更加勇敢，人们对演化论的迅速接受也让他信心
倍增，于是他终于明确了自己的观点。集合解剖学和行为
学的大量证据，达尔文不仅指出人类是从像猿一样的生物
演化而来的，更指出这一过程发生在非洲：

于是我们知道，人类起源于多毛的四足动物，
它们长有尾巴和尖耳朵，可能栖息在树上，还居
于那个旧世界。

想象一下吧，在维多利亚时代，这样一句话传到人们
的耳中会起到什么效果。想想我们的祖先生活在树上！长
着尾巴和尖耳朵！而且，在最后一章中，达尔文终于与宗
教的异议进行了正面交锋：

我知道这部书中提出的结论会因对宗教信仰
的极度不敬而遭受某些人的公开谴责。但是那些
谴责者们必须说明这样一个问题：通过变异与自
然选择的法则，来把人类的起源解释为一个从更
低等的生物演化而来的久远之前的物种；和通过
普通的繁殖法则（发育的模式）来解释一个个体
的诞生；为什么前者比后者更亵渎宗教？

然而，他没能说服所有的同行。阿尔弗雷德·罗素·
华莱士（Alfred Russel Wallace）——达尔文的竞争者，查
尔斯·莱伊尔（Charles Lyell）——达尔文的良师益友，两
人都支持演化论的观点；然而，在自然选择同样可以解释
具有更高智慧能力的人类这件事情上，他们都没有被达尔
文说服。最终，是化石让有所怀疑的人相信，人类的确是
演化而来的。

化 石 祖 先

1871 年，仅有的人类化石记录是晚期出现的尼安德特

人的几块骨头。但是尼安德特人与人类太像了，无法成为人与猿之间的缺失环节。它们反而被当成是异常的智人种群。1891 年，荷兰内科医生尤金·杜波依斯（Eugene Dubois）在爪哇发现了符合要求的化石：一个头盖骨、一些牙齿，还有一根大腿骨。头骨比现代人更加强壮，大脑尺寸更小。但是杜波依斯不堪承受宗教和科学相悖的观念给他带来的困扰，最终把这些骨头重新掩埋在了自己的房子下面。这些被他称为 *Pithecanthropus erectus*（现在称作直立人，*Homo erectus*）的骨头化石直至 30 年后才得到科学的研究。

　　1924 年达特关于"汤恩幼儿"的发现，引发了在非洲找寻人类祖先的热潮，最终促成了利基（Leakey）夫妇在奥杜瓦伊峡谷始于 20 世纪 30 年代的挖掘、唐纳德·约翰松（Donald Johanson）于 1974 年发现的"露西"，以及大量其他发现。现在，对于人类的演化，我们已经拥有的化石记录虽然还远谈不上完整，但已经足够做出理智的判断了。我们下面就将看到，其中有许多的谜题，也有许多的惊奇。

　　不过，即使没有化石记录，对于人类在演化树上的位置，我们仍然可以有所了解。正如林奈指出的，我们的解剖学构造决定了我们与猴子、猿，以及狐猴同属于灵长类，我们共有的特征包括视线朝前、指甲、彩色视觉，以及可以对握的拇指。还有一些特征可以将人类进一步划归到更小的超家族"人型总科"中，该家族包括"小型猿"（长臂猿）和"大型猿"（黑猩猩、大猩猩、猩猩，以及人类）。在人型总科中，我们和大型猿类一起组成了人科，共同特征包括变平的指甲、32 颗牙齿、扩大的卵巢，以及延长的亲代抚育期。这些共同的特征显示，我们与大型猿的共同祖先生活的年代，比我们与其他哺乳动物的共同祖先生活的年代更接近现在。*

来自 DNA 和蛋白质序列的分子数据证实了上述关系，还粗略地告诉了我们，人类是在什么时候与这些近亲物种分化开来的。我们与黑猩猩的亲缘关系最近，相当于普通黑猩猩与倭黑猩猩的关系。大约在 700 万年前，人类从我们与黑猩猩的共同祖先中分化了出来。大猩猩与人类的亲缘关系稍远，而猩猩则更远，与我们大概分化于 1200 万年前。

然而对许多人来说，化石证据在心理上比分子数据更具说服力。得知我们与黑猩猩共享 98.5% 的 DNA 序列是一回事；看到一具南方古猿的骨架，看到它那小小的、像猿一样的头骨长在和现代人如此相似的骨架之上，则完全是另外一回事了。但是，在看到这些化石之前，我们可以做出一些预测：如果人类是从猿演化而来的，我们会有哪些发现？

我们与猿类之间的"缺失环节"应该是怎样的？不要忘记，"缺失环节"专指一个单一的祖先物种，它的一个分支成为了现代人类，而另一个分支成为了黑猩猩。期望发现这个关键性的单一物种是不合理的，因为它的鉴定需要黑猩猩和人类两个种系从祖先到后代的完整化石系列。有了这两套化石，我们才能回溯到两个种系交汇处的祖先。

---

*译注：在本章的后面部分还将出现很多与人类相关的分类学名词，但作者未予系统介绍。为便于读者理解，在此加以简单总结。本段中提到，人型总科下含人科，其中包括人类与大型猿类。人科下又分为人亚科与猩猩亚科，前者包括人类、黑猩猩、大猩猩，后者包括各种猩猩。人亚科下又分为人族与大猩猩属，人族则可进一步分为人属和黑猩猩属。凡拉丁文名称以 Homo 开头的物种皆归于人属，包括我们现代人类——智人（Homo sapiens）。

除了少数海洋微生物，如此完整的化石序列并不存在。而且，早期人类祖先身形巨大，数目远远少于羚羊等食草动物；他们又居住在非洲的一小块地区内，那里的干燥条件不利于化石形成。因此，他们的化石非常罕见，其他所有猿类和猴子也是如此。这与我们研究鸟类演化时所面临的问题很像，因为鸟类的过渡形态化石也很罕见。当然，我们可以从长羽毛的爬行动物开始追踪鸟类的演化，但我们并不确定哪一个化石物种才是现代鸟类的直接祖先。

考虑到上述这些因素，我们无法期望找到单一的特定物种，恰好可以代表人与其他猿类之间的"缺失环节"。我们只能希望找到它在演化上的近亲。同样要记住，这个共同的祖先不是黑猩猩，而且很可能长得既不像现代黑猩猩，也不像现代人类。然而与现代人类相比，这个"缺失环节"在外观上很可能更加接近现代黑猩猩。我们是现代猿类演化中出现的与众不同的那个家伙，因为其他猿类彼此之间相当相像，而与我们却大相径庭。大猩猩是我们的远亲，但它们与黑猩猩具有许多共同的特征，比如较小的大脑、多毛、利用指关节行走，以及大而尖的犬齿。大猩猩和黑猩猩还共同具有"矩形齿拱"——从上面看，其下排牙齿就像是矩形的三边（参见图27）。人类是一个已经从猿的基础设计中分离出来的物种：唯独我们具有灵活的拇指、很少的毛发、变小变钝的犬齿，并且可以直立行走。我们的牙齿排列不是矩形的而是抛物线形的，在镜子中观察你的下牙便能发现这一点。最显著的是，我们的大脑比其他猿类要大得多。成年黑猩猩的平均脑容量约为450立方厘米，而现代人的平均脑容量为1450立方厘米。当我们把黑猩猩、大猩猩和猩猩的相似之处与人类迥异的特征相比时，就能得出这样的结论：相对于我们的共同祖先，人类的变化大于现代猿类。

于是我们期望能够发现，大约 700 万年前到 500 万年前的祖先化石具有黑猩猩、猩猩和大猩猩的共同特征（这些猿类之所以能共有这些特征，正是因为这些特征存在于共同祖先的身上）。当然，也要能在化石祖先的身上发现一些人类的特征。随着化石的年代越来越近，我们应该看到大脑变得更大，犬齿变得更小，牙齿的排列不再是直角而是成为弧形，同时姿态变得更加直立。而我们看到的也正是这样。尽管还很不完整，但是在所有得到确证的演化论预测之中，人类演化的记录已经成为最好的确证之一。尤其令人高兴的是，这个预测是达尔文做出的。

但是首先要说明几点。我们没有，也无法期望拥有，人类祖先的连续化石记录。相反，我们看到的是许多不同物种的混杂。它们之中的大多数灭绝了，没有留下后代，只有一个种系穿越时间走到今天，成为现代人类。我们仍不确定哪个化石物种的确处在那条演化之路上，而哪些只不过是演化的死胡同。我们所知道的关于人类历史最惊人的事情是：我们曾有过许多演化的近亲，但它们都走向了灭绝，没能留下任何后代。甚至有可能的是，多达四个人类一样的物种曾经同时生活在非洲，也许就在同一片土地上。想象一下它们彼此偶遇时会发生些什么！互相残杀？还是试图互相交配？

我们也不能对原始人化石的名字太过较真。像神学一样，在古人类学的领域中，学生的数目远远超过了他们所能研究的对象。关于某件化石是确为新品，抑或仅仅是已经命名的物种的变种，这样争论是很激烈的，有时甚至是尖酸刻薄的。这些关于科学名称的争论往往毫无意义。一个类人的化石应当命名为这个物种还是那个物种，可能会引发的问题可以小到牙齿直径的半毫米差异，或是大腿骨形状的细微差别。问题在于样品实在太少了，它们又散布在如此广阔的地理区域中，这让我们对自己做出的判断很难有信心。新发现和旧结论的修改不断地发生。我们必须关注的是化石在时间上的整体变化趋势，因为其可以明确展现出从类猿特征到类人特征的改变。

言归正传，说说骨骼化石。在演化树上，当我们与成为现代黑猩猩的一支分化之后，在"人类"这一边的所有物种都被人类学家归入"人族"（hominin）。[43] 20 种人族生物已经被命名为不同的物种。其中的 15 种显示在图 24 中，粗略按照出现的顺序排列。我在图 25 中展示了少数几种有代表性的头骨，以及现代黑猩猩和现代人类的头骨以供比较。

当然，我们的主要问题在于，如何确定人类演化的整体图景。什么时候的化石才代表着我们已经与其他猿类分化的祖先？我们的哪一种人族近亲走向了灭绝，而哪一种又是我们的直接祖先？猿类祖先的特征是如何变成现代人类特征的？是我们的大脑先演化，还是我们的直立姿态先演化？我们已经知道人类的演化始于非洲，但我们的哪些演化是发生在别的地方的？

除了一些难于分类的骨头碎片，直到最近，还没有比距今 400 万年更久远的人族化石记录。但是在 2002 年，米歇尔·布吕内（Michel Brunet）及其同事宣布了令人震惊的发现：他们在乍得的中非沙漠中的沙赫地区找到了更加古老的化石，很有可能也是人族，其被命名为乍得沙赫人（*Sahelanthropus tchadensis*）。最出乎意料的是该物种存在的时期——距今 700 万年至 600 万年之间，正是分子证据所表明的人类种系同黑猩猩种系相分离的时期。乍得沙赫

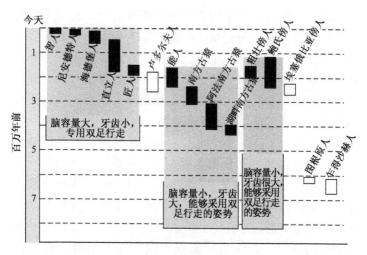

图 24 15 个人族物种、它们各自成为化石的年代,以及它们大脑、牙齿和姿态的特性。用空矩形框表示的化石太不完整,很难就姿态和脑容量得出结论。

人可能刚好代表了最早的人类祖先,也有可能是其灭绝的旁支。但是它所具有的混合特征无疑使之处于人类和黑猩猩分界线的人类一侧。我们所拥有的是一个近乎完整的头骨,不过在化石形成过程中受到过一些挤压。这个头骨是一个"马赛克",表现出人族特征和猿类特征的奇妙混合。像猿一样,它具有长的头盖骨和与黑猩猩尺寸接近的较小的大脑。但是,它又像后来的人族一样,具有扁平的面部、较小的牙齿,以及眉骨(图 25)。

　　由于缺少骨架的其他部分,我们无法判断乍得沙赫人是否具有直立行走这一关键能力,但是一些诱人的暗示说明,它能。大猩猩和黑猩猩等指关节行走的动物通常采取水平的姿势,所以它们的脊髓是从后面进入头骨的。而直立行走的人类的头骨则直接位于脊髓的顶端。这种差异可

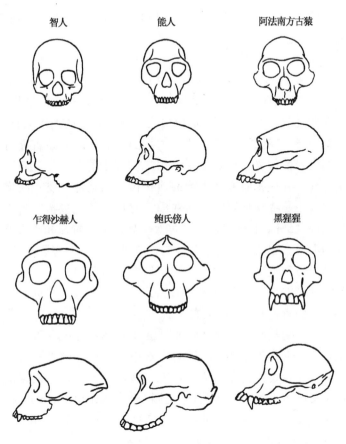

智人　　　　　能人　　　　阿法南方古猿

乍得沙赫人　　鲍氏傍人　　　黑猩猩

图 25 头骨：现代人类（智人，*Homo sapiens*）、早期人族，以及黑猩猩（*Pan troglodytes*）。

通过头骨中脊髓经过的开口（枕骨大孔，foramen magnum，英语用词来自拉丁语，意为"大洞"）的位置来辨别——人类的枕骨大孔开口更加靠前。乍得沙赫人的枕骨大孔比指关节行走的猿类位置靠前。这个结果是激动人心的，因为如果乍得沙赫人确实位于分水岭的人族一侧，这表明两足行走是人类区别于其他猿类的最早的演化革新之一。[44]

在乍得沙赫人之后，我们有一些 600 万年历史的化石碎片，来自另一个物种——图根原人（*Orrorin tugenensis*）。其中所包括的一根腿骨，已经成为两足行走的证据。但在此之后，有 200 万年的缺口没有任何真正的人族化石。终有一天，我们将在这个缺口中找到人类何时开始直立行走的决定性信息。但是，从大约 400 万年前开始，化石再次出现，并让我们看到人族的演化树开始抽芽分支。事实上，其中一些物种可能生活在同一时期。其中包括苗条而优雅的"纤细南方古猿"，其再次呈现出类猿特征和类人特征的混合。在猿类这边来看，它们脑的尺寸与黑猩猩相仿，头骨更像猿类而非人类。但是它们的牙齿相对较小，牙齿的排列形状也介于猿类的矩形和人类的抛物线形之间。此外，它们肯定是双足行走的。

在一套被归类为湖畔南方古猿（*Australopithecus anamensis*）的来自肯尼亚的早期化石中，有一根腿骨表明了某种直立行走的迹象。但是，真正做出这个决定性发现的却是美国古人类学家唐纳德·约翰松（Donald Johanson），当时他正在埃塞俄比亚的阿法地区进行化石勘探。1974 年 11 月 30 日清晨，一觉醒来的约翰松感到那将会是幸运的一天，于是把这种感受写进了野外考察日志。只不过，他还不知道自己将会何等幸运。在一个干涸的排水沟中度过了一无所获的一上午之后，约翰松和他的研究生汤姆·格雷（Tom Gray）准备放弃搜寻并返回营地。突然之间，约翰松在地上认出了一块人族的骨头，然后是一块又一块。不可思议的是，他们偶然撞上的这些骨骼化石属于同一个人族个体，其后来的正式命名为 AL 288-1。那天晚上，营地上飘荡着披头士乐队的歌曲《缀满钻石的天空中的露西》（*Lucy in the Sky with Diamonds*），以庆祝当天的发现。于是，这个古老的祖先个体又有了个更出名的称呼——"露西"（Lucy）。

当露西的几百块骨头被组合在一起后，人们发现她是属于一个新物种的女性。这个物种被命名为阿法南方古猿（*Australopithecus afarensis*），测定生活年代在距今 320 万年前。她的年龄在二十到三十岁之间，身高一米左右，体重偏轻，大概只有 27 公斤，而且可能还患有关节炎。但最重要的是，露西用两条腿行走。

我们怎么知道呢？从股骨（俗称的大腿骨）分别与骨盆及膝盖相连的方式就能看出来（图 26）。对于像我们一样双足行走的灵长类来说，两根股骨从臀部出来后是朝着对方倾斜的，这样行走时重心才能落在一处，才有可能实现高效的前后摆腿的双足行走。而对于利用指关节行走的猿类来说，两根股骨则稍稍撇开，形成了它们呈"罗圈状"的后肢。当它们试图直立行走的时候，只能笨拙地蹒跚而行，就像是查理·卓别林的步态。[45] 那么，当你拿到一些灵长类的化石时，只要检查股骨与骨盆接合的模式，就能知道这个生物是用两条腿走路还是用四条腿走路了。如果股骨向内倾斜，它就是双足行走的。露西的股骨是向内倾斜的，角度与现代人类几乎相同，所以她是直立行走的。她的骨盆也远比现代黑猩猩的骨盆更像现代人的骨盆。

由玛丽·利基（Mary Leakey）带领的一队古人类学家在坦桑尼亚发现了著名的"利特里脚印"（Laetoli footprints）。这个惊人的发现进一步证实了阿法南方古猿双足行走的事实。1976 年，安德鲁·希尔（Andrew Hill）和考察队中的另一个队友决定稍事休息。于是他们开始纵情享

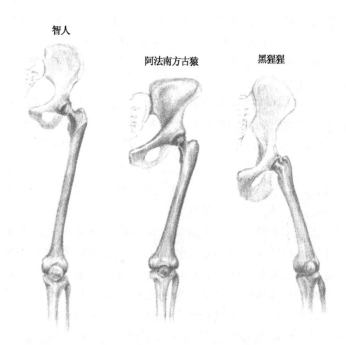

图 26　股骨（大腿骨）附着在骨盆上的方式：现代人、黑猩猩，以及阿法南方古猿。阿法南方古猿的骨盆是另外两者的中间体，但其指向内侧的股骨作为直立形走的标志与人类极为相像，而与用指关节行走的黑猩猩外撇的股骨形成了鲜明的对照。

受自己最喜欢的消遣项目——互掷大坨干掉的大象粪。在一处干涸的河床中寻找"弹药"时，希尔偶然看到一串化石脚印。通过仔细的发掘，两个人族总共 80 步的足迹呈现在人们面前。它们显然是使用两条腿行走的，因为这里没有留下任何指关节的印记。两个人族行走之时，可能刚好有火山爆发，空中弥漫着火山灰。一场雨过后，地上的火山灰变成了水泥一样的物质，于是人族的行走就在其中留下了脚印。雨后继续沉降的另一层干火山灰则把这些脚印很好地封存了起来。

利特里脚印实质上与现代人类在柔软地面上留下的脚印是一样的。而且几乎可以断定，这些脚印的主人属于露西的同族：一方面，脚印的大小匹配；另一方面，足迹产生的时间被测定为大约 360 万年前，该时期的人族化石记录只有阿法南方古猿。这些脚印可以说是我们最为珍贵的发现——人类行为的化石。[46] 一行脚印比另一行大，所以它们可能是由一个男性和一个女性留下的（其他阿法南方古猿的化石也显现出了体型大小上的性别二态性）。女性的脚印似乎一边深一边浅，所以她很可能还背了一个婴儿呢。这两行足迹在我脑中唤起了无尽的联想：矮小多毛的一对夫妇，在火山爆发时深一脚浅一脚地艰难跋涉在平原之上。他们是不是被吓坏了？是不是还会手牵着手？

像其他南方古猿一样，露西的头部很像猿，脑容量与黑猩猩相当。但是她的头骨也呈现出更多类似人类的痕迹，比如半抛物线形的牙齿排列和变小的犬齿（图 25 和图 27）。在头和骨盆之间，露西混合了类猿的特征和类人的特征：双臂比现代人类稍长，但比黑猩猩的稍短；指骨多少有些弯曲，与猿类类似。这就带来了一种观点，认为阿法南方古猿可能至少有部分时间是在树上度过的。

我们不能再奢求比露西更好的人类和古猿类之间的过渡形态了。在颈部以上，她是类猿的；在中部，她是二者的混合体；而在腰部以下，她几乎就是一个现代人了。而且她告诉了我们一个人类演化的关键事实：人类直立姿态的演化远远早于大脑的演化。这一发现对于大脑先演化的传统观念提出了异议，也使我们不得不重新思考自然选择塑造现代人的方式。

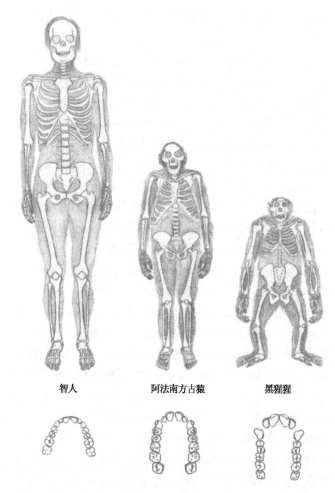

智人   阿法南方古猿   黑猩猩

图 27 骨架与牙拱：现代人、阿法南方古猿（"露西"），以及黑猩猩。虽然黑猩猩不是人类种系上的祖先，但它们可能比人类更像我们的共同祖先。从很多方面来看，阿法南方古猿的形态都介于猿类与人类之间。

在阿法南方古猿之后，直到大约 200 万年前，化石记录呈现出纤细南方古猿物种的大杂烩。按照时间先后顺序来看，它们展示了更加接近现代人类形态的发展进程：牙齿排列更像抛物线，脑容量更大，而且骨架也丧失了类猿的特征。

然后，情况变得更为混乱。因为 200 万年前是一条时间上的分界线，在此之前的化石归于南方古猿属，在此之后的化石归于更现代的人属。但是，我们也不能认为这种名称上的改变意味着某些历史性的重大时刻——"真正的人类"突然演化出来了。一块化石被命名为这个名字还是那个名字，取决于它对应的脑容量较大（人属）还是较小（南方古猿属），通常取 600 立方厘米为分界线。当然，这不可避免地有些主观意味。有些南方古猿的化石（比如卢多尔夫人），脑容的大小刚好位于两个属的中间，以至于科学家们为了它到底该称为"人"还是"南方古猿"而争论不休。与命名问题混杂在一起的事实是，即使在单一的物种中，脑的尺寸也会发生相当大的变化。（以现代人类为例，其脑容量跨越了相当宽的范围：1000～2000 立方厘米。不过，脑容量的大小与智力并无关联）。但是，命名的难题不该分散我们的注意力。我们应该认识到，晚期的南方古猿已经是双足行走的，并且开始表现出预兆着现代人类牙齿、头骨和脑的变化。产生现代人的种系很有可能至少包括了这些物种之一。

制造和使用工具的能力是人类演化中的另一个巨大飞跃。尽管黑猩猩能使用简单的工具，比如用棍子从蚁穴中挖出白蚁，但使用更加精细的工具则需要更灵活的拇指以及能解放出双手的直立姿势。我们明确知道的第一个会使用工具的人类是"能人"（*Homo habilis*）（图 25），这个词的意思是"手巧的人"，其遗骸最早出现在大约 250 万年前。与能人的化石一起出土的还有各种片状的石质工具，可用于砍、削，以及宰杀动物。我们并不确定这个物种是否是智人的直接祖先，但是能人的确表现出接近现代人的变化，包括变小的后齿和比南方古猿更大的大脑。一个能人大脑的印记显示，其布洛卡区和韦尼克区明显膨大，而这两个区域是大脑左半球掌管语言的组织与理解的区域。虽然还不太确定，但这种膨大的确提出了一种可能性：能人是能够使用语言的第一个物种。

我们知道能人曾与许多其他人族共存，即使空间上不在一起，至少在时间上是重叠的。最著名的是东非"粗壮"（与"纤细"相对）的人族。那里至少发现了三个物种：鲍氏傍人（*Paranthropus bosei* 或 *Australopithecus bosei*，图25）、粗壮傍人（*P. robustus*），以及埃塞俄比亚傍人（*P. aethiopicus*）。它们全都长有厚重的头骨和咀嚼齿——有些磨牙的跨度接近 2.5 厘米，还有结实的骨头，以及较小的脑容量。他们还具有明显的矢状嵴——头骨顶端一道脊状的骨头，供发达的咀嚼肌附着。这些强壮的物种可能依靠树根、坚果和植物块茎等粗糙的植物生活。由路易斯·利基（Louis Leakey）发现的鲍氏傍人甚至得到了"胡桃钳人"的昵称。但这三个物种都在 110 万年前灭绝了，没有留下后裔。

能人可能还与三个人属物种一同生活过：匠人（*H. ergaster*）、卢多尔夫人（*H. rudolfensis*），以及直立人（*H. erectus*）。不过这三者之间存在明显的差异，彼此的关系也存在争论。直立人作为最先离开非洲的人族而与其他两者区别开来：他们的遗骸曾被发现于中国（"北京人"）、印度尼西亚（"爪哇人"）、欧洲和中东。很可能是由于直立

人在非洲的种群不断扩张，导致他们要去寻找新的生活
地点。

在这个向外扩散的时期，直立人的脑容量已经增加到
与现代人类脑容量相差无几的程度。他们的骨骼也与我们
几乎一致，尽管其面部仍旧扁平，而且没有下巴——下巴
是纯正现代智人的标志。他们使用的工具比较复杂，晚期
直立人甚至能够通过精湛的打削工艺制作石斧和刮削器。
这个物种似乎还完成了一件人类文明史上最伟大的事件：
使用火。在南非斯瓦特科兰斯的一处山洞中，科学家发现
直立人的遗骸边上有燃烧过的骨头，其所经历过的热度相
当之高，不是山林火灾可以造成的。这很可能是用篝火或
炉火烹烤动物之后留下的残骸。

直立人是一个相当成功的物种，不仅在于其种群的规
模，还在于其持续的时间。这个物种存在的时间长达 150
万年，他们于大约 30 万年前消失在化石记录中。但是，其
可能留下了两个著名的后裔物种：海德堡人（H. heidel-
bergensis）和尼安德特人（H. neanderthalensis），前者更
为人熟知的名字是"古智人"。两者有时会被归为智人的亚
种，也就是说虽然不同，但可以彼此交配。不过，我们并
不知道这两个物种中是否有哪一个对现代人的基因库做出
了贡献。

生活在今天的德国、希腊、法国以及非洲等地区的海
德堡人，最早出现于 50 万年前，混合了现代人类和直立人
的特征。尼安德特人的出现时间稍晚，约为 23 万年前，生
活地区遍布欧洲和中东。他们脑容量较大，甚至超过了现
代人类；还是优秀的工具制造者，也是优秀的猎手。一些
骨架上有赭石色的色素痕迹，还伴有动物骨头和工具等
"陪葬品"。这表明尼安德特人已有埋葬死者的仪式——或

许是最早的宗教迹象。

　　但是在大约 2.8 万年前，尼安德特人的化石消失在了地层中。当我还是学生的时候，课本上说尼安德特人后来就演化成为了现代人类。这种观点现在看起来并不正确。尼安德特人到底出了什么事儿？这是关于人类演化争论不休的一个最大谜题。他们的消失可能与发源于非洲的另一物种的扩张有关，那就是智人。我们已经知道，在大约 150 万年前，直立人从非洲一直扩散至印度尼西亚，这个物种中存在不同的"种族"（race），即在某些特征方面有所不同的种群。例如中国的直立人具有铲形的门牙，而这是其他种群所没有的。而后，大约 6 万年前，所有的直立人种群全都突然消失了。取而代之的是在"解剖学上具有现代特征的"智人化石，其骨架与今天的人类几无二致。尼安德特人坚持的时间稍长。但是，当最终在一个山洞中找到一处可以俯瞰直布罗陀海峡的要塞之后，他们也让位于现代智人了。也就是说，智人显然排挤掉了地球上所有其他的人族。

　　到底发生了什么？关于这一点，存在两种学说。第一种被称为"多区域"学说，提出了一种演化上的取代：直立人（可能还包括尼安德特人）只是在不同区域独立地演化成为了智人。这或许是因为自然选择在亚洲、欧洲和非洲以同样的方式发生了作用。

　　第二种观点被冠名为"走出非洲"学说，[47] 提出现代智人起源于非洲，并且在向外扩张的过程中彻底取代了直立人和尼安德特人。其方式可能是通过争夺食物，甚至可能是直接杀死对方。

　　遗传学和化石证据都支持"走出非洲"学说，但是争论依然存在。为什么呢？或许可以将原因归结于种族的重要性。人类种群分隔的时间越长，他们所积累的遗传差异就越多。按照多区域学说的推测，人类种群早在100万年之前就开始了分化；而按照走出非洲学说，人类的祖先仅在约6万年前才离开非洲。前者造成的基因差异将比后者多出15倍。我们稍后将对种族进行更多的讨论。

　　早期人族中的一个种群可能躲过了世界范围的直立人大灭绝，成为了人类谱系树上最奇特的一个细枝。2003年发现于印度尼西亚佛罗勒斯岛上的佛罗勒斯人（*Homo floresiensis*）后来被称为"哈比人"（hobbit，又译霍比特人），因为其成年人的身高不足1米，体重不足23公斤——基本相当于一个五岁儿童的体型。他们的大脑也相应很小，仅相当于南方古猿的尺寸，但他们的牙齿和骨架无疑与人属相类。他们使用石质工具，捕猎生活在岛上的巨蜥和矮象。令人惊奇的是，佛罗勒斯人的化石形成于仅仅1.8万年前，在尼安德特人消失很久以后，甚至是现代智人到达澳大利亚25个世纪之后。对此的最佳猜测是，佛罗勒斯人代表了直立人中移民至佛罗勒斯的一个种群，不知怎么被扩张中的现代智人忽略掉了。请想象这样一副场景：一群小人儿拿着迷你的矛围捕一头矮象，而这一切仅仅发生在相当接近现在的古代——多么迷人啊！所以，尽管佛罗勒斯人很可能也处在演化的死路上，但这种真实存在过的"哈比人"还是广泛引起了公众的兴趣。

　　不过，佛罗勒斯人化石的性质颇具争议。有些人主张：这个保存完好的小小头骨的主人，不过是一个患病的现代智人，或许他得的是呆小病——一种可以导致非正常缩小的头骨及大脑的病症。然而，最近对其腕关节化石的分析支持佛罗勒斯人的确是一个单独的人族物种的观点。但是疑问仍旧存在。

　　看看这一件件的骨化石，我们得知了什么？很明显，这是人类从像猿一样的祖先演化而来的不容置疑的证据。诚然，我们还无法梳理出从类猿的早期人族到现代智人的连续种系。化石在时间和空间上都是分散的，这一系列离散的点目前还无法在谱系图上连接在一起。而且，我们或许永远都无法得到足够的化石把它们完全连接在一起。但是，如果把这些点按年代顺序排列好，就像图 24 那样，你将确切地看到达尔文的预测：化石从类猿开始随着时间的推移变得越来越像现代人。事实是，大约 700 万年前，我们在东非或中非从黑猩猩的祖先中分化了出来。早在脑容变大的演化之前，二足行走已经演化得很好了。我们知道，在人族演化的大部分过程中，几个物种曾经生存于同一时间，甚至有时在同一地区。考虑到人类种群的规模较小，而且不便于形成化石（化石的形成需要遗体浸入水中并且迅速被沉积物掩埋），我们能拥有现在这些化石记录已经很惊人了。纵览已有的这些化石，或是看看图 25，我们又怎能否认人类的演化呢？

　　然而偏偏还是有些人否认。面对人类的化石记录，神创论者采取了极端的，甚至几乎是滑稽的曲解，回避承认显而易见的事实。实际上，他们更愿意绕开这个话题。当不得不面对的时候，他们只是将人族化石分为两个离散的组群——人类和猿类，并且断言两者之间存在着不可逾越的巨大鸿沟。这反映出他们基于宗教信仰的观点：虽然某些物种可能由其他物种演化而来，但是人类并非如此——人类是特别创造的对象。然而，神创论者自己在划分哪些化石是"人类"，哪些化石是"猿类"时，也无法达成一致，这让整出闹剧显得无比荒唐。譬如说能人和直立人的标本，有些神创论者认为它们是"猿类"，而另一些神创论者则认为他们是"人类"。还有一个作者，在自己的一本书中将直立人的标本描述为猿，而在另一本书中又称其是人！[48]神创论者无法对化石做出一致的分类——没有什么能比这更好地说明这些化石本身所具有的过渡性了。

那么，是什么推动了人类的演化？证明演化的改变总是比理解演化背后的动力要容易。我们从化石中看到的是复杂适应性的表现，例如直立的姿势和重新成形的头骨，两者都牵涉到解剖学上很多相互协调的改变，所以自然选择无疑要参与其中。但那具体是一种怎样的选择呢？更大的脑、直立的姿势，以及更小的牙齿，它们究竟能带来怎样的生殖优势？我们或许永远无法获知确切的答案，而只能做出一些多少还合乎道理的猜测。然而，通过研究人类演化的环境，我们能让这些猜测更可信。在1000万年前至300万年前之间，东非和中非发生的最主要环境变化莫过于干旱。在人族演化的这一关键时期，气候逐渐变干，随之而至的是交替无常的干旱和降雨。（这些信息来自于非洲的花粉和尘埃，它们被吹进大洋，保存在了沉积物中。）干旱时期，雨林让位于更加开阔的栖息地，包括热带稀树草原、大草原、开阔的稀疏林地，甚至是荒漠灌丛。这就是人类演化的第一幕上演的舞台。

许多生物学家认为，气候和环境的这些变化与人类演化中的第一个重要人族特征——双足行走有关。经典的解释是：在新的开阔型栖息地上，两条腿行走使人们能更高效地从一片树林到达另一片树林。但这似乎并不可能，因为对指关节行走和双足行走的研究表明，两种运动方式消耗的能量并没有显著差异。虽然如此，还是有很多原因可以解释为什么直立行走具有选择的优势。例如，可能是双手得到了解放，可以采集并搬运新型的食物，包括肉类和植物块茎（同样，这也可以解释我们变小的牙齿以及增加的手部灵巧性）。直立行走还可能让我们得以从地面上抬起身体，减少了暴露于阳光之下的表面积，从而帮助我们对付高温。我们的汗腺比其他猿类要多得多，而由于毛发会干扰汗液的冷却蒸发，这也就解释了我们为什么会成为独特的"裸猿"。甚至有一种可能性不大的"水栖猿"理论，主张早期人族花费了大量时间在水中寻找食物，所以演化出直立的姿势，以保持头部露出水面。乔纳森·金顿（Jonathan Kingdon）关于双足行走的著作《卑微的出身》（*Lowly Origin*）中描述了更多的理论。当然，这些演化的动力不是互斥的，有些可能共同发挥了作用。遗憾的是，我们还不能在其中做出判断。

　　脑容量增加的演化也是相同的情况。关于这一适应性的传统故事版本是：一旦我们的双手在双足行走的演化中得到了解放，人族就能够制作工具了，这导致了对更大脑容量的选择——令我们得以想象并制作出更加复杂的工具。这个理论的优势在于，第一件工具出现的时间与脑容量开始变大的时间是吻合的。但是它忽视了对更大更复杂的脑的其他选择压力，包括语言的发展、应对原始社会错综复杂的心理状态、对未来的计划等等。

　　关于我们如何演化的谜题并不能改变一个无可辩驳的事实——我们的确演化过。即便没有化石，我们还有来自比较解剖学、胚胎学、我们的退化器官，甚至生物地理学的证据来支持人类演化的观点。我们已经知道，人类有鱼一样的胚胎、死去的基因、短暂存在的胎毛，还有我们糟糕的设计，全都证明了我们的起源。化石记录真的不过是锦上添花罢了。

基因的继承

如果我们还不能理解为什么选择让我们区别于其他的猿类，我们是否至少能找到造成这种差异的基因数目和种类呢？"人性"基因几乎成为演化生物学中的圣杯，许多实验室都忙于寻找这样的基因。1975 年，加利福尼亚大学的艾伦·威尔逊（Allan Wilson）和玛丽-克莱尔·金（Mary-Claire King）最先开始了这样的尝试。研究结果很令人吃惊。他们发现人类和黑猩猩的蛋白质序列平均只有约 1％的差异。最近的研究工作并未让这个数字改变太多，只是将其提高到了约 1.5％。金和威尔逊得出结论：我们与近亲物种之间具有相当可观的基因相似性。他们推测，或许只是少许基因改变，就造就了人类与黑猩猩之间惊人的演化差异。这个结果在通俗杂志和科学期刊上都得到了广泛的转载，因为它似乎暗示着"人性"仅仅在于少数几个关键的突变。

然而，近期的研究工作表明，我们与演化意义上的近亲的基因相似性并没有我们想象的那么高。仔细想想，蛋白质序列上 1.5％的差异意味着，如果把人类和黑猩猩相同的蛋白质（比如血红蛋白）排在一起作比较，平均每 100个氨基酸中只有 1 个氨基酸是不同的。但是蛋白质一般都是由几百个氨基酸组成的。所以在一个由 300 个氨基酸构成的蛋白质中，1.5％的差异意味着，整个蛋白质序列中存在大约 4 处不同。（这里举个不太恰当的例子，如果你把本页上的文字随便改掉 1％，那么你影响到的句子将不只占本页的 1％）。所以，虽然人们总说人类与黑猩猩只有 1.5％的差异性，但其实这种差异很大，远远大于"有 1.5％的蛋白质与黑猩猩不同"。另一方面，蛋白质对于建造和维系我们的身体又至关重要，一个单一的差异就可能导致实质性的改变。

　　现在，我们终于对黑猩猩和人类的基因组都进行了测序，也就能够获知直接的结果了：人类与黑猩猩共有的蛋白质中，超过80％存在至少一个氨基酸的差异。由于人类基因组中有大约25 000个基因能够生产蛋白质，因而可知其中超过20 000个基因的序列与黑猩猩不同。这不是可有可无的分歧。显然，让我们与众不同的基因不止少数几个而已。分子演化生物学家近期发现，人类与黑猩猩的基因差别不仅体现在序列上，还体现在有无上。超过6％的人类基因没有出现在任何黑猩猩的基因组中。实际上，有超过1400个新基因在人类体内表达，而黑猩猩却没有这些基因。此外，许多我们与黑猩猩共有的基因，其拷贝数在两者体内也有差异。以唾液淀粉酶为例，它在口腔中将淀粉分解成为可以吸收利用的糖。这个基因在黑猩猩中只有单个拷贝，而人类却因个体不同有2～16个拷贝，平均为6个。这个差异可能是由自然选择引起的，目的是帮助我们消化食物，因为人类祖先食谱中的淀粉含量很可能比以水果为食的猿类要丰富得多。

　　综合考虑上述几点，我们和黑猩猩之间的基因分化体现为以下几种形式：基因差异造成的蛋白质的改变、基因是否存在、基因拷贝数的变化，以及发育过程中基因何时表达或在哪里表达。我们不能再宣称，"人性"仅仅依赖于一类突变，或是几个关键基因的改变。但是想想我们与近亲物种之间众多的不同特征，这样的基因差异也就不足为奇了。我们与其他猿类在特征方面的差异不仅在于解剖学方面，还存在于生理（人类是最能出汗的猿类；猿类中，只有人类的雌性在排卵时没有任何可见的征兆）、[49]行为（人类是雌雄成对的，其他猿类则不是）、语言，以及脑容量（我们大脑中神经元的连接模式肯定也很不一样）等方面。除去我们与灵长类近亲总体上的相似性，要想从像猿一样的祖先演化到人，的确需要实质性的基因改变。

能谈谈让我们真正成为人类的特殊基因吗？目前而言，可谈的并不多。利用基因组"扫描"比较黑猩猩和人的全基因组序列，能挑出与黑猩猩分化后在人类一支中快速演化的几类基因。这些基因恰好涉及了免疫系统、配子形成、细胞死亡，最吸引人的是，还包括感官知觉和神经形成。但要想锁定某一个具体的基因，并证明那个基因的突变确实导致了人类与黑猩猩的某种差异，就完全是另一码事了，这要困难得多。目前已经有了一些此类基因的"候选者"，包括 FOXP2，其可能与人类语言能力的出现有关，[50]但是对此还缺乏确凿的证据。而且，情况可能永远不会有什么改观。要想令人信服地证实某个基因造成了人类与黑猩猩的差异，需要把这个基因从一个物种移植入另一个物种，观察其产生的变化——好像没有什么人想要去尝试这样的实验。[51]

微妙的种族问题

做一次环球旅行，你很快会发现不同地方的人看起来是不一样的。比如说，没有人会把日本人错看成芬兰人。人类有看起来不同的类型，这是显而易见的。但是，在人类的生物学问题中，没有比种族问题更大的"雷区"了。大多数生物学家避之唯恐不及。回顾科学的历史，我们便能找到其原因。从现代生物学诞生之时起，种族划分就从来离不开种族歧视。卡尔·林奈于18世纪对动物进行分类时做了这样的标注：欧洲人是"受法律支配的"，亚洲人是"受观念支配的"，而非洲人则是"受任性支配的"。斯蒂芬·杰伊·古尔德（Stephen Jay Gould）在他的著作《对人类的误测》（*Mismeasure of Man*）中，记载了20世纪生物学家和种族之间不太干净的联系。

　　作为对这些令人不快的种族主义插曲的回应，一些科学家反应过度，辩驳说人类种族不具备生物学的现实性，它只是社会政治的"构建"，不值得进行科学研究。但是对生物学家来说，"种族"这个词只要不运用在人类身上，就一直是一个相当体面的术语。种族（又被称为"亚种"或"生态型"）仅仅是一个物种中的不同种群，在地理上被隔离的同时，还在一个或多个特征方面具有遗传差异。动物和植物都具有大量的种族，包括仅毛色不同的老鼠种群、体型不同或叫声不同的麻雀种群，以及大小不同或叶子形状不同的植物种群。按照这一定义，智人明显有着不同的种族。而这一事实再次表明，我们与其他演化而来的物种没什么区别。

　　人类中不同种族的存在说明，我们的种群在地理上被隔离的时间已经足够长，从而使得某些基因得以分化。但是这种分化的程度有多大？化石研究指出我们是由非洲扩散开来的，基因的分化能否与之吻合？又是怎样的选择驱动了这些分化？

　　正如我们期望从演化中看到的，人类身体的差异也形成了嵌套的分组。尽管有些人曾勇敢地尝试创建种族的正式划分标准，但无论在哪里划一条分界线来区分某一个种族，都只能是主观武断的。这种清晰的界线并不存在。人类学家鉴别出来的种族数量从 3 个到超过 30 个不等。对基因的研究更是表明，没有这样的清晰的分界线。实际上，现代分子技术所揭示的种族之间的所有基因差异，与通常用来判别种族的经典方式（包括肤色和头发类型等身体特征）之间仅有很微弱的相关性。

过去三十多年积累下来的直接基因证据表明，在人类的所有基因差异中，仅有 10%～15% 代表了可以通过体征来区分的"种族"之间的差异。其余 85%～90% 的基因差异发生在同一种族的不同个体之间。

这就意味着，不同种族在他们所携带的基因形式（等位基因）中并不会表现出全有或全无的明显反差。相反，他们通常具有相同的等位基因，只是其频度不同。举例来说，ABO 血型系统有三个等位基因：A、B 和 O。几乎所有的人类种群都具有这三种形式的基因，但是它们在不同群体中出现的频度不同。比如等位基因 O 在日本人中的频度为 54%，在芬兰人中的频度为 64%，在南非布须曼族人中的频度为 74%，而在纳瓦霍人中的频度高达 85%。这是我们在 DNA 中所能看到的典型的差异性。所以，要想对一个人的血统做出判断，只依靠单个基因是不够的，必须要检查多个基因才行。

因而，在基因的水平上，人和人是非常类似的。如果现代人真的是在大约 10 万年前至 6 万年前离开非洲的，那这正是我们期望看到的结果。尽管我们散布到了世界的各个角落，打散成为许多遍及各处的种群，在近几个世纪之前一直保持遗传隔离，但是，还没有足够的时间让我们产生基因上的分化。

那么，这是否意味着我们可以就此忽视人类种族的存在？不。上述结论并不意味着种族纯粹是主观意识的构建，也不意味着它们之间微小的基因差异完全没有意义。事实上，某些种族差异给我们提供了清晰的证据，证明了不同地区之间不同的演化压力，对医学研究大有裨益。以镰刀型贫血症为例，这种病在祖先来自于非洲赤道地区的黑人中最为常见。因为镰刀细胞突变的携带者对疟疾中最致命的热带疟具有一定的抵抗力，所以非洲和衍生于非洲的种群中这种突变的高频度可能来自于自然选择对疟疾的响应。泰-萨克斯病（Tay-Sachs disease，又译作泰萨二氏病）是一种致死的遗传病，常见于阿什肯纳兹犹太人和路易斯安那州法裔族群之中。这种病的基因能够达到较高的频度，可能是由于小规模古老种群中基因漂移的缘故。知道一个人的种族情况对于诊断上述以及其他一些遗传疾病极有帮助。此外，种族之间等位基因的频度差异意味着，在寻找适当的器官捐赠者时，在考虑"兼容性基因"匹配的同时，也应该把种族因素考虑在内。

　　种族之间的基因差异大都是微不足道的。但是其他差异却都一目了然，比如日本人和芬兰人之间的身体差异，马赛人和因纽特人之间的身体差异等。于是我们面对这样一种有趣的情况：人和人之间基因序列上的总体差异是轻微的，但在一系列可见的外观特征上，人们的差异却很夸张，比如肤色、发色、体形，以及鼻子的形状。这两类差异之间看起来非常不协调。那么，为什么发生在人类种群之间的微小分化却变成了集中在可见特征方面的显著差异呢？

　　其中有些差异对于早期人类所处的不同环境是具有适应意义的。热带群体的深色皮肤，可以防御引发致死性黑色素瘤的强烈紫外线；而高纬度群体的苍白皮肤更容易被光线穿透以合成人体必需的维生素 D，预防佝偻病和肺结核。[52]但又如何解释亚洲人的内眦赘皮*或者白人的高鼻子呢？这些特征与环境并没有明显的关联。能够影响身体外观的基因，往往在种族之间具有更大的差异性，而身体外观特征恰恰是异性择偶时最易于判断的标准。于是，在一部分生物学家看来，这一现象的存在只可能有一种解释——性选择。

除了上述基因差异的特征模式，还有其他理由让我们将性选择看作种族演化的强劲动力。在所有物种中，我们是唯一发展出复杂文化的物种。语言使人类拥有了传播思想与观念这一不同寻常的能力。这令一个族群的人可以迅速改变他们的文化，远比基因的演化改变快得多。但是，文化的改变也能导致基因的改变。想象一下，广泛流传的思想或风尚常会涉及人们对配偶外貌的偏好标准问题。举个例子，假设一位亚洲的女皇喜欢具有黑色直发和杏仁眼的男性。作为一种时尚，女皇的偏好将影响她所有的女性臣民。于是，随着时间的推移，卷发和圆眼的男人将大半被黑色直发和杏仁眼的男人取代。这就是"基因-文化共演化"——文化环境的改变导致对基因的新型选择。基于这一点，针对外貌差异的性选择尤其引人注意。

此外，性选择发生作用的速度经常快得让人难以置信。而人类的祖先走出非洲之后，也经历了快速的演化改变。所以，性选择很可能成为驱动这种快速分化的理想候选者。当然，所有这些还都只是推测，而且几乎不可能检验，但它很有可能解释了群体之间某些让人迷惑的差异。

然而，关于种族的最大争论焦点不在于身体上的差异，

*译注：上眼眶内侧的皮肤皱折，常见于亚洲人，但也偶见于其他种族。据推测可能与鼻梁的高矮有关。

而在于行为上的差异。演化是否能使某些种族变得比其他种族更敏捷、更强健或是更精明呢？在这个问题上，我们必须特别小心。因为在这个领域内，没有确凿根据的声明会给种族主义盖上科学的印记。那么科学研究到底怎么说？几乎什么也没说。尽管不同的种群可能会具有不同的行为、不同的智商，以及不同的能力，但很难排除的可能性是：这些差异只是环境或文化差异造成的非基因产物。如果想确定种族间的某些差异是否以基因为基础，那我们必须先消除非基因的影响因素。这种研究还需要对照实验：把来自不同种族的婴儿从他们的父母身边带走，在相同的或随机的环境中把他们抚养长大。那些保留下来的行为差异便是遗传性的。由于这样的实验是违背伦理的，因而还没有被系统地尝试过。但是，许多跨文化收养的轶事趣闻表明，文化对于行为的影响是强烈的。正如心理学家史蒂文·平客（Steven Pinker）所说："如果你从世界上科技不发达的地区收养了一个孩子，他也将会很好地适应现代社会。"这至少意味着种族之间不存在与生俱来的巨大行为差异。

在我们已知的基础上，我猜测人类的种族还太过年轻，无法在智力和行为上演化出重大的差异。同时也没有任何理由让自然选择或性选择青睐这类差异。在下一章中，我们将了解到存在于所有人类社会中的很多"普遍"行为，比如符号化的语言、童年时对陌生人的惧怕、羡慕、八卦，以及赠礼。如果这种普遍性具有某种基因上的基础，那么它们在每个社会中的存在就给下面的观点增加了砝码：演化并没有在人类群体中产生实质性的心理差异。

尽管肤色和头发类型等特征在种群之间存在差异，但这似乎是由地区间的环境差异或针对外貌的性选择所造就的特殊情况。DNA 数据表明，从整体上看，人类种群间的基因差异很小。说我们在外表之下都是兄弟姐妹，并非只是宽慰人心的陈词滥调。况且，考虑到人类自从在非洲起源以来简短的演化史，这种微乎其微的差异性也正是我们可以预期到的。

我们还在演化吗？

　　尽管选择似乎并未在种族之间造成巨大的差异，它在种族内部的种群之间却已经造成了某些有趣的差异。由于这些种群还非常年轻，因而这清楚地证明了选择在我们的物种中起作用是近期的事情。

　　下面这个例子涉及我们对乳糖的消化能力。乳糖是在乳汁中发现的一种糖分子，故此得名。一种叫做乳糖酶的酶能将乳糖降解为更容易被人体吸收的葡萄糖和半乳糖。当然，我们天生就具有消化乳汁的能力，因为它总是婴儿的主要食物。但婴儿断奶之后，身体内就逐渐不再产生乳糖酶了。最终，我们中的许多人完全丧失了消化乳糖的能力，变得"乳糖不耐受"——食用奶制品之后容易腹泻、腹胀，甚至腹部绞痛。断奶后乳糖酶的消失很可能是自然选择的结果：我们在远古时期的祖先断奶后就不再喝奶了，既然用不上，再产生这种酶不就是浪费吗？

　　但在某些族群中，个体成年之后能够继续产生乳糖酶，从而可以享用其他人无法利用的丰富营养源。事实证明，乳糖酶的持久性主要存在于曾经是或依然是"畜牧者"的族群之中——也就是饲养奶牛的人。这之中包括一些欧洲和中东的族群，还有非洲的马赛人和图西人。遗传分析表明，这些族群中乳糖酶的持久性依赖于该酶的调控 DNA 中一个简单的突变，其令乳糖酶的基因在婴儿期后仍处于"开启"状态。该基因存在两种等位基因："耐受型"（开）和"不耐受型"（关）。两者的 DNA 编码中仅有一位的差别。耐受型等位基因的频度与族群是否蓄养奶牛之间具有很好的相关性：在欧洲、中东和非洲的畜牧族群中，其频度高达 50%～90%；而在以农耕为主的亚洲和非洲族群中，其频度则很低，仅为 1%～20%。

考古学证据表明，人类驯养奶牛始于 9000 年前至 7000年前的苏丹，这项技能在几千年后传入欧洲以及撒哈拉以南的非洲地区。故事的精彩之处在于，通过 DNA 测序，我们可以确定"耐受型"这种基因突变是何时产生的。测出的时间是 8000 年前至 3000 年前之间，恰好与畜牧业兴起的时期吻合。更棒的是，从已经有 7000 年历史的欧洲人骨骼中提取的 DNA 表明，他们是乳糖不耐受型的。而这正是我们期望的结果，因为那会儿他们还没学会放牧呢。

乳糖耐受的演化又为基因-文化共演化提供了一个极好的例证。一种纯粹的文化改变（或许是为了吃肉而养牛）带来了新的演化机会：利用牛奶的能力。由于突然有了一种新的丰富食物来源，携带耐受型基因的祖先们相对于乳糖不耐受的个体便具有了实实在在的生殖优势。实际上，这一优势可以计算出来：我们只要观察耐受型基因以怎样的速度增长到目前现代人群中的频度即可。结果表明，耐受型个体比不耐受型个体平均多产下了 4%～10% 的后代。这已经是相当强的选择了。[53]

任何讲授人类演化的教师都躲不开这个问题：我们还在演化吗？乳糖耐受以及淀粉酶基因加倍的例子说明，选择无疑在最近几千年之内还在发生作用。但是现在呢？我们很难给出令人满意的答案。当然，我们祖先所要面对的很多生存挑战都已经不复存在了。营养、卫生和医疗保健的改善，扫除了很多曾经夺去祖先生命的疾病以及生活条件，同时也就除去了有效的自然选择来源。正如英国遗传学家史蒂夫·琼斯（Steve Jones）指出的：500 年前，一名英国婴儿活到生殖年龄的几率仅为 50%，而如今这个数字已经增长到了 99%。而在那些存活下来的人当中，有一些原本在人类演化的大部分历史中会遭到选择作用的残酷淘汰，如今却可以在医疗干预下过上正常的生活。有多少人因为差劲的视力或者糟糕的牙齿，不能打猎或难于咀嚼，早该腐烂在非洲的大草原上？我自己当然也在此列。如果没有抗生素，有多少人早就会因为感染而丧命？由于文化的改变，我们的基因在很多方面都极有可能正在走一条下坡路。也就是说，曾经有害的基因不再那么有害——一副眼镜或一位牙医就能补偿"坏"基因的影响。于是，这些坏基因势必可以在人群中保留下来。

另一方面，由于文化的改变，曾经有益的基因现在反而具有了破坏性的作用。举个例子，在我们的祖先中，对于甜食和肥肉的喜爱是具有适应性的，因为这些食物在那个时代是贵重而稀罕的能量来源。[54] 但在今天，这些曾经紧俏的食物唾手可得，于是我们继承下来的曾经的"好"基因带给了我们蛀牙、肥胖，以及心脏问题。同样，我们的身体在食物充足的情况下囤积脂肪的倾向，可能也是来自远古的祖先基因。在祖先的时代，当地食物的丰度很不稳定，造成了"饥一顿，饱一顿"的情况。那时，倾向于囤积脂肪的个体能存储更多的能量，也就有了熬过饥荒期的生存优势。

这是否意味着我们其实已经停止演化了呢？在某种程度上，答案是肯定的。但是，我们可能也正变得更加适应现代环境，它又产生了全新类型的选择。要知道，只要有人在他们停止生育之前死亡，只要有些人比别人产下了更多的后代，那么自然选择就仍有机会改造我们。而且，如果有某种基因差异影响了我们存活和生育的能力，它就将引发演化的改变。这些情况确实正在发生。尽管生育前死亡率在某些西方族群中较低，但其在许多其他地方还是很高的，尤其是非洲。在那里，儿童的死亡率超过了 25％，而且他们通常都是由霍乱、伤寒和肺结核等传染性疾病夺去生命的。其他疾病，比如疟疾和 AIDS，仍在持续杀死许多儿童和生育年龄的成年人。

致人死亡的根源始终存在，与之对抗的基因也相应存在。譬如说，某些酶变异之后的等位基因——众所周知的镰刀细胞等位基因就是血红蛋白的变异基因，能够带来对抗疟疾的能力。还有一种突变的基因，叫做 *CCR5-Δ32*，能使它的携带者获得很强的抵抗艾滋病病毒的能力。我们可以预言：假使艾滋病持续作为导致死亡的重要原因，那么这个等位基因的频度必将在受影响的人群中持续增加。毋庸置疑，还有一些我们并不完全理解的致死根源，比如毒素、污染、压力等等。我们从生殖实验中至少学到了一点：对于任何一种选择压力，几乎所有的物种都一定会有某种形式的基因变异能够去应对。我们的基因组正在缓慢无情不留痕迹地适应这许许多多的新型致死因素。不过，也不包括所有的因素。许多情况是由遗传和环境共同造成的，比如肥胖症、糖尿病和心脏病，它们并不会对选择做出反应，因为这些情况下的死亡大都发生在个体不再生育之后。与最适者生存同时发生的是——最胖者生存。

但是人们并不怎么关心对疾病的抵抗，尽管那很重要。他们更想知道的是，人类是否会变得更加强壮，更加聪明，或更加漂亮。当然，这取决于这些特征是否与生殖的差异性有关。对此，我们一无所知。这也并不要紧。在我们快速改变的文化中，社会进步对我们能力的强化远远超过了我们基因中的任何变化。除非，我们决定通过基因操控来对演化进行拙劣的修补，比如预选合适的精子和卵子。

来自人类化石记录的信息，再加上近来的人类遗传学发现，证实我们是演化而来的哺乳动物——当然是骄傲并且出众的。但是，令我们这种哺乳动物得以改变的进程，同时也是在过去几十亿年中改变了每一种生命形式的进程。像所有其他物种一样，我们不是演化的终产物。尽管我们自己的遗传进程很慢，但我们仍然是还在改进之中的作品。尽管从猿类祖先开始，我们已经走过了很长的路途，但身上继承下来的印记还是出卖了我们。吉尔伯特和沙利文开玩笑说，我们只是剃了毛的猴子；达尔文的话则不那么有趣，但却远远更有激情，更加真实：

> 我已经尽己所能给出了证据；然而我们必须要承认一件事情，至少在我看来似乎是这样的：人有着所有高贵的品质，有着能给予最下贱之人的同情之心，有着不仅能给予他人还能给予最微贱之生物的仁爱之心，有着能够洞穿太阳系运动和构成的上帝一样的智慧之光——尽管有着所有这些高贵的能力，但人仍然要忍受这肉体的躯壳上不可磨灭的印记，永远标志着我们卑微的出身。

第九章　演化论的回归

在沉睡中度过了上亿个世代，

我们终于睁开双眼看到了这个华丽的星球，

闪烁着彩色的光芒，充满着无限的生机。

然而几十年之内，我们不得不再次闭上双眼。

那就来到阳光下吧！

用我们短暂的时间致力于理解这宇宙，

理解我们是如何在这宇宙中苏醒过来的。

这难道不会给人以崇高的启迪吗？

这就是我应对下面这个问题的答案，

应对的次数多得令人吃惊：

为什么我要尽力在早晨起床。

——理查德·道金斯（Richard Dawkins）

　　几年以前，芝加哥城外某个豪华社区的一群生意人邀请我去做一个演讲，谈谈演化论和智能设计论的话题。他们想更多地了解所谓的"争论"，这种充满知性的好奇心是值得赞扬的。我给他们摆出了演化论的证据，然后又解释了为什么智能设计论是对生命的宗教解释而非科学解释。演讲之后，一名听众走到我身边："我认为您关于演化论给出的证据非常有说服力——但我还是无法相信它。"

这句话概括了一种广泛存在的极为模棱两可的对待演化生物学的态度：证据是令人信服的，但是他们并不信服。怎么会这样？其他科学领域都不必遭受此类问题的困扰。我们不怀疑电子或黑洞的存在，尽管事实上这些现象离我们的日常经验很远，而演化论则要近得多。毕竟，你能在任何一家自然历史博物馆中看到化石，我们也经常能读到细菌和病毒如何演化出抗药性的报道。那么，演化论到底出了什么问题？

问题肯定不是缺少证据。既然你已经读到了这里，我希望你已经确信，演化论远远不只是一个科学理论——它是一个科学事实。我们已经看到了来自很多领域的证据：化石记录、生物地理学、胚胎学、退化器官、并非最优的设计，等等。所有这些证据表明：毫无疑问，生物体发生过演化。而且，不只是小规模的"微演化"：我们已经看到了新的物种形成，既在现实中又在化石记录中。而且我们已经找到了主要生物种类之间的过渡形态生物，比如鲸和陆地动物之间的过渡生物。我们已经看到自然选择发生作用，并且有充分的理由认为它能产生复杂的生物和特性。

我们还看到演化生物学做出了可检验的预测，但这些预测当然不是关于某个物种将如何演化的。因为一个物种具体的演化进程取决于无数的不确定因素，比如哪一个突变会突然发生，以及环境会如何改变。但是，我们能预测将在哪里发现化石，例如达尔文就预测人类的祖先应当在非洲被发现；我们还能预测共同的祖先会在何时出现，例如第二章中在 3.7 亿年前的古老岩石中发现的提塔利克鱼；我们还能在找到那些共同祖先之前预测它们的模样，例如第二章中蚂蚁和胡蜂之间值得关注的"缺失环节"。科学家们预测，他们能在南极洲发现有袋类的化石——结果他们就真的做到了。而且我们还能预测，假如我们找到一种动物，雄性具有明亮的色彩而雌性没有，那么这一物种的配偶体系一定是一夫多妻制。

每一天，都有数以百计的观测与实验会倾注到科学文献这个大口袋中。其中很多与演化论并无关联，比如有关生理学、生物化学、发育学等学科的观测细节；但还有很多的确与演化论相关。而且，每个与演化论相关的事实都证实了演化论的真实性。我们找到的每一块化石、我们测序的每一个 DNA 分子、我们解剖的每一个器官，全部支持物种由共同祖先演化而来这一观点。尽管"可能"会有数不清的观测证明演化是不真实的，但其仅仅是可能，我们实际上没有得到任何一个这样的观测。我们没有在前寒武纪的岩石中找到过哺乳动物，没有发现人类和恐龙处于同一岩层，或是发现任何其他有悖于演化顺序的化石。DNA测序也支持原来根据化石记录推演得到的物种之间的演化关系。而且，正如自然选择所预言的，我们发现没有哪个物种具有仅仅有益于另一个物种的适应性。但我们的确发现了死去的基因和退化的器官，这些在特别创造论的概念之下都是无法理解的。尽管存在无数的机会被证明是错误的，演化论却一直被证实是正确的。对于一个科学真理来说，这已经是我们所能接近的极限了。

今天，当我们说"演化论是真实的"，意思是指：达尔文学说的主要原则已经被证实。生物体发生了演化，这一过程是渐进的，一个种系由共同的祖先分化成不同的物种，而自然选择是驱动适应性的主引擎。没有一个真正的生物学家怀疑这些命题。但这并不意味着达尔文学说在科学上已经没剩下什么东西需要去领会了。事实远非如此。演化生物学充满了问题和争辩。性选择到底是怎样发挥作用的？雌性会选择携带有利基因的雄性吗？相对于自然选择和性选择，基因漂移在 DNA 序列或生物体特征的演化中扮演了什么样的角色？哪些人族化石恰好位于智人演化的种系上？是什么引发了寒武纪的生命"大爆炸"，使得仅仅几百万年的时间内就出现了这么多新的动物物种？

演化论的批评者们往往抓住这些争论，说这些争论表明演化理论本身存在某种错误。但实际上，对于演化论的主体，任何一位严肃的生物学家都没有异议。争论只在于演化如何发生的细节，以及各种演化机制在演化过程中的相对角色关系。这些"争论"非但没使演化论变得不可信，反而在事实上标志着这一领域的活跃和兴盛。推动科学向前的正是无知、争论，以及通过观测和实验对于可能理论的验证。没有争论的科学是不会进步的。

到此为止，我可以简单地说："我已经给出了证据，表明演化论是真实的。证毕。"但如果这样做，我就是在玩忽职守，因为，就像演讲过后我遇到的那个商人一样，很多人需要的不仅仅是证据。对于这些人来说，演化带来了诸多深奥的问题，比如目标、道德，以及意义。不解决这些深层次的问题，无论他们看到了多少证据，还是无法接受演化论。让他们如此困扰的，并不是我们演化自猿类的事实，而是面对这一事实所带来的情感上的后果。如果不处理一下这些顾虑，我们永远也无法让演化论成为一个举世公认的事实。正如美国哲学家迈克尔·鲁斯（Michael Ruse）指出的："没有人辗转难眠是为了担心化石记录中存在的空白。许多辗转难眠的人是在担心堕胎、毒品、家族观念的丧失、同性恋婚姻，以及所有其他与所谓的'道德价值'相对立的东西。"

作为一位保守的美国哲学家和智能设计论的鼓吹者，南茜·皮尔斯（Nancy Pearcey）曾经表达过这种普遍的焦虑：

> 为什么公众如此热切地关注一个生物学的理论？因为人们凭直觉感到，除了一个科学理论，还有别的什么也在风雨飘摇之中。他们知道，一旦在科学教室中讲授了自然主义的演化论，那么沿着走廊的历史教室、社会学教室、家庭生活教室里都会开始讲授自然主义的伦理观。

许多美国的神创论者赞同皮尔斯的以下观点：演化论已经被察觉到的所有邪恶都来自于两种世界观——自然主义和唯物主义，二者都是科学的组成部分。自然主义认为，理解世界的唯一方式就是通过科学的方法。唯物主义认为，唯一的实体是宇宙中的物理物质，此外的一切，包括思想、意志和情感，全部由作用于物质的物理定律产生。演化论所要传达的信息与其他所有科学一样，是自然主义的唯物论。达尔文学说告诉我们，人类和所有物种一样，是盲目的无目的力量经过无尽的时间产生的作品。就我们目前所知，造就了蕨类、蘑菇、蜥蜴和松鼠的力量同样也造就了我们。目前，科学无法完全排除超自然解释的可能性，有可能——但是可能性很小——我们的整个世界都是由小精灵控制的。但是，诸如此类超自然的解释完全没有必要。我们利用理智和唯物论去努力领悟自然界，这样就很好。此外，超自然的解释往往意味着询问的终结：这是神的旨意，故事结束。而科学是永不知足的：我们对于世界的研究将持续到人类的灭亡。

然而，皮尔斯认为演化论的课程将不可避免地蔓延到伦理学、历史和"家庭生活"的学习中，这未免太杞人忧天了。你怎能从演化论中衍生出意义、目标，或是伦理呢？你不能。演化论不过是关于生命多样化的过程和模式的一个理论罢了，它不是关于生命意义的重大哲学方案。它不能告诉我们该做些什么，该有什么样的行为举止。这对于很多信徒来说是一个大问题，他们想从人类起源的故事中找到我们存在的理由以及行动的方向。

我们的生命中的确需要意义、目标和精神上的指引。如果接受了演化论才是讲述我们起源的真实故事，我们又该怎样找到上述这些指引呢？这些问题已经超出了科学的范畴。但是演化论依然能够对道德是否受制于我们的遗传给出一些启示。如果我们的身体是演化的产物，那我们的行为呢？在非洲大草原上的数百万年，对于我们来说是否是一个卸不下的精神包袱呢？如果真是这样，我们何时能够克服它？

内心的野兽

关于演化有一个很普遍的看法：如果承认我们只不过是演化了的哺乳动物，那么就没有什么可以制止我们像野兽一样行动。道德将会被丢到一边，热带丛林的法则将会盛行。这就是南茜·皮尔斯所忧虑的，将会在学校中蔓延的"自然主义伦理观"。正如科尔·波特（Cole Porter）在一首老歌里唱的：

> 他们说熊有风流韵事
> 甚至骆驼也有
> 我们是人类和哺乳动物啊——让我们行为不
> 端吧！

　　这一观念的最新版本在 1999 年由前国会议员汤姆·德雷（Tom DeLay）提出。为了暗示科罗拉多州科伦拜恩高中的枪杀案可能具有达尔文主义的根源，德雷在美国国会大声地朗读了得克萨斯某份报纸上的一段话，讽刺地提示到"这起枪杀案应该不会是因为我们的学校系统向孩子们讲授，他们只不过是从原始的泥浆中演化而来的登堂入室的猿类罢了"。保守派评论家安·科尔特（Ann Coulter）在她的畅销书《无神论：自由主义的教堂》（*Godless*：*The Church of Liberalism*）中说得更加直白：对于自由主义者，演化论"让他们逃脱了道德的约束。做你们想做的任何事情吧！压榨你的秘书，杀死你的奶奶，因你的孩子有缺陷而堕胎——达尔文说这对人类有益！"当然，达尔文从来没说过这样的话。

　　但是，现代演化生物学是否曾经宣称，基因决定了我们势必要像我们的野兽祖先那样行事？对很多人来说，这种印象来自于演化论者理查德·道金斯（Richard Dawkins）非常畅销的著作《自私的基因》（*The Selfish Gene*），或者不如说是来自于这本书的题目。这似乎暗示了演化会让我们行为自私，仅仅为自己考虑。谁愿意在那样的世界里生存呢？但是这本书根本没说那样的事情。道金斯明确指出，"自私的"基因是对自然选择如何发生作用的比喻。基因表现得好像它们是自私的分子——在一决定未来生死存亡的战斗中，那些产生更好适应性的基因表现得好像要将其他基因排挤出去一样。然后自然而然的，自私的基因就要产生自私的行为。但事实上，大量的科学文献告诉我们，演化如何青睐于那些导致协作、利他，甚至道德的基因。我们的祖先毕竟不是完全野蛮的，而且无论如何，在动物种类繁多的热带丛林中，许多动物生存于非常复杂和协作性的社会中，并不像格言谚语中暗示的那样没有章法。

那么，如果说我们作为群居猿类的演化在我们的大脑中留下了烙印的话，怎样的人类行为应当是"必然的"？道金斯自己就曾经说过，《自私的基因》完全也可以命名为《协作的基因》。那么，我们人类必然是自私的、协作的，还是亦自私亦协作？

近年出现的一个新的学科试图回答上述问题，依据演化论来解释人类的行为——这就是演化心理学。这一学科可以回溯到 E. O. 威尔逊（E. O. Wilson）的著作《社会生物学》（*Sociobiology*）。这本书对动物行为做了大范围的演化上的综合，并在最后一章中提出，人类行为同样可以具有演化的解释。演化心理学试图将现代人类行为解释成自然选择作用于我们祖先的适应的结果。如果我们把公元前4000 年看作"文明"的开端——那时已经出现了具有城市和农业活动的复杂社会，那么到现在时间只过去了 6000年。这仅仅是人类种系从黑猩猩中分离出来的全部时间的千分之一。文明社会的大约 250 代历史如同蛋糕上的糖霜一样，点缀于狩猎采集的小规模社会群体 30 万代的历史之上。而选择已经用漫长的年代来让我们适应于这样的生活方式。演化心理学把我们在这个漫长时期里所适应的自然和社会环境称作"演化适应性环境"（Environment of Evolutionary Adaptedness），缩写为 EEA。[55] 演化心理学家认为，我们一定保留了很多在 EEA 中演化出来的行为，即使它们不再具有适应性，甚至是不利于适应的。毕竟，现代文明出现之后，还几乎没有时间让人类发生演化改变。

实际上，所有的人类社会似乎享有很多公认的"人类共性"（human universals）。在同名的一本书中，唐纳德·

布朗（Donald Brown）列出了许多这样的特征，包括使用符号语言（其文字是行为、物体和思想的抽象符号）、两性的分工、男性优势、宗教或超自然信仰、对死者的哀悼、对亲属的偏爱超过非亲属、装饰艺术与时尚、舞蹈与音乐、流言蜚语、身体装饰，以及对甜食的喜好。因为大多数这样的行为是人类有别于其他动物的，所以它们被看作是"人类天性"的各个方面。

　　但是我们不该一味地假定普遍的行为就反映了以基因为基础的适应性。其中一个问题就在于，虚构出一个演化的理由来解释为什么许多现代人的行为要适应 EEA 实在是太容易了。比如说，艺术和文学可能就相当于孔雀的尾巴，艺术家和作家用这些作品吸引女性，从而留下更多的基因。强奸怎么解释？那是没能找到为自己传宗接代的配偶的男性采取的方式，这样的男性也因其制服并强行与女性交配的倾向而在 EEA 中被选择了。沮丧能解释吗？同样没问题：这是从压力境遇中抽身的适应性手段，攒足心智的力量你才能应对生活；也可以说这是社交失败的仪式化形式，它允许你从竞争中撤退，重整旗鼓，以待某天重返战场。那同性恋呢？尽管这种行为看上去与自然选择所鼓励的东西相当对立（同性恋者的基因无法传代，将会在群体中迅速消失），但你可以假定在 EEA 中，同性恋的男性留在家里帮他们的妈妈照顾其他的后代，这就能说通了。因为在这种情况下，同性恋者可以帮助更多的兄弟姐妹存活下来，而他们也共享"同性恋基因"，于是"同性恋基因"就能够传承下去。顺便提一下，上述这些解释中没有一个是我给出的，它们全都出现在已发表的科学文献中。

　　有一种趋势正愈演愈烈：心理学家、生物学家和哲学家正在将人类行为的方方面面达尔文化，使自己的研究变成了一种科学的室内游戏。但是对于事物如何演化的富于想象的重构并不是科学，而是故事。斯蒂芬·杰伊·古尔德（Stephen Jay Gould）讽刺其为"假设的故事"（Just-So Stories），来自吉卜林（Kipling）的同名书。在这本书中，吉卜林对动物的各种特征做出了令人愉快的幻想性解释，比如"美洲豹如何得到它的斑点"，等等。

可是，也不能说所有的行为都不具有演化基础——实际上某些行为确实具有这样的基础。这包括那些几乎肯定是适应性的行为，因为它们普遍存在于动物中，对于生存和繁殖的重要性显而易见。我马上就能想到的有吃饭、睡觉（尽管目前还不知道我们为什么需要睡眠，但有休息期的大脑是动物中普遍的现象）、性欲、亲代抚育，以及对亲属的偏爱超过非亲属。

第二类行为包括那些似乎很有可能是通过选择演化而来的行为，但是其适应的重要性还不像亲代抚育等行为那么清晰。性行为是这一类中最具代表性的。跟很多动物一样，人类的男性大都更随意，而女性则更挑剔——尽管很多社会中盛行强制的一夫一妻制。男性比女性更加高大强壮，具有更高水平的睾酮——与侵略性有关的激素。在对生殖成功率进行过检测的社会中，男性生殖成功率的差异范围总是高于女性。对报纸私人广告栏进行的虽然不是最严格的科学调查统计表明，男性喜欢寻求身体适合生育的年轻女性，而女性更喜欢稍微年长的、有财富有地位并且乐于投入彼此关系的男性。根据我们所知的动物之中的性选择，所有这些特征都是有意义的。尽管这并不是将我们等同于象海豹，但这些类似性强烈地暗示，我们身体和行为的特征是由性选择塑造的。

但是再一次地，在从其他动物进行外推时，我们必须要小心。男性更加高大的原因不是竞争女性，而是因为劳动分工这一演化结果：在 EEA 中，男性负责打猎，而女性作为生育者负责照顾孩子并且采集食物。（注意，这仍然是演化的解释，但它牵涉到的是自然选择而非性选择。）试图用演化来解释人类性特征的方方面面，会带来某些心理曲解。例如，在现代西方社会，女性比男性更加精心地装饰自己，她们化妆，穿各种漂亮衣服，等等。这与大多数性选择的动物很不相同，比如，是雄性天堂鸟演化出了复杂精美的表演、身体颜色和装饰。我们更容易看到存在于周遭环境中和社会中的行为，却忽略了行为往往随时间和空间发生变化。同样是作为一名同性恋者，在今天的旧金山和在 2500 年前的雅典可能不会是一样的。几乎没有哪种行为像语言或睡眠那样是绝对的，不可改变的。然而，我们十分确信有些在我们的祖先来讲是适应性的特征——某些性行为、对于肥肉和甜食的广泛喜爱以及囤积脂肪的倾向——现在不再是必要的了。诺姆·乔姆斯基（Noam Chomsky）和史蒂文·平客（Steven Pinker）等语言学家令人信服地指出，符号语言的使用很可能是一种遗传适应性，句法和文法以某种方式编码于我们的大脑中。

最后，还有一大类行为有时被看作是适应性，但实际上，关于它们的演化我们一无所知。这包括许多最为有趣的人类共性，比如道德规范、宗教，和音乐。关于这类特征如何演化的理论和书籍没完没了。一些现代思想家构建了精巧复杂的框架，来解释当自然选择作用于社会性灵长类可遗传的心智时，如何就产生了我们的道德感本身以及许多道德准则，这就像语言使复杂的社会和文化得以建立。但是最终，这些观点也只能归结为未经验证的猜测，而且很有可能是永远无法被验证的猜测。即使它们真是演化而来的遗传性特征，重建这些特征的演化过程也几乎是不可能的。为了更好地控制自己的身体，我们演化出了复杂的大脑，以实现灵活的行为控制。同时这个复杂的大脑也带来了一些"副作用"——比如生火。那么我们的道德是否也是大脑的副产品呢？亦或是直接的适应产物？对此我们同样不可能获知答案。我个人的观点是：有关人类行为演化的结论必须建立在研究的基础上，而且至少要像研究非人类的动物那样严格精确。如果你读过动物行为学方面的学术期刊就会明白了，上述要求其实为相关研究设置了一道很高的门槛，令很多关于演化心理学的主张销声匿迹了。

　　没有理由把我们自己看作是在演化的线绳牵动下舞蹈的木偶。是的，我们行为中的某些方面或许是遗传编码的，由自然选择慢慢地灌输进我们生活在热带草原上的祖先体内；但是基因并不是命运。"遗传"并不意味着"不可改变"，这个道理所有遗传学家都知道，但却似乎并没有渗透到非科学家的意识里。所有种类的环境因素都能影响基因的表达。举个例子，青少年糖尿病是一种遗传性疾病，但是小剂量的胰岛素——一种环境的干涉——就能在很大程度上消除该病的害处。多亏了眼镜，我那家族性的差劲的视力才没有成为累赘。同样地，我们可以通过意志力和减肥互助组的每日会议，减弱对巧克力和肉类的贪婪食欲；而婚姻制度已经在抑制男性不轨行为的道路上走了很远。

　　世界上确实充满了自私的行为、不道德和不公正。但是换个视角，你也能找到无数仁慈和利他的行为。这两类行为的要素或许都来自于演化的继承，但是这些举动大都是选择的问题，而不是基因的问题。向慈善团体捐款，为消除贫困国家的疾病做志愿者，冒着人身危险救火——这些举动中没有一个是演化直接灌输给我们的。时光流转，尽管像卢旺达和巴尔干半岛的"种族清洗"这类可怕的事件依然存在，但我们看到与日俱增的正义感正在全世界蔓延。在罗马时代，一些曾经存在过的最有智慧的头脑认为，下午时间最佳的娱乐活动就是坐下来，看着人类之间或是人类与野生动物之间为了生存而殊死搏杀。现在，地球上没有任何文明不认为这是野蛮的。同样地，人体祭品曾经是世界上许多文明的重要组成部分。谢天谢地，这也已经消失了。在很多国家，男女平等现在已经被认为是很自然的事。较为富足的国家开始意识到，它们有义务帮助而不是剥削较为贫穷的国家。我们对自己对待动物的方式考虑得更周全。上述这些都与演化无关，因为这些改变发生得实在太快了，不可能是由基因引起的。可以明确的是，无论我们继承了怎样的基因，那都不是将我们永远束缚在祖先的"兽性"之中的紧身衣。演化只告诉我们自己来自哪里，而非可以去向何方。

　　尽管演化以一种无目的的、唯物的方式运转，但这并不意味着我们的生命没有目的。无论通过宗教的还是现世的思考，我们都能寻获自己的目的、意义和道德。我们中的许多人在工作、家庭以及业余爱好中找寻意义。音乐、美术、文学和哲学中都存在精神的慰藉和食粮。

　　很多科学家都获得了深远的精神满足，因为他们专注于宇宙的奇迹，以及我们探究其奥秘的能力。阿尔伯特·爱因斯坦（Albert Einstein）经常被错误地描述成是保守的教众，然而他其实是把对自然的研究看作是一种精神的体验：

　　　　我们所能体验的最美妙的事物就是神秘。它

是最基本的情感，立于真正的艺术与真正的科学的源头。体验不到这神秘的人，也就不再好奇，不再惊叹，不过是行尸走肉罢了。对于这神秘的体验成就了宗教，虽然其中还掺夹了恐惧。认识到世上还有我们无法参透的某些事物，还有最为深奥的理性，以及最为炫目的美丽，而且这一切仅在最为基本的形式中才能为我们的理性所感知——正是这种认识和这种情感构成了真正的宗教态度；在这个意义上，也只是在这个意义上，我才是一个虔诚信奉宗教的人……不朽生命的神秘，对不可思议的现实构造的模糊理解，再加上尽心竭力想要知其一二的渴望，这些对于宇宙中无处不在的理性而言都显得太过渺小，但是对我来说却已经足够。

源于科学的精神性还意味着，要接受随之而来的人性在宇宙面前的卑微感，并接受或许永远无法获知所有答案的可能性。物理学家理查德·费曼（Richard Feynman）就是那些坚定者中的一员：

> 我不必非要得到一个答案。我不会因为无知而恐惧，也不会因为漫无目的地迷失在神秘的宇宙之中而恐惧。这或许就是宇宙真实的状态——就我所知。这不会吓倒我。

但是不能期望所有的人都拥有这样的感觉，或者以为《物种起源》可以取代《圣经》。只有相对很少的人能在自然的奇迹中找到永恒的安慰和支持。而少之又之的人才有幸通过自己的研究来为这些奇迹添砖加瓦。英国小说家伊恩·麦克尤恩（Ian McEwan）为科学取代传统宗教的失败而叹惋：

> 我们的世俗的和科学的文化没能取代，甚至没有机会挑战这些互不相容的、超自然的思想体系。科学的方法、怀疑论或一般的推理仍然没有找到一种强有力的、简洁的，并具有广泛吸引力的涵盖一切的叙述方式，以与那些给予人类生活意义的陈腐故事竞争。自然选择对地球上的生命多样性给出了有力、优美，并且高效的解说。它多半还蕴含着与创世神话对抗的种子，能为证明这一真理添加力量——但它还要等待它有灵感的综合者、它的诗人、它的弥尔顿。……理性与神话现在还是同床异梦。

我当然不是说自己就是达尔文学说的弥尔顿，但是我至少可以尝试驱散一些错误的概念。正是这些概念吓得人们远离演化论，远离如下惊人奇迹：生命错综复杂的多样性是从一个简单的、裸露的、可以自我复制的分子发展而来。这些误解之中最大一个就是：接受演化论将会在某种程度上分裂我们的社会，败坏我们的道德，使我们的举止形同野兽，还会催生新一代的希特勒和斯大林。

然而，上述这些都不会发生。正如我们从许多欧洲国家中了解到的，那里的居民全都接受演化论，而他们依然是文明的。演化论既不是道德的，也不是不道德的。它只是我们希望它是的样子。我已经尽力在这本书中表明，我们可以让它呈现两种样子：简单的和神奇的。对于演化论的研究非但不会束缚我们的行为，还能解放我们的思想。人类只不过是演化那枝繁叶茂的大树上细嫩的枝芽。然而，我们又是一种非常特别的动物。自然选择铸造了我们的大脑，为我们打开了整个新世界的大门。我们的祖先曾经饱受疾病和不适的折磨，为不断寻觅食物所困扰；而我们已经学会如何提高自己的生活质量，极大地超越了我们祖先的生活。我们可以飞越最高的山峰，潜入最深的海底，甚至探访其他的星球。我们创作出交响乐、诗歌和书籍来释放审美的激情，满足情感的需求。没有哪个物种做过类似的事情，它们还相差甚远。

但是还有更令人惊奇的。自然选择给我们这种生物遗留下了复杂的大脑，甚至足以洞晓支配宇宙的规律。而且，我们还该为以下独一无二的本领感到自豪：我们能够发现自己从何而来。

注　释

1. 尽管现代演化论早已超越了达尔文最初所提出的理论（比如他对 DNA 和突变一无所知），但仍旧被称为"达尔文学说"。这种命名方式在科学研究中不太常见。比如，我们不会称经典物理学为"牛顿学说"或称相对论为"爱因斯坦学说"。然而，达尔文太具智慧了，在《物种起源》中就已经正确地完成了这个理论的几乎全部主体框架。所以对许多人来说，达尔文就是演化论的同义词。我在本书中会经常使用"达尔文主义"这一说法，但请记住，我指的是"现代演化论"。

2. 与纸板火柴不同，人类的语言的确可以形成嵌套的层级结构，某些语言之间彼此相像，比如英语和德语，但与其他语言又大不相同，比如汉语。事实上，你可以基于词汇和语法的相似性为语言建立一棵演化树。之所以语言可以这样组织在一起，是因为它也经历了自己的演化：在时间的长河中语言会逐步发生改变；在人们移居至新的地区并与原来的生活地区失去联系之后，语言会发生分化。就像物种一样，语言有语种形成的过程，不同语言有共同的祖先。达尔文是最先认识到这种相似性的人。

3. 长毛猛犸大约于 1 万年前绝迹，很可能是由于我们祖先的猎杀所致。我们知道，至少有一具标本完好地保存在了冻土地带中，其甚至在 1951 年成为了纽约一家"探险家俱乐部"提供的食物。

4. 很可能哺乳类祖先把成体的睾丸保留在了腹部之中，现在仍有少数哺乳动物是这样的，比如鸭嘴兽和大象。于是我们不禁要问：为什么演化青睐于在一个易于受伤的体外位置放置睾丸？我们还不知道答案是什么。不过，有一条线索是，制造精子所涉及的酶不能在核心体温的环境下正常工作。正是因为这样的原因，医生会告诫那些想要当爸爸的人不要在性生活前泡热水澡。很有可能，在哺乳动物演化出温血性的过程中，有一些成员的睾丸却被迫在遗传中保持冷血。但外置的睾丸也可能来自其他的原因，参与制造精子的酶只不过是丧失了它们在高温下工作的能力。

5. 演化论的反对者宣称：演化论必须还要能解释生命是如何起源的，而达尔文学说没能对此做出解释的原因是我们没有这样的答案。这种反对意见着实走错了方向。演化论处理的问题是在生命已经形成之后所发生的一切。按我的理解，最初的生命是一种能够自我复制的有机体或分子。生命的起源不属于演化论的研究范畴，而是另一个学科——自然发生论的研究对象。这个科学领域涉及了化学、地质学，以及分子生物学。因为这个领域尚在襁褓之中，几乎没有给出什么答案，所以我在本书中略去了所有关于生命如何在地球上起源的讨论。如果对这方面的各种相关理论感兴趣，可以参考罗伯特·哈森（Robert Hazen）的书《创*世*记：追寻生命起源的科学探险》（Gen* e* sis：The Scientific Quest for Life's Origin）。

6. 请注意，在前半部生命历史中，细菌是唯一的物种。直到这部历史最近的 15% 时间中，才出现了复杂的多细胞生物。如果要看看以实际比例描绘的演化时间线，想知道我们所熟知的这些生命形态多晚才出现，请访问 ht-tp://andabien.com/html/evolution-time-line.htm。什么都没看到？一直向右滚动你的屏幕吧！

7. 神创论者常常使用《圣经》中"种类"（kind）的概念来指称各组特别创造出来的生灵（见《创世记》1:12—25）。在这个框架内，一定程度的演化是允许的。一个神创论网站在解释"种类"时称："举例来说，鸽子可能有很多物种，但它们还都是鸽子。因此，鸽子就是动物的（或者说鸟的）一个'种类'。"于是，在"种类"之内的微演化就是被允许的，而种类之间的宏演化则不可以，而且也"没有发生过"。换句话说，一个种类的成员有共同祖先，不同种类的成员则没有。问题在于，神创论者对于如何界定"种类"没有给出标准。这东西相当于生物学中的"属"吗？还是"科"？所有的蝇类都属于同一个种类，还是不同的种类？所以，我们无从判断神创论者对于演化改变的确切容忍限度。不过，所有神创论者都同意：智人本身是一个"种类"，因此必然是创造出来的。然而，实际上没有任何演化论的理论或数据表明，演化的改变存在着某种限度。就我们所知道的，宏演化不过是在相当长一段时间上积累起来的微演化。如果对神创论关于"种类"的概念感兴趣，可以参见 http://www.clarifyingchristianity.com/creation.shtml 和 http://www.nwcreation.net/biblicalkinds.html。如果对相反的意见感兴趣，可以参见 http://www.geoci-ties.com/CapeCanaveral/Hangar/2437/kinds.htm。

8. 古生物学家现在认为，所有兽脚亚目恐龙，包括著名的暴龙，都在身体上覆某种形式的羽毛。你不会在博物馆的重组骨架上看到这些羽毛，也不会在电影《侏罗纪公园》里看到这样的恐龙。展示这一身的绒毛可不利于树立暴龙高大威猛的恐怖形象!

9. 第一个中国鸟龙的化石标本"戴夫"被发现的过程很有趣。如果对这个引人入胜的故事感兴趣,请访问 http://www.amnh.org/learn/pd/dinos/markmeetsdave.html。

10. 关于发现顾氏小盗龙的过程,以及对于它是否会飞的争论,美国的科学电视节目《新星》(NOVO)做过一期很棒的专辑。这期叫作"四翼恐龙"的节目可以在 http://www.pbs.org/wgbh/nova/microraptor/program.html 看到。

11. 科学家近期获得了一项令人震惊的研究进展。他们通过努力,从一块有 6800 万年历史的暴龙化石中提取到了一些胶原蛋白的残缺片段,并对其进行了氨基酸测序。分析结果显示,在所有现存的脊椎动物中,暴龙与鸟类中的鸡和鸵鸟亲缘关系最近。这一结果再次证实了科学家们长久以来的推测:其他所有恐龙都灭绝了,但只有产生了鸟类的这一支得以幸存。生物学家们越来越深地认识到,鸟类不过是高度改造过的恐龙。的确,鸟类也常常在分类中被当作是恐龙。

12. 鲸的蛋白质和 DNA 序列显示,在所有陆生哺乳动物中,与鲸亲缘关系最近的是偶蹄目动物。这个结果与化石证据完全一致。

13. 想看看水䑏鹿是如何钻入水中躲避一只鹰的吗?请访问 http://www.youtube.com/watch?v=13GQbT2ljxs。

14. 然而这篇论文后来还是发表了。论文认为,虽然奔跑的方式不同,鸵鸟与马跑过同样里程所消耗的能量还是接近的: M. A. Fedak and H. J. Seeherman. 1981. A reappraisal of the energetics of locomotion shows

identical costs in bipeds and quadrupeds including the ostrich and the horse. *Nature* 282：713-716.

15. 如果想看到鸵鸟是如何用这对翅膀求偶的，请访问：http://revver.com/video/213669/masai-ostrich-mating/。

16. 鲸没有外耳，耳肌也失去了功能，还有一些个体长有无用的微小耳孔。这些都是继承自它们的陆生动物祖先。

17. 就我所知，假基因永远不会重新"复活"。一旦一个基因由于突变而失活，它会迅速积累更多的突变，这些突变会完全破坏其中所蕴含的蛋白质信息。不难想象，所有这些突变再经过突变逆转回正常的基因，从而重新被唤醒，这种可能性为零。

18. 可以预测，那些并非全部时间都在水中的海洋哺乳动物，比如海狮，应该比鲸和海豚有更多的有活性的嗅觉受体基因。大概这是因为它们还需要检测空气中的气味。

19. 神创论者经常会引用海克尔"捏造"的图画作为攻击演化论这个整体的工具。他们说：演化论者会歪曲事实以支持错误的演化论。但是，海克尔的故事没这么简单。海克尔可能没有做出任何不当行为，而只是有点马虎——他的"骗局"是三张用同一印版印出来的插图。当被要求对此做出解释时，他承认了错误，并做出了更正。没有任何证据表明，海克尔有意歪曲了胚胎的外观，以使它们看起来比实际情况更相像。R. J. 理查兹（R. J. Richards）讲述了整个事件的来龙去脉（2008，chapter8）。

20. 我们的祖先给我们的身体留下了很多其他悲哀。痔疮、背痛、打嗝，以及发炎的阑尾——全都是我们的演化后遗症。尼尔·舒宾（Neil Shubin）在他的著作《你体内的鱼》（*Your Inner Fish*）中描述了这些问题以及其他许多类似的问题。

21. 这篇报道还给威廉姆·考珀（William Cowper）以灵感，让他创作出了一首诗，《亚历山大·塞尔扣克的独居生活》（*The Solitude of Alexander Selkirk*），其中几句颇为著名：

> 我所勘定之地以我为王，
> 我在此的权利至高无上，
> 从中心直指大海的四方，
> 飞鸟走兽皆要称我为王。

22. 观看最近 1.5 亿年中的大陆漂移的动画，请访问 http://mulinet6.li.mahidol.ac.th/cd-rom/cd-rom0309t/Evolution_files/platereconanim.gif。更多有关整体地球历史的动画，请访问 http://www.scotese.com/。

23. 这句话可以说是丁尼生最著名的诗句，出自他的诗作《纪念 A. H. H. 》（*In Memoriam A. H. H.*）（1850）：

> 他相信上帝有爱，
> 爱乃造物之根本法则，
> 但自然的尖牙利爪尽带血红，
> 叫嚣着反对他关于爱的信条。

24. 有一段短片记录了日本巨胡蜂对引入蜜蜂的杀戮，以及被本地蜜蜂烤死的过程。请访问 http://www.youtube.com/watch?v=DcZCttPGyJ0。然而，科学家近来又发现了蜜蜂杀死胡蜂的另一种方法——令其窒息。胡蜂要靠伸缩腹部，把空气通过微小的通道泵入体内才能呼吸。在塞浦路斯，当地的蜜蜂也会在入侵的胡蜂四周聚集成球。这道严实的蜂墙阻止了胡蜂腹部的运动，令后者气绝身亡。

25. 卡尔·齐默（Carl Zimmer）的书《王者寄生虫》（*Parasite Rex*）叙述了很多其他寄生虫操控其宿主的方式，很迷人，同时也很恐怖。

26. 这个故事还有另一面，同样令人觉得不可思议：这些大部分时间在树上生活的蚂蚁演化出了滑翔的能力。当从一根树枝上不慎跌落的时候，它们在空中对身体操控自如，让自己落回到安全的树干上，而非危机四伏的林中空地上。虽然现在还不知道蚂蚁是如何在空中控制滑翔方向的，但你可以在下面这个链接看到这种神奇行为的视频 http://www.canopyants.com/video1.html。

27. 神创论者有时也会援引这条神奇的舌头作为论据，证明这样的特征是不可能演化出来的，因为舌头从短到长的中间态将是一种不适应。这种断言毫无依据。关于这条长舌头的详细描述，以及它为什么可能是演化而来的，请访问 http://www.talkorigins.org/faqs/woodpecker/woodpecker.html。

28. 在我写作这本书的时候，另一篇报道刚刚出现，证实从尼安德特人骨头中提取的 DNA 包含有另一种该基因的浅色型。所以很有可能，尼安德特人拥有红色的头发。

29. 不同种类的狗都被认为可以归于家犬亚种（*Canis lupus familiaris*）之下，属同一物种，因为它们都能彼此成功杂交。如果我们只有狗的化石，它们这些确定无疑的体态差异一定会让我们以为它们之间存在遗传壁垒，无法杂交，于是我们就会把它们当成是不同的物种。

30. 这些昆虫还要适应不同植物物种的不同化学物质。所以，现在那些新形态的虫子在其栖息的外来植物上比在原来栖息的无患子灌木上还更兴盛。

31. 关于凝血和鞭毛可能是如何演化来的，请参阅肯尼思·米勒（Kenneth Miller）的书《只是个理论》（*Only a Theory*）以及 M. J. Pallen 和 N. J. Matzke（2006）的文章。

32. 想看到雄性艾松鸡如何在求偶场上向雌性表白，请访问 http://www.youtube.com/watch?v=qcWx2VbT _ j8。

33. 目前鉴定出的最早的有性生殖生物是一种红藻（*Bangiomorpha pubescens*）。在其 12 亿年前的化石中，两种性别清晰可辨。

34. 有一点很重要：我们讨论的是雌雄两性之间在获得配偶成功率的差异性上的区别。与之相反，两性获得配偶成功率的平均值必定是相同的，因为每一个后代必然有一个父亲和一个母亲。对于雄性，这个平均值来自于少数雄性有很多后代，而多数雄性没有后代。另一方面，对于雌性，每个个体的后代数目基本一致。

35. 当被迫面对这个问题时，神创论者总是用"创造者的神秘冲动"来解释性别二态性。演化论者道格拉斯·富图伊玛（Douglas Futuyma）曾经这样质疑神创论者："多出来一条将近两米的尾羽，很容易就成为了豹子的腹中食，但不这样又没法繁殖后代！难道'神创论科学家'们真觉得他们的创造者会认为这种情况很合适吗?"神创论的拥趸菲利普·约翰森（Phillip Johnson）在他的书《达尔文的试验》（*Darwin on Trial*）中回应这种质疑时写道："我不知道'神创论科学家'们会怎么觉得。但在我看来，雄孔雀和雌孔雀不过是一个冲动的创造者可能的偏好罢了。不过，反而是像自然选择这种'没有目的的机械进程'永远不可能允许这种情况演化出来。"但是，一个能被很好理解的、可以接受检验的假说，比如性选择，当然能够战胜一个无法去检验的、还要求助于"创造者难测的任性"的假说。

36. 你可能会问，如果雌性偏爱某些从未见过的特征，为什么这些特征从未在雄性身上演化出来呢？有一种解释很简单：能导致这种特征的突变只是恰好从未发生过而已。还有一种解释是，正确的突变的确发生了，但它导致的生存率下降的程度超过了它对雄性吸引雌性能力的提高。

37. 你或许会反对说，这种一致只不过说明人类大脑的神经模式是一样的：虽然鸟类本来是连续的、无法分类的，但人类还是能以同样的方式来对它分类，只是这种分类本身是随意而主观的。但是，这种反对意见在一个事实面前就变得无力了——鸟类本身也能识别它们的类群。当交配季节来临的时候，一只雄性旅鸫献殷勤的对象只会是一只雌性旅鸫，而不会是一只雌麻雀，更不会是一只雌乌鸦。鸟类与其他动物一样，很善于辨别不同的物种！

38. 比如，如果曾经出现的物种中 99％都走向了灭亡，要产生现存的 1 亿个物种，我们仍旧只需要物种形成速率达到每 1 亿年产生一个新物种。

39. 要清晰地了解科学如何重构地质学、生物学以及天文学中的古代事件，请参阅 C. 特尼（C. Turney）出版于 2006 年的《骨头、岩石和群星：往事之中的科学》（*Bones, Rocks and Stars: The Science of When Things Happened*）。

40. 下面我将对一个新的异源多倍化物种的形成给出一个更为详细的描述。请原谅，虽然理解这个过程并不太困难，但我们需要记住一些数字。每一个物种，除细菌和病毒之外，其染色体都有两个拷贝。以人类为例，我们共有 46 条染色体，组成了 22 对同源染色体对，外加一对性染色体：女性为 XX，男性为 XY。每对染色体的一条继承自父亲，另一条继承自母亲。当一个物种的个体生成配子时（对动物来说是精子与卵子，对植物来说是花粉与卵子），同源染色体对会彼此分离，每一对中只有一条能进入一个精子、卵子或花粉粒。但在此之前，同源染色体必须排列好，彼此成对，才能正常分裂。如果染色体不能正常配对，个体就不能生成配子，也就是不育的。

　　这种配对失败正是异源多倍化物种形成的基础。比如说，我们假设一个植物物种 A 有 6 条染色体，组成 3 对同源染色体对。进一步假设它还有一个亲缘物种 B，有 10 条染色体，组成 5 对。两者之间的杂交体将有 8 条染色体，3 条源自 A，5 条源自 B，因为配子只携带了每个物种的半数染色体。这个杂交体可能会生长得很繁茂，但当它试图形成花粉或卵子时，就遇到了麻烦。从一个物种来的 5 条染色体试图与从另一个物种来的 3 条染色体配对，结果只能是一场混乱。配子形成失败，杂交体只能是不育的。

但让我们再假设，由于某种原因，杂交体复制了自身的所有染色体，从而使得染色体数目从 8 条增加到16 条。这个新的超级杂交体就可以进行染色体的配对了：来自 A 的染色体现有 6 条，自成 3 对；来自 B的染色体现在有 10 条，自成 5 对。由于配对的正常进行，这个超级杂交体是可以繁育后代的，产生的花粉和卵子都含有 8 条染色体。从专业角度来讲，这个超级杂交过程就是异源多倍化的过程。其英文名称 allo-polyploid 来自希腊语"不同的"和"多倍的"。在它的16 条染色体中，携带了亲代双方 A 与 B 的全部遗传信息。我们可以预期，它看起来多少有点像两个亲代物种的中间体。而它新组合的特征可能令其得以在新的生态位中生长。

这种 AB 多倍化体不但有繁育能力，而且当其被同一种多倍化体授精之后，还的确能产生出后代。每一方亲代都向种子提供了 8 条染色体，于是种子就成长为又一株带有 16 条染色体的 AB 植物，与其亲代一模一样。一群这样的多倍化体，就将组成一个能够彼此交配、自我延续的种群。

这同时也就是一个新的物种。为什么？因为 AB 多倍化体与其亲代的两个物种都是生殖隔离的。当 AB 多倍化体与 A 或与 B 杂交时，子代都将是不育的。我们假设杂交的对象是 A。多倍化体生成的配子有 8 条染色体，3 条来自于 A，5 条来自于 B。当这些染色体与 A配子中的 3 条染色体融合时，产生的植物将有 11 条染色体。该植物将是不育的，因为虽然 A 的染色体都能正常配对，B 的染色体却完全不能。AB 多倍化体与 B杂交时的情形也是类似的：子代有 13 条染色体，在配子形成时，3条*来自 A 的染色体无从配对。

于是，新的多倍化体与其亲代物种杂交时，都只能产生没有繁育能力的后代。然而多倍体彼此之间交配时，产生的后代是有繁育能力的，有其亲代的全部 16 条染色体。换句话说，多倍化体形成了一个能够彼此交配的类群，却与其他类群生殖隔离——这恰恰就是生物学物种定义。而且，这个物种的形成没有地理隔离的参与。事实上，异源多倍化恰恰完全不能有地理隔离，因为两个物种要杂交就必须生长在同一个地区。

多倍化物种最初是怎么形成的？对于这个问题，我们不必历数上述的纷繁细节，而只要这样回答：先是两个亲代物种彼此之间形成了杂交体，而后杂交体经历了一系列的步骤，产生了罕见的带有双倍染色体的花粉和卵子（称为非减数配子）。这种配子的结合就产生了多倍化体的新个体，整个过程只用了两代。所有这些步骤在温室中和在野外都已经得到了证实。

41. 举一个同源多倍化的例子。让我们假设一个植物物种有 14 条染色体，组成了 7 对。其某个个体可能偶然产生了非减数配子，包含了全部 14 条染色体，而非正常的 7 条。如果这个配子与同物种另一个体产生的含 7 条染色体的正常配子结合，我们将得到一株有 21 条染色体，并具有部分生殖能力的植物。说"部分"，是因为这株植物有三套同源染色体，而非正常的两套，所以总体上是没有生育能力的。但是，如果这株植物再次产生少量非减数配子，含有 21 条染色体，而且又与另

---

* 译注：原文为 5 条，疑为作者笔误。

一个正常的含 7 条染色体的配子发生了结合，那我们就得到了含有 28 条染色体的同源多倍化个体。它有亲代基因组的两套完整拷贝。此类个体的一个种群就可以被看作是一个新的物种，因为它们能彼此交配，但与亲代物种交配时只会产生基本没有繁育能力的含 21 条染色体的个体。这种同源多倍化的物种与其单一的亲代物种有着相同的基因组成，但每个基因却有四份而非正常的两份拷贝。

由于新形成的同源多倍化体与其亲代有着相同的基因，所以经常也与亲代十分相像。要想区分新物种成员，往往需要在显微镜下数染色体的数目，发现其有着亲代物种两倍的染色体才行。因为与亲代太像，所以自然界中肯定有很多我们没有鉴别出来的同源多倍化物种。

42. "实时"发生的非多倍化物种形成的案例很罕见，但至少有一个是比较可信的。这个例子涉及伦敦的两类蚊子，其通常被称为亚物种，但实际上显示出了真正的生殖隔离。库蚊中的尖音库蚊（*Culex pipiens pipiens*）是一种最常见的都市蚊子。它的主要叮咬对象是鸟类，而且像许多其他蚊子一样，雌蚊只有在吸血之后才会产卵。入冬以后，雄蚊全部死去，雌蚊则进入类似冬眠的状态，称为"滞育期"。交配时，尖音库蚊在空旷地聚集成大群，雄性雌性进行群体式的胡乱交配。

伦敦地下十五米深处的地铁管道中生活着一种与尖音库蚊亲缘关系极近的库蚊亚种：骚扰库蚊（*Culex pipiens molestus*）。它专门叮咬哺乳动物，特别是乘坐伦敦地铁的人们。在第二次世界大战的闪电战中，成千上万的伦敦人被迫在空袭时睡在地铁站里，于是这种骚扰库蚊就变得尤其惹人厌烦。骚扰库蚊与尖音库蚊有很多区别。除了叮咬对象是人和老鼠之外，骚扰库蚊也不必只在吸血之后才能产卵。另外，由于栖息在温度适宜的管道中，骚扰库蚊更喜欢在有限的空间内交配，而且不会在冬天进入滞育期。

　　上述两个亚种的种种差异导致了两者之间强有力的性隔离，无论是在自然界中还是在实验室里。这一点和两者明确的遗传分化，预示着它们正走在新物种形成的道路上。事实上，已经有昆虫学家把两者按两个不同的物种来取名：*Culex pipiens* 和 *Culex molestus*。由于伦敦地铁是直到 19 世纪 60 年代才开始建设的，很多线路都不足一百年的历史，所以这一物种形成事件必定发生在不太久远的年代。然而，这个故事并非无懈可击，原因在于，纽约也有一对类似的蚊子物种：一个在地上生活，一个在地铁管道中生活。有一种可能性是，两个城市的两对物种都代表了两个彼此类似但久已分化的蚊子物种。它们原本生活在世界上的其他地方，后来分别移居到伦敦和纽约的不同栖息环境中。解决这个问题的当务之急就是进行 DNA 测序，并据此对这些蚊子建立家族演化树。只可惜现在还没有人进行这项研究工作。

43. "人族"英语为 *hominin*，原为 *hominids*。但后一个词现指所有现代的和已经灭绝的大型猿类，也就是"人科"，包括人类、黑猩猩、大猩猩、猩猩，以及它们的所有祖先。

44. 乍得沙赫人化石的发现、处理和描述，所有这些工作的荣誉不只属于一个人。而分享这些荣誉的人数或许侧面反映了古人类学内在的竞争性。要知道，宣布这一发现的学术论文上共有 38 位作者——全都只是为了一个头骨。

45. 黑猩猩用两条腿蹒跚而行的视频可以访问 http://www.youtube.com/watch?v＝V9DIMhKotWU&NR＝1观看。

46. 一个视频片段展示了这些脚印，并介绍了它们的形成过程，请访问 http://www.pbs.org/wgbh/evolution/library/07/1/l_071_03.html。

47. 注意，这实际上已经是人类种系第二次走出非洲了，第一次是直立人。

48. 一段有关神创论者如何对待人类化石记录的讨论，可见于 http://www.talkorigins.org/faqs/homs/compare.html。

49. 与大多数灵长类不同，人类雌性排卵的时候没有任何可见的标志。（而以狒狒为例，其雌性排卵并可以受孕之后，外生殖器会肿胀变红。）关于为什么人类雌性在演化中逐渐隐瞒了自己的受孕期，目前有不下十几种理论。最著名的一种理论认为：这是雌性的一种策略，用以把雄性留在身边维持生计，并照顾孩子。如果一个雄性不知道他的配偶何时处于受孕期，而他又想成为一名孩子的父亲，那他就要整天围着配偶转，并经常与之交配。

50. 认为 *FOXP2* 是一个语言基因有以下几点理由：这个基因在人类种系中演化的速度非常快；这个基因的突变会影响到语言的组织与理解能力；类似的突变在老鼠身上会导致新生幼鼠丧失尖叫的能力。

51. 事实上，已经有人至少试过一次了。伊尔雅·伊万诺维奇·伊万诺夫（Ilya Ivanovich Ivanov）是一位古怪的俄国生物学家，长于利用人工授精进行动物杂交。他于1927年在法属几内亚的一个野外考察站里试图创造人与黑猩猩的杂交品种。当时，他用人类的精子为三只雌黑猩猩进行了人工授精。所幸的是，没有黑猩猩怀孕；而他稍后的相反实验被阻止了。

52. 对于欧洲族群与非洲族群之间显著的皮肤色素沉着差异，生物学家已经鉴定出了至少两种与之相关的基因。奇怪的是，这两个基因都是在对鱼的色素沉着进行的研究中发现的。

53. 最近有人发现，类似的情况也出现在淀粉酶-1上。这是一种含在唾液中的酶，用于把淀粉分解成为单糖。日常食物中淀粉含量较高的人类族群，比如日本人和欧洲人，其淀粉酶-1基因的拷贝数就会高于食物中淀粉含量较低的族群，比如渔民，以及热带雨林中以捕猎和采集为生的人类。与乳糖酶不同的是，自然选择提高淀粉酶-1表达量的方式是提高其基因的复制拷贝数。

54. 要知道，食物本身没有内在的美味。一种食物"尝"起来如何，全都取决于每个人的味觉受体与其脑神经所受刺激之间的相互作用，这是演化得来的。几乎可以确定的是，自然选择塑造了我们的脑和味蕾，以使我们能发现甜食和脂肪呈现的美味，并促使我们去寻找这类食物。一块腐肉对于鬣狗来说，大概与一个冰淇淋圣代对于我们来说是一样美味的。

55. 大多数演化心理学家觉得EEA是很实际的存在：相对来讲，在人类演化的几百万年间，物理环境和社会环境的变化都不大。但我们知道，事情不是这样的。毕竟，在 700 万年的演化中，我们的祖先生活在不同的气候条件之下，应对不同的物种（包括其他人族）和不同的社会形态，最终遍布整个星球。有人认为存在一种不变的"祖先环境"可以让我们用以解释现代人的行为——这种观点根本就是有智慧的幻想，只是一个假设。之所以有人会这样假设，是因为在研究行为演化这件事上，说到底我们也只能幻想幻想，别无他法。

术　语　表

注：对于"基因"等某些术语，科学家可能会有几种不同的定义，专业角度不同，彼此也不相一致。在这种情况下，我下面所提供的定义仅仅是我认为比较常用的理解。

适应性（adaptation）：在自然选择的作用下演化出来的特性，可以让有机体比其祖先更好地实现某一功能。例如植物的花朵就是为了吸引授粉者的适应性。

适应辐射（adaptive radiation）：从一个共同祖先产生几个或很多新物种的现象，通常的发生条件是祖先迁入一个新的空置的栖息地，比如群岛。这种辐射与"适应"有关的原因是：物种之间的遗传壁垒是自然选择令种群适应其环境的副产品。一个例子是夏威夷极为丰富的管舌鸟物种。

等位基因（allele）：某个给定基因由于突变而产生的特定形式。举例来说，产生我们血型的蛋白编码基因是三个等位基因：A 型、B 型和 O 型等位基因。它们全是一个基因的突变形式，但彼此的序列差异很小。

异源多倍化物种形成（allopolyploid speciation）：一种植物新物种的起源方式，始于两个不同物种的杂交，而后杂交体染色体数目加倍。

返祖现象（atavism）：一个现存物种身上偶然表达出了某种其祖先物种曾经具有但现已消失的特征。一个例子是零星见于人类婴儿身上的尾巴。

同源多倍化物种形成（autopolyploid speciation）：一种

植物新物种的起源方式，发生于祖先物种的全套染色体加倍的时候。

生物地理学（biogeography）：研究动植物在地球表面分布的学科。

大陆岛屿（continental island）：岛屿的一类，例如大不列颠群岛和马达加斯加岛；曾经是大陆的一部分，后由于大陆漂移或海平面上升而与大陆分隔开了。

生态位（ecological niche）：自然界中某个物种遭遇到的一套物理及生物环境，包括气候、食物、捕食者、猎物等等。

特有品种（endemic）：仅出现在某一特定地区的物种，在其他地区都不存在。例如加拉帕戈斯群岛上的地雀就是特有品种。

演化（evolution）：种群内的遗传改变，往往随着时间推移会造成可以观察到的特征改变。

适合度（fitness）：演化生物学的专业术语，指不同等位基因的携带者产下的后代数量之比。产下后代越多，适合度越高。但"适合度"也可以有更通俗的理解：指一个有机体对其生活环境及生活方式的适应程度。

配子（gamete）：生殖细胞，包括动物的精子和卵子，以及植物的花粉和卵子。

基因（gene）：DNA 的一个片段，可用于产生蛋白质和 RNA 产物。

基因漂移（genetic drift）：一种演化改变，由于代与代之间对不同等位基因的随机抽样而导致；会造成非适应性的演化改变。

基因组（genome）：构成一个有机体的全部遗传信息，包括全部的基因和 DNA。

地理物种形成（geographic speciation）：一种物种形成的方式，始于两个或多个种群的地理隔离，由是发展出了基于基因的生殖隔离壁垒。

可遗传性（heritability）：一种可以观察到的特征差异中可以解释为个体基因差异的比例。取值从 0（表示所有差异都是由环境造成的）到 1（表示所有差异都是由基因造成的）。可遗传性说明了一种特征对于自然或人工选择做出响应的难易程度。举例来说，人类身高的可遗传性为 0.6～0.85，具体数值取决于接受测试的族群。

人族（hominin）：我们与黑猩猩的共同祖先分化为两支，一支成为现代的黑猩猩，另一支成为现代人类。在上述分化发生之后，存在于现代人类这一侧的所有物种，无论是现存的还是已经灭绝的，统称为人族。

同源染色体（homolog）：一对含有相同基因的染色体，但这些基因在两条染色体上可能有不同的形式。

求偶场（lek）：一个物种的雄性聚集起来进行求偶表演的场所。

宏演化（macroevolution）："主要的"演化改变，通常认为是身体形态方面的巨大变化，或是从一类动植物演化为另一类动植物的变化。从我们的灵长类祖先到现代人类的改变，和从早期爬行类到鸟类的改变，都可以认为是宏演化。

微演化（microevolution）："次要的"演化改变，比如一个物种在体态大小和颜色方面的变化。一个例子是人类族群不同肤色和不同头发类型的演化，另一个例子是细菌对抗生素抵抗力的演化。

突变（mutation）：DNA 的微小改变。有机体的遗传编码是由 DNA 的核苷酸序列形成的，突变通常只是长长的序列中一位核苷酸的改变。突然的发生往往是细胞分裂时DNA分子复制中的错误。

自然选择（natural selection）：从一代到下一代的传递过程中，等位基因的非随机差异化复制。造成这一现象的原因往往是，一种等位基因的携带者比对应等位基因的携带者能在其环境中更好地生存，更好地繁殖。

海洋岛屿（oceanic island）：从未与大陆连接的岛屿，由火山或其他力量从海平面以下产生出来的全新陆地，比如夏威夷群岛和加拉帕戈斯群岛。

单性生殖（parthenogenesis）：一种无性生殖，由未受精的卵子直接发育成为成体。

一妻多夫制（polyandry）：一种配偶体系，雌性有多于一个的雄性配偶。

一夫多妻制（polygyny）：一种配偶体系，雄性有多于一个的雌性配偶。

多倍化（polyploidy）：一种物种形成的方式，可能涉及物种的杂交，杂交后的新物种染色体数目上升。多倍化又分为同源多倍化和异源多倍化（参见前面的术语）。

假基因（pseudogene）：失活的基因，不会产生蛋白质产物。

种族（race）：一个物种中在地理上区分开来的种群，彼此在一项或几项特征上会有所不同。生物学家有时称之为"生态型"或"亚物种"。

生殖隔离壁垒（reproductive isolating barrier）：物种基于基因的某种特性，而无法与另一个物种产生杂交体。例如，求偶仪式的不同可以防止两个物种相互交配。

性别二态性（sexual dimorphism）：一个物种的雄性与雌性的不同特征，比如体态大小，或人类是否具有体毛。

性选择（sexual selection）：等位基因的非随机差异化复制，为其携带者带来了寻获配偶成功率的改变。它是自然选择的一种形式。

姊妹物种（sister species）：彼此具有最近亲缘关系的两个物种。两者间的亲缘关系超过了与其他任何物种的亲缘关系。人类与黑猩猩就是一对姊妹物种。

物种形成（speciation）：与其他种群生殖隔离的新种群的演化。

物种（species）：能互相交配的种群组成的一个类群，与其他这样的类群彼此生殖隔离。这是大多数生物学家认同的"物种"概念，又称"生物学物种概念"。

稳态选择（stabilizing selection）：自然选择更青睐于种群中"平均化"的个体而非极端的个体。一个例子是，存活率更高的人类婴儿往往具有平均出生体重，而不会特别重或特别轻。

同域物种形成（sympatric speciation）：物种形成的发生方式，不依赖于任何能将种群彼此隔离的地理壁垒的存在。

分类学（systematics）：演化生物学的一个分支，用于判别物种之间的演化亲缘关系，并构建描绘这种亲缘关系的演化树。

四足动物（tetrapod）：有四肢的脊椎动物。

退化特征（vestigial trait）：一种演化残迹特征，遗留自某个在祖先物种身上曾经有用，但现在已经不再执行同样功能的特征。退化特征可能是完全没有功能的，比如鸸鹋的翅膀；也可能被征用来执行新的功能，比如鸵鸟的翅膀。

扩 展 阅 读

注：这里给出的条目采用了学术文献的常规格式，包含的项目依次是：主要作者的完整姓氏和名字的首字母、其他作者的姓名、出版年份、文章或书籍的题目。如果是来自学术期刊的文章，还会附上期刊的名称，以及卷号和页码。

一般性读物

Browne, J. 1996. *Charles Darwin: Voyaging*; 2002. *Charles Darwin: The Power of Place*. Knopf, New York(2003年由普林斯顿出版社以一套的形式出版。) Janet Browne 所作的达尔文传记分两卷，全书文字优美，是对达尔文其人、其环境及其思想的权威记述。目前为止，这是达尔文众多传记中最好的一部。

Carroll, S. B. 2005. *Endless Forms Most Beautiful*. W. W. Norton, New York. 作者是最早从事"演化发育生物学"研究的科学家之一，他为读者呈现了一场关于演化论与发育生物学关系的鲜活讨论。

Chiappe, L. M. 2007. *Glorified Dinosaurs: The Origin and Early Evolution of Birds*. Wiley, Hoboken, NJ. 条理清晰地讲述了鸟类演化自羽毛恐龙的起源，并引用了最新的证据。

Cronin, H. 1992. *The Ant and the Peacock: Sexual Selection from Darwin to Today*. Cambridge University

Press，Cambridge，UK. 针对普通读者介绍"性选择"的书。

Darwin，C. 1859. *On the Origin of Species*. Murray，London. 所有这一切的开端,世界级的经典。一直以来最畅销的科学图书,因为它最初就是针对英语世界的普通大众写作的。如果没有读过这本书,你就很难说自己是受过教育的人。虽然维多利亚时代的散文风格吓跑了部分读者,但书中还是有着精美的词句和雄辩的论述。

Dawkins，R. 1982. *The Extended Phenotype*：*The Long Reach of the Gene*. Oxford University Press，Oxford，UK. 讨论了对一个物种的选择作用如何能产生多种多样的特征,包括了环境的变迁以及其他物种的行为。这是道金斯所做的相关讨论中写得最好的。

Dawkins，R. 1996. *The Blind Watchmaker*：*Why the Evidence of Evolution Reveals a Universe Without Design*. W. W. Norton，New York. 道金斯对自然选择的力与美的赞歌,是这位最好的科普作家所写就的引人入胜的读物。

Dawkins，R. 2004. *The Ancestor's Tale*：*A Pilgrimage to the Dawn of Evolution*. Weidenfeld & Nicolson. New York. 事无巨细地描绘演化的大部头作品。起始于人类,一路回溯至我们与所有其他物种的共同祖先。

Dawkins，R. 2006. *The Selfish Gene*：*30th Anniversary Edition*. (First published 1976). Oxford University Press，Oxford，UK. 另一部经典——或许是关于现代演化论理论的书籍中最好的一本。任何想要理解自然选择的人必读的书籍。

Dunbar，R.，L. Barrett，and J. Lycett. 2005. *Evolutionary*

Psychology：*A Beginner's Guide*. Oneworld，Oxford，UK. 对于演化心理学这个处于成长之中的领域所做的简短介绍，值得一读。

Futuyma，D. J. 2005. *Evolution*. Sinauer Associates，Sunderland，MA. 关于演化生物学最好的教科书。除非你是一名生物专业的学生，否则这本书对你来说就太过艰深了，不宜通读；但可以当作手册，在需要的时候查阅。

Gibbons，A. 2006. *The First Human*：*The Race to Discover Our Earliest Ancestors*. Doubleday，New York. 很好地记述了古人类学近年来的新发现，不只是科学的内容，还包括了在探寻人类起源的过程中所涉及的激烈竞争。

Gould，S. J. 2007. *The Richness of Life*：*The Essential Stephen Jay Gould*（S. Rose，ed.）W. W. Norton，New York. 这本书代表了古尔德很多的其他作品，因为他的所有著作和文章都值得一读。古尔德是演化论的拥护者和捍卫者中最为雄辩的一位。共有 44 篇他的文章收录在了这本于他去世之后出版的作品选中。

Johanson，D.，and B. Edgar. 2006. *From Lucy to Language*（rev. ed.）. Simon & Schuster，New York. 或许是关于人类演化方方面面的综述之中最好的一部。作者是阿法南方古猿标本"露西"的发现者之一。

Kitcher，P. 1987. *Vaulting Ambition*：*Sociobiology and the Quest for Human Nature*. 对于社会生物学清晰而强有力的批判。

Mayr，E. 2002. *What Evolution Is*. Basic Books，New York. 我们这个时代最伟大的演化生物学家之一对于现代演化论理论所做的通俗总结。

Mindell, David. 2007. *The Evolving World: Evolution in Everyday Life*. Harvard University Press, Cambridge, MA. 关于演化生物学实用价值的讨论,包括其在农业和医学上的应用。

Pinker, S. 2002. *The Blank Slate: The Modern Denial of Human Nature*. Viking, New York. 在"先天"还是"后天"的问题上,以强有力的论辩支持"后天"的观点,可读性强。

Prothero, D. R. 2007. *Evolution: What the Fossils Say and Why It Matters*. Columbia University Press, New York. 关于化石记录的通俗论述中最好的一本。对于演化的化石证据进行了层次丰富的讨论,包括了过渡形态物种,并对神创论者歪曲这些证据的行为进行了批判。

Quammen, D. 1997. *The Song of the Dodo: Island Biogeography in an Age of Extinction*. Scribner's, New York. 对于岛屿生物地理学的许多方面所做的引人入胜的讨论,包括其发展历史和现代理论,并暗示了相关环境和物种保护的必要性。

Shubin, N. 2008. *Your Inner Fish*. Pantheon, New York. 可读性很强的一本书,讲述了我们的祖先如何影响到了今天的人体构造。作者是过渡形态的提塔利克鱼的发现者之一。

Zimmer, C. 1999. *At the Water's Edge: Fish with Fingers, Whales with Legs, and How Life Came Ashore but Then Went Back to Sea*. Free Press, New York. 作为最主要的科学记者之一,作者描述了脊椎动物演化过程中发生的两次主要转变:从鱼到陆生动物的演化,以及从有蹄动物到鲸的演化。

Zimmer, C. 2001. *Evolution: The Triumph of an Idea*. Harper Perennial, New York. 一个关于演化论的综述，是为了配合美国公共电视网播映的一个与演化论相关的节目系列而写作的。以介绍性为主，但涵盖面也很广，不仅涉及了演化论的理论与证据，还探讨了其在哲学和神学层面的含意。

Zimmer, C. 2005. *Smithsonian Intimate Guide to Human Origins*, HarperCollins, New York. 很好地勾勒了人类演化的图景，不仅包括了化石记录，还包括了分子遗传学方面的近期成果。

演化论，神创论，以及社会问题

注：除了 Pennock 在 2001 年的一些文章以外，我略去了神创论或智设论的相关条目，因为他们论辩的基础是宗教而非科学。Eugenie Scott 写的《浅谈演化论与神创论》描述了神创论的种种化身，包括智设论。如果想要了解反对演化论的观点，你应该去参考 Michael Behe、William Dembski、Phillip Johnson，以及 Jonathan Wells 的著作。

书籍与文章

Coyne, J. A. 2005. The faith that dares not speak its name: The case against intelligent design. *New Republic*, August 22, 2005, pp. 21-33. 对智设论的简短总结，以及对其学校教材《熊猫的与人类的》一书的综述。

Forrest, B., and P. R. Gross. 2007. *Creationism's Trojan Horse: The Wedge of Intelligent Design*. Oxford University Press, New York. 对智设论全面的分析与批判。

Futuyma, D. J. 1995. *Science on Trial: The Case for Evolution*. Sinauer Associates, Sunderland, MA. 对演化论的

证据以及理论的简单总结,回应了神创论常见的一些
质疑。

Humes,E. 2007. *Monkey Girl: Evolution, Education, Religion, and the Battle for America's Soul*. Ecco(HarperCollins),New York. 记述了智设论的鼓吹者将其观念加入宾夕法尼亚州多佛的公立学校课程的企图,以及其后的判决为智设论打上的标签——"非科学"。

Isaak,M. 2007. *The Counter-Creationism Handbook*. University of California Press, Berkeley. 这是一本实用的指南,Isaak 简单开列了数百条神创论和智设论的论点,并一一予以反驳。

Kitcher, P. J. 2006. *Living with Darwin: Evolution, Design, and the Future of Faith*. Oxford University Press,New York. 在精神层面为达尔文学说进行了辩护,并提出了演化论如何能满足人们的精神需求。

Larson,E. J. 1998. *Summer for the Gods*. Harvard University Press, Cambridge, MA. 以生动的笔触记述了"斯科普斯案"——达尔文学说第一次登上美国的法庭,并纠正了许多大众对于"猴子审判"的误解。该书赢得了1998 年的普利策奖。

Miller, K. R. 2000. *Finding Darwin's God: A Scientist's Search for Common Ground Between God and Evolution*. Harper Perennial, New York. 作为一位杰出的生物学家、教科书编撰人,以及虔诚的天主教徒,Miller 断然否定了智设论的观点,并讨论了他如何能令演化的事实与他的宗教信仰彼此相容。

Miller,K. R. 2008. *Only a Theory: Evolution and the Battle for America's Soul*. Viking, New York. 对智设论最新

的批判,不仅针对所谓"不可降低的复杂性"这一论断,还表明了智设论为什么能够对美国的科学教育产生严重的威胁。

National Academy of Sciences. 2008. *Science,Evolution,and Creationism*. National Academies Press,Washington, DC.由美国最负盛名的一群科学家写就的占有重要地位的论文,批判了神创论,摆出了演化论的证据。该文章可从以下网址免费下载:http://www.nap.edu/catalog.php?record_id=11876.

Pennock,R. T. 1999. *Tower of Babel:The Evidence Against the New Creationism*. MIT Press,Cambridge, MA.或许是对神创论及其新的化身智设论最为彻底的分析和揭露。

Pennock,R. T. (ed.). 2001. *Intelligent Design Creationism and Its Critics:Philosophical,Theological,and Scientific Perspectives*. MIT Press,Cambridge,MA.同时收录了演化论的支持者与反对者所撰写的文章,包括一些环绕往复,令人读之不悦的讨论。

Petto,A. J., and L. R. Godfrey(eds.). 2007. *Scientists Confront Intelligent Design and Creationism*. W. W. Norton,New York.收录了一系列古生物学、地质学,以及其他演化论相关领域的科学家所写作的散文,这些领域都存在"演化"与"创造"的争论。还有一些文章讨论了社会生物学方面的争论。

Scott,E. C. 2005. *Evolution vs. Creationism:An Introduction*. University of California Press,Berkeley.客观地描述了演化论和神创论到底是什么。

Scott,E. C., and G. Branch. 2006. *Not in Our Classrooms:*

Why Intelligent Design Is Wrong for Our Schools.
Beacon Press, Boston. 收录了一系列散文,从科学、教育、政治等角度探讨了在美国的公立学校中讲授智设论或其他形式的神创论可能造成的后果。

网络资源

http://www.archaeologyinfo.com/evolution.htm. 很好地讲述并描绘了人类演化的不同阶段,但材料略显过时。

http://www.darwin-online.org.uk/. 查尔斯·达尔文的完整工作。不仅包括了他的所有著作(全部六版的《物种起源》),还包括了他发表的科学论文。你还可以在"达尔文通信计划"的网站上发现许多达尔文的个人往来信件:http://www.darwinproject.ac.uk/

http://www.gate.net/~rwms/EvoEvidence.html. 一个大型网站,收录了演化论证据的几条不同线索。

http://www.gate.net/~rwms/crebuttals.html. 检验并彻底否定了许多神创论宣称的论点。

http://www.natcenscied.org/. 由美国国家科学教育中心整合的一套网络资源。该中心致力于捍卫在美国公立学校中对演化论的讲授。该站不断更新正在发生的与神创论的斗争,还包括了指向许多其他站点的链接。

http://www.pbs.org/wgbh/evolution/. 一个大型网站,创立的灵感得自于公众电视网的系列节目《演化》,包含了许多对教师和学生都适用的资源,讨论了演化论思想的历史沿革、演化论的证据,以及神学和哲学层面的问题。关于人类演化的部分尤其精彩。

http://www.pandasthumb.org/"熊猫拇指网",名字源于古尔德的一篇著名散文。这里有演化生物学领域内的近期发现,以及美国国内反对演化论的情况。

http://www.talkorigins.org/. 关于演化论所有方面的全面
在线指南。其中有关于演化论证据的最佳在线指南:
http://www.talkorigins.org/faqs/comdesc/.

在众多关于演化生物学的博客中,有两个极为出众。一个博
客是"Laelaps"(http://scienceblogs.com/laelaps/),博
主是一名在 Rutgers 的古生物学研究生 Britan Switek;
该博客不仅涵盖了古生物学领域,还涉及了演化生物学
更宽广的领域,以及科学哲学。另一个博客是"演化一
周"(http://blog.lib.umn.edu/denis036/thisweekinevo-
lution/),博主是康奈尔大学的教授 R. Ford Denison。
该博客为我们呈现了演化生物学中的新发现,任何在大
学修过生物学课程的人都能理解其中的内容。

参 考 文 献

原书序

Davis, P., and D. H. Kenyon. 1993. *Of Pandas and People: The Central Question of Biological Origins* (2nd ed.). Foundation for Thought and Ethics, Richardson, TX.

引言

BBC Poll on Evolution. Ipsos MORI. 2006. http://www.ipsos-mori.com/content/bbc-survey-on-the-origins-of-life.ashx.

Berkman, M. B., J. S. Pacheco, and E. Plutzer. 2008. Evolution and creationism in America's schools: A national portrait. *Public Library of Science Biology* 6:e124.

Harris Poll #52. July 6, 2005. http://www.harrisinteractive.com/harris_poll/index.asp?PID=581.

Miller, J. D., E. C. Scott, and S. Okamoto. 2006. Public acceptance of evolution. *Science* 313:765–766.

Shermer, M. 2006. *Why Darwin Matters: The Case Against Intelligent Design.* Times Books, New York.

第一章 什么是演化

Darwin, C. 1993. *The Autobiography of Charles Darwin* (N. Barlow, ed.). W. W. Norton, New York.

Hazen, R. M. 2005. *Gen*e*sis: The Scientific Quest for Life's Origin.* Joseph Henry Press, Washington, DC.

Paley, W. 1802. *Natural Theology; or, Evidences of the Existence and Attributes of the Deity, Collected from the Appearances of Nature.* Parker, Philadelphia.

第二章 书写于岩石之中

Apesteguía, S., and H. Zaher. 2006. A Cretaceous terrestrial snake with robust hindlimbs and a sacrum. *Nature* 440:1037–1040.

Chaline, J., B. Laurin, P. Brunet-Lecomte, and L. Viriot. 1993. Morphological trends and rates of evolution in arvicolids (Arvicolidae, Rodentia): Towards a punctuated equilibria/disequilibria model. *Quaternary International* 19:27–39.

Chen, J. Y., D. Y. Huang, and C. W. Li. 1999. An early Cambrian craniate-like chordate. *Nature* 402:518–522.

Daeschler, E. B., N. H. Shubin, and F. A. Jenkins. 2006. A Devonian tetrapod-like fish and the evolution of the tetrapod body plan. *Nature* 440:757–763.

Dial, K. P. 2003. Wing-assisted incline running and the evolution of flight. *Science* 299:402–404.

Graur, D., and D. G. Higgins. 1994. Molecular evidence for the inclusion of cetaceans within the order Artiodactyla. *Molecular Biology and Evolution* 11:357–364.

Hedman, M. 2007. *The Age of Everything: How Science Explores the Past.* University of Chicago Press, Chicago.

Hopson, J. A. 1987. The mammal like reptiles: A study of transitional fossils. *American Biology Teacher* 49:16–26.

Ji, Q., M. A. Norell, K. Q. Gao, S. A. Ji, and D. Ren. 2001. The distribution of integumentary structures in a feathered dinosaur. *Nature* 410:1084–1088.

Kellogg, D. E., and J. D. Hays. 1975. Microevolutionary patterns in Late Cenozoic Radiolaria. *Paleobiology* 1:150–160.

Lazarus, D. 1983. Speciation in pelagic protista and its study in the planktonic microfossil record: A review. *Paleobiology* 9:327–340.

Li, Y., L.-Z. Chen et al. 1999. Lower Cambrian vertebrates from South China. *Nature* 402:42–46.

Malmgren, B. A., and J. P. Kennett. 1981. Phyletic gradualism in a late Cenozoic planktonic foraminiferal lineage; Dsdp site 284, southwest Pacific. *Paleobiology* 7:230–240.

Norell, M. A., J. M. Clark, L. M. Chiappe, and D. Dashzeveg. 1995. A nesting dinosaur. *Nature* 378:774–776.

Organ, C. L., M. H. Schewitzer, W. Zheng, Lm. M. Freimark, L. C. Cantley, and J. M. Asara. 2008. Molecular phylogenetics of Mastodon and *Tyrannosaurus rex. Science* 320:499.

Peyer, K. 2006. A reconsideration of *Compsognathus* from the upper Tithonian of

Canjers, Southern France. *Journal of Vertebrate Paleontology* 26:879-896.

Prum, R. O., and A. H. Brush. 2002. The evolutionary origin and diversification of feathers. *Quarterly Review of Biology* 77:261–295.

Sheldon, P. 1987. Parallel gradualistic evolution of Ordovician trilobites. *Nature* 330:561–563.

Shipman, P. 1998. *Taking Wing: Archaeopteryx and the Evolution of Bird Flight.* Weidenfeld & Nicolson, London.

Shu, D. G., H. L. Luo, S. C. Morris, X. L. Zhang, S. X. Hu, L. Chen, J. Han, M. Zhu, Y. Li, and L. Z. Chen. 1999. Lower Cambrian vertebrates from South China. *Nature* 402:42–46.

Shu, D. G., S. C. Morris, J. Han, Z. F. Zhang, K. Yasui, P. Janvier, L. Chen, X. L. Zhang, J. N. Liu, Y. Li, and H. Q. Liu. 2003. Head and backbone of the Early Cambrian vertebrate *Haikouichthys. Nature* 421:526–529.

Shubin, N. H., E. B. Daeschler, and F. A. Jenkins. 2006. The pectoral fin *of Tiktaalik roseae* and the origin of the tetrapod limb. *Nature* 440:764–771.

Sutera, R. 2001. The origin of whales and the power of independent evidence. *Reports of the National Center for Science Education* 20:33–41.

Thewissen, J. G. M., L. N. Cooper, M. T. Clementz, S. Bajpail, and B. N. Tiwari. 2007. Whales originated from aquatic artiodactyls in the Eocene epoch of India. *Nature* 450:1190–1194.

Wells, J. W. 1963. Coral growth and geochronometry. *Nature* 187:948–950.

Wilson, E. O., F. M. Carpenter, and W. L. Brown. 1967. First Mesozoic ants. *Science* 157:1038–1040.

Xu, X., and M. A. Norell. 2004. A new troodontid dinosaur from China with avian-like sleeping posture. *Nature* 431:838–841.

Xu, X., X.-L. Wang, and X.-C. Wu. 1999. A dromaeosaurid dinosaur with a filamentous integument from the Yixian Formation of China. *Nature* 401:262–266.

Xu, X., Z. H. Zhou, X.-L. Wang, X. W. Kuang, F. C. Zhang, and X. K. Du. 2003. Four-winged dinosaurs from China. *Nature* 421:335–340.

第三章 演化的残迹

Andrews, R. C. 1921. A remarkable case of external hind limbs in a humpback whale. *American Museum Novitates* 9:1–6.

Bannert, N., and R. Kurth. 2004. Retroelements and the human genome: New perspectives on an old relation. *Proceedings of the National Academy of Sciences of the United States of America* 101:14572–14579.

Bar-Maor, J. A., K. M. Kesner, and J. K. Kaftori. 1980. Human tails. *Journal of Bone and Joint Surgery* 62:508–10.

Behe, M. 1996. *Darwin's Black Box*. Free Press, New York.

Bejder, L., and B. K. Hall. 2002. Limbs in whales and limblessness in other vertebrates: Mechanisms of evolutionary and developmental transformation and loss. *Evolution and Development* 4:445–458.

Brawand D., W. Wahli, and H. Kaessmann. 2008. Loss of egg yolk genes in mammals and the origin of lactation and placentation. *Public Library of Science Biology* 6(3):e63.

Chen, Y. P., Y. D. Zhang, T. X. Jiang, A. J. Barlow, T. R. St Amand, Y. P. Hu, S. Heaney, P. Francis-West, C. M. Chuong, and R. Maas. 2000. Conservation of early odontogenic signaling pathways in Aves. *Proceedings of the National Academy of Sciences of the United States of America* 97:10044–10049.

Dao, A. H., and M. G. Netsky. 1984. Human tails and pseudotails. *Human Pathology* 15:449-453.

Dobzhansky, T. 1973. Nothing in biology makes sense except in the light of evolution. *American Biology Teacher* 35:125–129.

Friedman, M. 2008. The evolutionary origin of flatfish asymmetry. *Nature* 454: 209–212.

Gilad, Y., V. Wiebe, M. Przeworski, D. Lancet, and S. Pääbo. 2004. Loss of olfactory receptor genes coincides with the acquisition of full trichromatic vision in primates. *Public Library of Science Biology* 2:120–125.

Gould, S. J. 1994. *Hen's Teeth and Horses' Toes: Further Reflections in Natural History*. W. W. Norton, New York.

Hall, B. K. 1984. Developmental mechanisms underlying the formation of atavisms. *Biological Reviews* 59:89–124.

Harris, M. P., S. M. Hasso, M. W. J. Ferguson, and J. F. Fallon. 2006. The development of archosaurian first-generation teeth in a chicken mutant. *Current Biology* 16:371–377.

Johnson, W. E., and J. M. Coffin. 1999. Constructing primate phylogenies from ancient retrovirus sequences. *Proceedings of the National Academy of Sciences of the United States of America* 96:10254–10260.

Kishida, T., S. Kubota, Y. Shirayama, and H. Fukami. 2007. The olfactory receptor gene repertoires in secondary-adapted marine vertebrates: Evidence for reduction of the functional proportions in cetaceans. *Biology Letters* 3:428–430.

Kollar, E. J., and C. Fisher. 1980. Tooth induction in chick epithelium: Expression of quiescent genes for enamel synthesis. *Science* 207:993–995.

Krause, W. J., and C. R. Leeson. 1974. The gastric mucosa of 2 monotremes: The duck-billed platypus and echidna. *Journal of Morphology* 142:285–299.

Medstrand, P., and D. L. Mager. 1998. Human-specific integrations of the HERV-K endogenous retrovirus family. *Journal of Virology* 72:9782–9787.

Larsen, W. J. 2001. *Human Embryology* (3rd ed.). Churchill Livingston, Philadelphia.

Niimura, Y., and M. Nei. 2007. Extensive gains and losses of olfactory receptor genes in mammalian evolution. *Public Library of Science ONE* 2:e708.

Nishikimi, M., R. Fukuyama, S. Minoshima, N. Shimizu, and K. Yagi. 1994. Cloning and chromosomal mapping of the human nonfunctional gene for L-gulono-γ-lactone oxidase, the enzyme for L-ascorbic-acid biosynthesis missing in man. *Journal of Biological Chemistry* 269:13685–13688.

Niskikimi, M., and K. Yagi. 1991. Molecular basis for the deficiency in humans of gulonolactone oxidase, a key enzyme for ascorbic acid biosynthesis. *American Journal of Clinical Nutrition* 54:1203S–1208S.

Ohta, Y., and M. Nishikimi. 1999. Random nucleotide substitutions in primate nonfunctional gene for L-gulono-γ-lactone oxidase, the missing enzyme in γ-ascorbic acid biosynthesis. *Biochimica et Biophysica Acta* 1472:408–411.

Ordoñez, G. R., L. W. Hiller, W. C. Warren, F. Grutzner, C. Lopez-Otin, and X. S. Puente. 2008. Loss of genes implicated in gastric function during platypus evolution. *Genome Biology* 9:R81.

Richards, R. J. 2008. *The Tragic Sense of Life: Ernst Haeckel and the Struggle over Evolution.* University of Chicago Press, Chicago.

Romer, A. S., and T. S. Parsons. 1986. *The Vertebrate Body.* Sanders College Publishing, Philadelphia.

Sadler, T. W. 2003. *Langman's Medical Embryology* (9th ed.). Lippincott Williams & Wilkins, Philadelphia.

Sanyal, S., H. G. Jansen, W. J. de Grip, E. Nevo, and W. W. de Jong. 1990. The eye of the blind mole rat, *Spalax ehrenbergi.* Rudiment with hidden function? *Investigative Ophthalmology and Visual Science* 31:1398–1404.

Shubin, N. 2008. *Your Inner Fish.* Pantheon, New York.

Rouquier, S., A. Blancher, and D. Giorgi. 2000. The olfactory receptor gene repertoire in primates and mouse: Evidence for reduction of the functional fraction in primates. *Proceedings of the National Academy of Sciences of the United States of America* 97:2870–2874.

Von Baer, K. E. 1828. *Entwickelungsgeschichte der Thiere: Beobachtung und Reflexion* (vol. 1). Königsberg, Bornträger.

Zhang, Z. L., and M. Gerstein. 2004. Large-scale analysis of pseudogenes in the human genome. *Current Opinion in Genetics & Development* 14:328–335.

第四章 生命的地理学

Barber, H. N., H. E. Dadswell, and H. D. Ingle. 1959. Transport of driftwood from South America to Tasmania and Macquarie Island. *Nature* 184:203–204.

Brown, J. H., and M. V. Lomolino. 1998. *Biogeography*. 2nd ed. Sinauer Associates, Sunderland, MA.

Browne, J. 1983. *The Secular Ark: Studies in the History of Biogeography*. Yale University Press, New Haven and London.

Carlquist, S. 1974. *Island Biology*. Columbia University Press, New York.

———. 1981. Chance dispersal. *American Scientist* 69:509–516.

Censky, E. J., K. Hodge, and J. Dudley. 1998. Over-water dispersal of lizards due to hurricanes. *Nature* 395:556.

Goin, F. J., J. A. Case, M. O. Woodburne, S. F. Vizcaino, and M. A. Reguero. 2004. New discoveries of "opposum-like" marsupials from Antarctica (Seymour Island, Medial Eocene). *Journal of Mammalian Evolution* 6:335–365.

Guilmette, J. E., E. P. Holzapfel, and D. M. Tsuda. 1970. Trapping of air-borne insects on ships in the Pacific (Part 8). *Pacific Insects* 12:303–325.

Holzapfel, E. P., and J. C. Harrell. 1968. Transoceanic dispersal studies of insects. *Pacific Insects* 10:115–153.

———. 1970. Trapping of air-borne insects in the Antarctic area (Part 3). *Pacific Insects* 12:133–156.

McLoughlin, S. 2001. The breakup history of Gondwana and its impact on pre-Cenozoic floristic provincialism. *Australian Journal of Botany* 49:271–300.

Reinhold, R. March 21, 1982. Antarctica yields first land mammal fossil. *New York Times*.

Woodburne, M. O., and J. A. Case. 1996. Dispersal, vicariance, and the Late Cretaceous to early tertiary land mammal biogeography from South America to Australia. *Journal of Mammalian Evolution* 3:121–161.

Yoder, A. D., and M. D. Nowak. 2006. Has vicariance or dispersal been the predominant biogeographic force in Madagascar? Only time will tell. *Annual Review of Ecolology, Evolution, and Systematics* 37:405–431.

第五章 演化的引擎

Carroll, S. P., and C. Boyd. 1992. Host race radiation in the soapberry bug: Natural history with the history. *Evolution* 46:1052–1069.

Dawkins, R. 1996. *Climbing Mount Improbable*. Penguin, London.

Doebley, J. F., B. S. Gaut, and B. D. Smith. 2006. The molecular genetics of crop domestication. *Cell* 127:1309–1321.

Doolittle, W. F., and O. Zhaxbayeva. 2007. Evolution: Reducible complexity—the case for bacterial flagella. *Current Biology* 17:R510–R512.

Endler, J. A. 1986. *Natural Selection in the Wild.* Princeton University Press, Princeton, NJ.

Franks, S. J., S. Sim, and A. E. Weis. 2007. Rapid evolution of flowering time by an annual plant in response to a climate fluctuation. *Proceedings of the National Academy of Sciences of the United States of America* 104:1278–1282.

Gingerich, P. D. 1983. Rates of evolution: Effects of time and temporal scaling. *Science* 222:159–161.

Grant, P. R. 1999. *Ecology and Evolution of Darwin's Finches.* (Rev. ed.) Princeton University Press, Princeton, NJ.

Hall, B. G. 1982. Evolution on a petri dish: The evolved ß-galactosidase system as a model for studying acquisitive evolution in the laboratory. *Evolutionary Biology* 15:85–150.

Hoekstra, H. E., R. J. Hirschmann, R. A. Bundey, P. A. Insel, and J. P. Crossland. 2006. A single amino acid mutation contributes to adaptive beach mouse color pattern. *Science* 313:101–104.

Jiang, Y., and R. F. Doolittle. 2003. The evolution of vertebrate blood coagulation as viewed from a comparison of puffer fish and sea squirt genomes. *Proceedings of the National Academy of Sciences of the United States of America* 100:7527–7532.

Kaufman D. W. 1974. Adaptive coloration in *Peromyscus polionotus*: Experimental selection by owls. *Journal of Mammalogy* 55:271–283.

Lamb, T. D., S. P. Collin, and E. N. Pugh. 2007. Evolution of the vertebrate eye: Opsins, photoreceptors, retina and eye cup. *Nature Reviews Neuroscience* 8:960–975.

Lenski, R. E. 2004. Phenotypic and genomic evolution during a 20,000-generation experiment with the bacterium *Escherichia coli. Plant Breeding Reviews* 24:225–265.

Miller, K. R. 1999. *Finding Darwin's God: A Scientist's Search for Common Ground Between God and Evolution.* Cliff Street Books, New York.

———. 2008. *Only a Theory: Evolution and the Battle for America's Soul.* Viking, New York.

Neu, H. C. 1992. The crisis in antibiotic resistance. *Science* 257:1064–1073.

Nilsson, D.-E., and S. Pelger. 1994. A pessimistic estimate of the time required for an eye to evolve. *Proceedings of the Royal Society of London,* Series B, 256:53–58.

Pallen, M. J., and N. J. Matzke. 2006. From *The Origin of Species* to the origin of bacterial flagella. *Nature Reviews Microbiology* 4:784–790.

Rainey, P. B., and M. Travisano. 1998. Adaptive radiation in a heterogeneous environment. *Nature* 394:69–72.

Reznick, D. N., and C. K. Ghalambor. 2001. The population ecology of contemporary adaptations: What empirical studies reveal about the conditions that promote adaptive evolution. *Genetica* 112:183–198.

Salvini-Plawen, L. V., and E. Mayr. 1977. On the evolution of photoreceptors and eyes. *Evolutionary Biology* 10:207–263.

Steiner, C. C., J. N. Weber, and H. E. Hoekstra. 2007. Adaptive variation in beach mice produced by two interacting pigmentation genes. *Public Library of Science Biology* 5:e219.

Vila, C., P. Savolainen, J. E. Maldonado, I. R. Amorim, J. E. Rice, R. L. Honeycutt, K. A. Crandall, J. Lundeberg, and R. K. Wayne. 1997. Multiple and ancient origins of the domestic dog. *Science* 276:1687–1689.

Weiner, J. 1995. *The Beak of the Finch: A Story of Evolution in Our Time.* Vintage, New York.

Xu, X., and R. F. Doolittle. 1990. Presence of a vertebrate fibrinogen-like sequence in an echinoderm. *Proceedings of the National Academy of Sciences of the United States of America* 87:2097–2101.

Yanoviak, S. P., M. Kaspari, R. Dudley, and J. G. Poinar. 2008. Parasite-induced fruit mimicry in a tropical canopy ant. *American Naturalist* 171:536–544.

Zimmer, C. 2001. *Parasite Rex: Inside the Bizarre World of Nature's Most Dangerous Creatures.* Free Press, New York.

第六章 性别怎样驱动演化

Andersson, M. 1994. *Sexual Selection.* Princeton University Press, Princeton, NJ.

Burley, N. T., and R. Symanski. 1998. "A taste for the beautiful": Latent aesthetic mate preferences for white crests in two species of Australian grassfinches. *American Naturalist* 152:792–802.

Butler, M. A., S. A. Sawyer, and J. B. Losos. 2007. Sexual dimorphism and adaptive radiation in Anolis lizards. *Nature* 447:202–205.

Butterfield, N. J. 2000. *Bangiomorpha pubescens* n. gen., n. sp.: Implications for the evolution of sex, multicellularity, and the Mesoproterozoic/Neoproterozoic radiation of eukaryotes. *Paleobiology* 3:386–404.

Darwin, C. 1871. *The Descent of Man, and Selection in Relation to Sex.* Murray, London.

Dunn, P. O., L. A. Whittingham, and T. E. Pitcher. 2001. Mating systems, sperm competition, and the evolution of sexual dimorphism in birds. *Evolution* 55:161–175.

Endler, J. A. 1980. "Natural selection on color patterns in *Poecilia reticulata*." *Evolution* 34:76–91.

Field, S. A., and M. A. Keller. 1993. Alternative mating tactics and female mimicry as postcopulatory mate-guarding behavior in the parasitic wasp *Cotesia rubecula. Animal Behaviour* 46:1183–1189.

Futuyma, D. J. 1995. *Science on Trial: The Case for Evolution.* Sinauer Associates, Sunderland, MA.

Hill, G. E. 1991. Plumage coloration is a sexually selected indicator of male quality. *Nature* 350:337–339.

Husak, J. F., J. M. Macedonia, S. F. Fox, and R. C. Sauceda. 2006. Predation cost of conspicuous male coloration in collared lizards (*Crotaphytus collaris*): An experimental test using clay-covered model lizards. *Ethology* 112:572–580.

Johnson, P. E. 1993. *Darwin on Trial* (2nd ed.). InterVarsity Press, Downers Grove, IL.

McFarlan, D. (ed.) 1989. *Guinness Book of World Records.* Sterling Publishing Co., New York.

Madden, J. R. 2003. Bower decorations are good predictors of mating success in the spotted bowerbird. *Behavioral Ecology and Sociobiology* 53:269–277.

———. 2003. Male spotted bowerbirds preferentially choose, arrange and proffer objects that are good predictors of mating success. *Behavioral Ecology and Sociobiology* 53:263–268.

Petrie, M., and T. Halliday. 1994. Experimental and natural changes in the peacock's (*Pave cristatus*) train can affect mating success. *Behavioral Ecology and Sociobiology* 35:213–217.

Petrie, M. 1994. Improved growth and survival of offspring of peacocks with more elaborate trains. *Nature* 371:598–599.

Petrie, M., T. Halliday, and C. Sanders. 1991. Peahens prefer peacocks with elaborate trains. *Animal Behaviour* 41:323–331.

Price, C. S. C., K. A. Dyer, and J. A. Coyne. 1999. Sperm competition between *Drosophila* males involves both displacement and incapacitation. *Nature* 400: 449–452.

Pryke, S. R., and S. Andersson. 2005. Experimental evidence for female choice and energetic costs of male tail elongation in red-collared widowbirds. *Biological Journal of the Linnean Society* 86:35–43.

Vehrencamp, S. L., J. W. Bradbury, and R. M. Gibson. 1989. The energetic cost of display in male sage grouse. *Animal Behaviour* 38:885–896.

Wallace, A. R. 1892. Note on sexual selection. *Natural Science Magazine*, p. 749.

Welch, A. M., R. D. Semlitsch, and H. C. Gerhardt. 1998. Call duration as an indicator of genetic quality in male gray tree frogs. *Science* 280:1928–1930.

第七章　物种的起源

Abbott, R. J., and A. J. Lowe. 2004. Origins, establishment and evolution of new polyploid species: *Senecio cambrensis* and *S. eboracensis* in the British Isles. *Biological Journal of the Linnean Society* 82:467–474.

Adam, P. 1990. *Saltmarsh Ecology*. Cambridge University Press, Cambridge, UK.

Ainouche, M. L., A. Baumel, and A. Salmon. 2004. *Spartina anglica* C. E. Hubbard: A natural model system for analysing early evolutionary changes that affect allopolyploid genomes. *Biological Journal of the Linnean Society* 82: 475–484.

Ainouche, M. L., A. Baumel, A. Salmon, and G. Yannic. 2004. Hybridization, polyploidy and speciation in *Spartina* (Poaceae). *New Phytologist* 161:165–172.

Byrne, K., and R. A. Nichols. 1999. *Culex pipiens* in London Underground tunnels: Differentiation between surface and subterranean populations. *Heredity* 82:7–15.

Clayton, N. S. 1990. Mate choice and pair formation in Timor and Australian mainland zebra finches. *Animal Behaviour* 39:474–480.

Coyne, J. A., and H. A. Orr. 1989. Patterns of speciation in *Drosophila*. *Evolution* 43:362–381.

———. 1997. "Patterns of speciation in *Drosophila*" revisited. *Evolution* 51:295–303.

———. 2004. *Speciation*. Sinauer Associates, Sunderland, MA.

Coyne, J. A., and T. D. Price. 2000. Little evidence for sympatric speciation in island birds. *Evolution* 54:2166–2171.

Dodd, D. M. B. 1989. Reproductive isolation as a consequence of adaptive divergence in *Drosophila pseudoobscura*. *Evolution* 43:1308–1311.

Gallardo, M. H., C. A. Gonzalez, and I. Cebrian. 2006. Molecular cytogenetics and allotetraploidy in the red vizcacha rat, *Tympanoctomys barrerae* (Rodentia, Octodontidae). *Genomics* 88:214–221.

Haldane, J. B. S. Natural selection. pp. 101–149 in P. R. Bell, ed., *Darwin's Biological Work: Some Aspects Reconsidered*. Cambridge University Press, Cambridge, UK.

Johnson, S. D. 1997. Pollination ecotypes of *Satyrium hallackii* (Orchidaceae) in South Africa. *Botanical Journal of the Linnean Society* 123:225–235.

Kent, R. J., L. C. Harrington, and D. E. Norris. 2007. Genetic differences between *Culex pipiens* f. molestus and *Culex pipiens pipiens* (Diptera: Culicidae) in New York. *Journal of Medical Entomology* 44:50–59.

Knowlton, N., L. A. Weigt, L. A. Solórzano, D. K. Mills, and E. Bermingham. 1993. Divergence in proteins, mitochondrial DNA, and reproductive compatibility across the Isthmus of Panama. *Science* 260:1629–1632.

Losos, J. B., and D. Schluter. 2000. Analysis of an evolutionary species-area relationship. *Nature* 408:847–850.

Mayr, E. 1942. *Systematics and the Origin of Species.* Columbia University Press, New York.

———. 1963. *Animal Species and Evolution.* Harvard University Press, Cambridge, MA.

Pinker, S. 1994. *The Language Instinct: The New Science of Language and Mind.* HarperCollins, New York.

Ramsey, J. M., and D. W. Schemske. 1998. The dynamics of polyploid formation and establishment in flowering plants. *Annual Review of Ecology, Evolution, and Systematics* 29:467–501.

Savolainen, V., M.-C. Anstett, C. Lexer, I. Hutton, J. J. Clarkson, M. V. Norup, M. P. Powell, D. Springate, N. Salamin, and W. J. Baker. 2006. Sympatric speciation in palms on an oceanic island. *Nature* 441:210–213.

Schliewen, U. K., D. Tautz, and S. Pääbo. 1994. Sympatric speciation suggested by monophyly of crater lake cichlids. *Nature* 368:629–632.

Weir, J., and R. Ingram. 1980. Ray morphology and cytological investigations of *Senecio cambrensis* Rosser. *New Phytologist* 86:237–241.

Xiang, Q.-Y., D. E. Soltis, and P. S. Soltis. 1998. The eastern Asian and eastern and western North American floristic disjunction: Congruent phylogenetic patterns in seven diverse genera. *Molecular Phylogenetics and Evolution* 10:178–190.

第八章 人类的起源

Barbujani, G., A. Magagni, E. Minch, and L. L. Cavalli-Sforza. 1997. An apportionment of human DNA diversity. *Proceedings of the National Academy of Sciences of the United States of America* 94:4516–4519.

Bradbury, J. 2004. Ancient footsteps in our genes: Evolution and human disease. *Lancet* 363:952–953.

Brown, P., T. Sutikna, M. J., Morwood, R. P. Soejono, E. Jatmiko, E. W. Saptomo, and R. A. Due. 2004. A new small-bodied hominin from the Late Pleistocene of Flores, Indonesia. *Nature* 431:1055–1061.

Brunet, M., et al. 2002. A new hominid from the Upper Miocene of Chad, central Africa. *Nature* 418:145–151.

Bustamante, C. D., et al. 2005. Natural selection on protein-coding genes in the human genome. *Nature* 437:1153–1157.

Dart R. A. 1925. *Astralopithecus africanus*: The Man-Ape of South Africa. *Nature* 115:195–199.

Dart, R. A. (with D. Craig). 1959. *Adventures with the Missing Link*. Harper, New York.

Davis, P., and D. H. Kenyon. 1993. *Of Pandas and People: The Central Question of Biological Origins* (2nd ed.). Foundation for Thought and Ethics, Richardson, TX.

Demuth, J. P., T. D. Bie, J. E. Stajich, N. Cristianini, and M. W. Hahn. 2007. The evolution of mammalian gene families. *Public Library of Science* ONE. 1:e85.

Enard, W., M. Przeworski, S. E. Fisher, C. S. L. Lai, V. Wiebe, T. Kitano, A. P. Monaco, and S. Paabo. 2002. Molecular evolution of *FOXP2*, a gene involved in speech and language. *Nature* 418:869–872.

Enard, W., and S. Paabo. 2004. Comparative primate genomics. *Annual Review of Genomics and Human Genetics* 5:351–378.

Enattah, N. S., T. Sahi, E. Savilahti, J. D. Terwilliger, L. Peltonen, and I. Jarvela. 2002. Identification of a variant associated with adult-type hypolactasia. *Nature Genetics* 30:233–237.

Frayer, D. W., M. H. Wolpoff; A. G. Thorne, F. H. Smith, and G. G. Pope. 1993. Theories of modern human origins: The Paleontological Test 1993. *American Anthropologist* 95:14–50.

Gould, S. J. 1981. *The Mismeasure of Man*. W. W. Norton, New York.

The Gallup Poll: Evolution, Creationism, and Intelligent Design. http://www.galluppoll.com/content/default.aspx?ci=21814.

Johanson, D. C., and M. A. Edey. 1981. *Lucy: The Beginnings of Humankind*. Simon & Schuster, New York.

Jones, S. 1995. *The Language of Genes*. Anchor, London.

King, M. C., and A. C. Wilson. 1975. Evolution at two levels in humans and chimpanzees. *Science* 188:107–116.

Kingdon, J. 2003. *Lowly Origin: Where, When, and Why Our Ancestors First Stood Up*. Princeton University Press, Princeton, NJ.

Lamason, R. L., et al. 2005. SLC24A5, a putative cation exchanger, affects pigmentation in zebrafish and humans. *Science* 310:1782–1786.

Lewontin, R. C. 1972. The apportionment of human diversity. *Evolutionary Biology* 6:381–398.

Miller, C. T., S. Beleza, A. A. Pollen, D. Schluter, R. A. Kittles, M. D. Shriver, and D. M. Kingsley. 2007. *cis*-Regulatory changes in kit ligand expression and parallel evolution of pigmentation in sticklebacks and humans. *Cell* 131:1179–1189.

Morwood, M. J., et al. 2004. Archaeology and age of a new hominin from Flores in eastern Indonesia. *Nature* 431:1087–1091.

Mulder, M. B. 1988. Reproductive success in three Kipsigis cohorts. Pp. 419–435 in T. H. Clutton-Brock, ed., *Reproductive Success: Studies of Individual Variation in Contrasting Breeding Systems.* University of Chicago Press, Chicago.

Obendorf, P. J., C. E. Oxnard, and B. J. Kefford. 2008. Are the small human-like fossils found on Flores human endemic cretins? *Proceedings of the Royal Society of London,* Series B, 275:1287–1296.

Perry, G. H., et al. 2007. Diet and the evolution of human amylase gene copy number variation. *Nature Genetics* 39:1256–1260.

Pinker, S. 1994. *The Language Instinct: The New Science of Language and Mind.* HarperCollins, New York.

———. 2008. Have humans stopped evolving? http://www.edge.org/q2008/q08_8.html#pinker.

Richmond, B. G., and W. L. Jungers. 2008. *Orrorin tugenensis* femoral morphology and the evolution of hominin bipedalism. *Science* 319:1662–1665.

Rosenberg, N. A., J. K. Pritchard, J. L. Weber, H. M. Cann, K. K. Kidd, L. A. Zhivotovsky, and M. W. Feldman. 2002. Genetic structure of human populations. *Science* 298:2381–2385.

Sagan, Carl. 2000. *Carl Sagan's Cosmic Connection: An Extraterrestrial Perspective.* Cambridge University Press, Cambridge, UK.

Suwa, G., R. T. Kono, S. Katoh, B. Asfaw, and Y. Beyene. 2007. A new species of great ape from the late Miocene epoch in Ethiopia. *Nature* 448:921–924.

Tishkoff, S. A., et al. 2007. Convergent adaptation of human lactase persistence in Africa and Europe. *Nature Genetics* 39:31–40.

Tocheri, M. W., C. M. Orr, S. G. Larson, T. Sutikna, Jatmiko, E. W. Saptomo, R. A. Due, T. Djubiantono, M. J. Morwood, and W. L. Jungers. 2007. The primitive wrist of *Homo floresiensis* and its implications for hominin evolution. *Science* 317:1743–1745.

Wood, B. 2002. Hominid revelations from Chad. *Nature* 418:133–135.

第九章 演化论的回归

Brown, D. E. *Human Universals*. 1991. Temple University Press, Philadelphia.

Coulter, A. 2006. *Godless: The Church of Liberalism*. Crown Forum (Random House), New York.

Dawkins, R. 1998. *Unweaving the Rainbow: Science, Delusion, and the Appetite for Wonder*. Houghton Mifflin, New York.

Einstein, A. 1999. *The World as I See It*. Citadel Press, Secaucus, NJ.

Feynman, R. 1983. *The Pleasure of Finding Things Out*. Public Broadcasting System television program *Nova*.

Harvard University Press author forum. Interview with Michael Ruse and J. Scott Turner. "Off the Page." http://harvardpress.typepad.com/off_the_page/j_scott_turner/index.html.

McEwan, I. 2007. End of the world blues. pp. 351–365 in C. Hitchens, ed., *The Portable Atheist*. Da Capo Press, Cambridge, MA.

Miller, G. 2000. *The Mating Mind: How Sexual Choice Shaped the Evolution of Human Nature*. Doubleday, New York.

Pearcey, N. 2004. Darwin meets the Berenstain bears: Evolution as a total worldview. pp. 53–74 in W. A. Dembski, ed., *Uncommon Dissent: Intellectuals Who Find Darwinism Unconvincing*. ISI Books, Wilmington, DE.

Pinker, S. 1994. *The Language Instinct: The New Science of Language and Mind*. HarperCollins, New York.

———. 2000. Survival of the clearest. *Nature* 404:441–442.

———. 2003. *The Blank Slate: The Modern Denial of Human Nature*. Penguin, New York.

Price, J., L. Sloman, R. Gardner, P. Gilber, and P. Rohde. 1994. The social competition hypothesis of depression. *British Journal of Psychiatry* 164:309–315.

Thornhill, R., and C. T. Palmer. 2000. *A Natural History of Rape: Biological Bases of Sexual Coercion*. MIT Press, Cambridge, MA.

Wilson, E. O. 1975. *Sociobiology: The New Synthesis*. Belknap Press of Harvard University Press, Cambridge, MA.

插图版权声明

译　后　记

书终于译完了，感慨良多，不免想要写下来与读者们分享。动笔之前，我决定去厨房给自己冲一杯咖啡。房东恰巧正在厨房打咖啡豆，于是热情地邀我品尝他手工冲制的咖啡。

我的房东菲利普·纽维尔（Philip Newell）先生是位基督教牧师，一个彬彬有礼而又不失风趣幽默的耄耋老人。他并不是一位普通的牧师。纽维尔先生拥有哈佛大学的神学博士学位，退休前的最后一份工作是在纽约的哥伦比亚大学任神学教授。更令人惊讶的是，在若干本记述 20 世纪中叶美国历史的书籍中，你都可以找到他的名字。然而，作为白人的他被历史记住的原因，却是其毕生为黑人人权运动所倾注的心血。

在纽维尔先生年轻的时候，二战已近尾声，但黑人在美国仍旧受到明显的歧视。然而今天，无论是穿行在时代广场的人流中，还是坐在曼哈顿地下四通八达的地铁上，你几乎没有机会看到任何带有种族主义色彩的言谈举止。特别是美国的年轻一代，在观念上已经几乎没有肤色差异的概念了。这样巨大的变化源于马丁·路德·金等黑人人权运动家在 20 世纪 60 年代的不懈努力——他们付出的甚至是生命的代价。在这之中，当时在华盛顿的一个教区担任神职的纽维尔先生也贡献了自己的一份力量，甚至还曾为此遭受牢狱之灾。

纽维尔先生在很多方面还保持着古旧的生活习惯，他一直坚持在炉子上烧水冲咖啡，而不喜欢咖啡机冷凝水冲出来的咖啡味道。在厨房等着水开的时候，他随口问我演化论的书翻译得如何了。当得知全书已经译完的时候，他很开心地向我表示祝贺，并且告诉我：他正为下周要主持的一个宗教仪式准备讲稿，受我译书一事的启发，打算以演化论为当天向教众宣讲的主题。最后，房东真诚地对我说："演化论当然是正确的，那是上天赐予我们的礼物！"

听完房东的话，我口中苦涩的咖啡突然变得如同蜜糖一般，整个人都淹没在了巨大的幸福感之中。要知道，作为一名坚定相信演化论的生物学研究人员，在翻译这本书的日子里，我仿佛与原作者杰里·科因博士一起经历了一场大辩论，顶着美国社会原教旨主义的巨大压力，让事实告诉人们为什么演化论是正确的。可是，写书是一个人的独白，是一场没有对手席的辩论。当它终于告一段落时，己方的观点能够得到别人的承认，特别还是出自一位牧师之口，我压抑了很多天的情绪在一瞬间释放了出来。

我想，阅读这本书的时候，每一位读者多多少少也会与我一样，产生出为保卫演化论而与科因博士并肩作战的感受。然而掩卷沉思，大家或许也会与我一样产生一个疑问：在人们普遍相信演化论的中国，我们是否需要翻译一本写演化论的书呢？其实，在动手翻译这本书之前，我心中就已经产生了这个疑问。但翻译的过程中，这个问题却渐渐有了明晰的答案——今天的我们的确需要这样一本关于演化论的书。具体来说，或许可以归纳出五方面的原因。

第一个显而易见的原因在于，这是一本有趣的书。阅读可能是为了获取知识和信息，但也可能单单只是为了娱乐。如果鱼与熊掌可以兼得，又何乐而不为呢？

人为什么会起鸡皮疙瘩？三十只杀人蜂为什么能在一两个小时内把一个蜜蜂巢变成三万只蜜蜂的坟场？作为哺乳动物，鲸鱼与哪一种陆地上的哺乳动物亲缘关系最近？为什么有一种恐龙的学名会被叫做中文的"寐龙"？在寄生虫控制之下的动物，真的会像科幻电影里那样做出恐怖的诡异行为吗？为什么看起来极其细微的差别就能令植物被划分成不同的物种，而外观体形迥异的各类宠物犬在生物学家看来却是一个物种？

所有这些问题，你都可以在这本书中找到答案。而这些还只是书中描述趣事之中很小的一部分。了解了这些有趣的事，下次再去动物园或自然博物馆的时候，你的观感会大不相同：无论是动物还是化石，都不再只是一个个枯燥的名字，而是蕴含着一个个传承了千万年的故事。某些故事甚至堪称耸人听闻，不失为朋友间闲聊时的上佳谈资。

第二个原因要从时间角度去看：虽然今天的演化论本身与当年达尔文所提出的演化论并无太大区别，但演化论研究所使用的方法与手段已经大大不同了，而我们手中所掌握的演化论证据也已经大大超出了前人的所知。

科学的最大乐趣在于其中所蕴涵的规律性。无论是哪一个科学的领域，科学家们都致力于寻找现象之下的本质，试图找到规律，再用规律来探寻更多的未知。伽利略说大小金属球会同时落地，人们就在比萨斜塔下看到了同时落地的大小金属球；门捷列夫说锌之后还有类铝，人们就在锌矿中提炼出了性质类似铝的镓；爱因斯坦说光线会弯曲，人们就在日全食中观察到了太阳透镜；而演化论亦是如此。虽然达尔文写作《物种起源》已是整整 150 年前的事了，但即使生物学已经发展到了今天的分子水平，仍只是不断地验证了演化论的正确性。

如果要评选近二三十年发展最迅猛的科学领域，很多人可能会给信息技术投一票。可是，我要把自己的这一票投给生物学：随着人类对生命的认识逐渐深入到分子层次，今天的生物学与达尔文的时代早已经不能同日而语了。只不过，这些发展不像信息技术一样体现为大众触手可及的产品，因而不被一般人所知罢了。真正令人吃惊的是，即使在生物学蓬勃发展的今天，演化论仍是生物学整体的主轴所在。生物学的很多研究方向都不能回避演化的问题，甚至要在某些方面依赖于演化论这一基础。

以我自己所从事的结构生物学为例。它所关注的是蛋白质等生物大分子的三维精细原子坐标结构，看似与演化论隔了十万八千里。但事实上，两者有着千丝万缕的联系。我近期刚刚发表的一篇学术论文，在原子层面讨论了一种酶的单分子工作模式与双分子工作模式的区别，核心观点就是从单分子到双分子所带来的演化优势。而事实上，恰恰是在低等动物体内的这种酶采取了单分子模式，而高等动物体内的这种酶采取了双分子模式。类似的在演化角度探讨蛋白质结构的情况也是很常见的。

自严复先生翻译《天演论》至今，演化论思想进入中国已经百年有余。然而，可能正是因为我们对于演化论的普遍接受，正是因为演化论在中国没有与之竞争的理论，才令我们的演化论教学异常简化，引用了一些陈旧的、不完整的，甚至是有所谬误的例子。岂不知，在当今生物学发展的大背景下，演化论不仅找到了基因这个遗传物质基础，更在核酸和蛋白质等诸多分子生物学领域找到了无数的坚实证据。与此同时，在现代技术的支持下，古生物学也焕发了第二春，以前所未有的坚定姿态成为演化论的有力后盾。而本书恰恰包含了不少这方面的新鲜例证，甚至涉及了去年才刚刚发表的学术论文。

第三个原因要从哲学的角度来探讨——演化论是一种科学，但它更是一种哲学。

归纳来说，自然科学探究的问题无非是两类："是什么"与"为什么"。而后者又总是以前者来解释的。比如一个简单的问题：为什么天上的云彩会下雨？科学的回答是：云是气态水液化而成的小水珠，当小水珠越变越大，无法被空气托住时，就会落下来形成雨滴。这个回答其实就是"是什么"，它描述的是下雨的客观过程，没有主观意志的存在。如果说云彩下雨是观音柳枝洒下的玉露，或是龙王鼻痒打的喷嚏，那就违背了自然科学本身唯物的客观性。

演化论不同于其他科学之处在于，它所追究的几乎全是"为什么"的问题：为什么恐龙会灭绝？为什么鲸要从陆地上返回水中生活？为什么人不再长尾巴了？除了为什么，还是为什么。而在面对这些问题时，运用"是什么"来作答变得极其困难和复杂。为什么长颈鹿有那么长的脖子？最简单的回答是：因为它想要吃到高处的树叶；最不负责任的回答是：上帝赐予了它长长的脖子。

然而，达尔文创立的演化论正是要告诉我们：与其他严肃客观的自然科学一样，演化论面临的"为什么"同样可以用"是什么"来回答，同样是没有主观意志的客观必然。我们在承认演化论的同时，却很少有人站在这样的立场上去认识演化论。而这本书通篇都在试图帮助读者以客观的视角来认识演化，甚至在最后一章中直言不讳地指出：演化论之所以令不少美国人恐惧，正是因为它所蕴含的自然主义的唯物思想。

　　第四个原因在于，我们自以为了解演化论，其实却不尽然。正如作者在全书第一章开篇所引用的雅克·莫诺的话所说："演化论有个奇怪的特点——每个人都觉得自己了解演化论。"一般人以为这是针对演化论的反对者而言的，但其实对于演化论的支持者，情况往往也是这样。不了解演化论就意味着其对演化论的相信是盲目的。从某种意义上来讲，盲目地相信演化论与盲目地相信神创论并无太大区别。

　　科学不同于宗教。对于宗教，信仰可以只是简单的相信，甚至在某种意义上最好只是简单的相信。但科学并不需要盲目的信仰者。科学的真理建立在坚实的观察证据、实验证据，以及以此为基础的严密的逻辑推理之上。而我们中的大多数人只是简单地相信演化论，却并不了解演化论的科学内涵与哲学内涵。当这种盲目肤浅的"相信"面对质疑的时候，就不免会有动摇之虞，会被充满激情、混淆视听的谎言所蒙蔽。从这个意义上讲，我们也的确需要这样一本认真讨论演化论的书。

　　由此也就引出了最后一个原因：智设论正在中国悄然生根。然而正如本书中不断指出的，智设论只是披了科学外衣的宗教信仰。我国作为一个天主教和基督教没有广泛基础的国家，本来并不存在智设论发展的温床，更不要说神创论了。但恰恰由于人们普遍相信演化论，才使这一领域处于一种不设防的状态之下。

　　一些在美国从事智设论宣传的华人出于各种不同的目的——既有单纯传教的也有借机出名的，回国扯起了智设论的大旗。特别是近年来，随着对外开放程度的加深，在我们这个宗教信仰自由的国家，笃信上帝的人逐渐增多，这也从客观上为智设论和神创论的发展提供了机会。

在这样的背景下，近几年国内很少见到有演化论的书籍出版，反而有反对演化论的书籍受到追捧，也就没什么可奇怪的了。逆向思维，挑战权威的学术精神固然不错；但面对正在抬头的智设论，一本内容有趣易读、例证丰富新鲜、思想深刻精辟的演化论书籍的确是我们所需要的。

说了这么多，我都是站在一名演化论支持者的立场上。对于尚在怀疑之中的人来说，我的表态似乎有失公允，不足取信。但其实即便站在演化论反对者的立场上，这本书仍有可读之处。

任何一种科学的争论，乃至一场普通的辩论，胜出的前提不是自说自话，而是认真了解对方的立场，并做出有针对性的回应。真理不是不辩自明的，而是越辩越明的。相信一个理论不是要回避相反的意见，反而是要认真了解反对的意见，再给予有力的反驳。要证明"演化论是错的"，首先就要认真地了解演化论的真正内涵。科学是不断进步的，没有人可以保证本书中的每一句话都是完全正确的，但科学的道理是可以自己辨清的。事实上，正是在与演化论反对者的不断辩论之中，演化论才得以日益完善，变得越来越完整，越来越严谨。

今天，人类文明已经远离了愚昧的中世纪，每一个科学门类在自己的领域内都成为了描述世界的不二之选——除了生物学。这门研究生命的科学还存在着很多的未知以及不确定，并因此备受争议。演化论所面临的挑战不过是生物学所面临争议的集中体现罢了。可以说，正是这种争议的局面让生物学的研究仍处在中世纪末的科学蒙昧时期：

科学因为自身体系的不完善而遭人诟病，不得不与迷信进行不懈的斗争。

斗争的过程或许是艰辛的，但前途当是光明的。这正如我的房东纽维尔先生年轻时为黑人人权所做的斗争一样。在那个时代，让美国的黑人平等地拥有与白人一样的权利，甚至有一天成为统治这个国家的总统，那简直就是天方夜谭。然而，奥巴马入主白宫的事实已经永载史册。演化论，乃至生物学，所面临的困境恐怕还不至于此。

记得奥巴马赢得大选的那个夜晚，我陪房东一起守在电视机前等结果。当宣布奥巴马获胜的时候，年逾八十的纽维尔先生振臂高呼，兴奋异常。他激动地对我说："祝贺奥巴马！祝贺每一个美国人！这是奥巴马的胜利，也是每一个美国人的胜利！"而我对他说："我也要祝贺你，因为这也是你的胜利！"同样的，在某种意义上，每一个从事生物学研究的人或许都应该感到庆幸，因为生物学还有太多的不解之谜，生物学的牛顿、开普勒或门捷列夫也许就将诞生在我们之中。

然而，我们之中的有些人是悲观的，他们因为看到了细胞、蛋白质、基因的千差万别而认为生物学永远不会像物理学或化学那样能够总结出统一的规律。可是，试想达尔文生活的时代，他眼中的飞禽走兽、花鸟鱼虫更是千姿百态，但他却最终把生命现象统一到一起，为我们贡献了不朽的演化论。这一理论远远超越了他的时代，以至于在英语世界，"达尔文学说"始终就是演化论的同义词。随着我们对生命的认识愈加深入，像物理学和化学一样可量化的生物学规律必然会诞生在可预见的未来。我们所缺乏的只是更丰富的数据和更深刻的思想。

作为美国最大的非赢利性医学和生物学研究经费的提

供者，我所供职的霍华德·休斯医学研究所（Howard
Hughes Medical Institute）在每个季度都会发行一本内部
刊物寄到员工家中。这一期的封面上就是查尔斯·达尔文
沉思的面庞。封面文章的标题是《我们仍旧在向达尔文学
习》。这或许就是对于演化论重要性和必要性的最佳注解。

房东冲制的咖啡已在我手中失去了热度，感慨也该就
此打住了。冷静下来想想，演化论的涵盖范围太过宽广，
涉及了众多的科学领域，难免有不少并非是我所熟知的。
对于本书中所涉及的专业知识，如有翻译不当之处，欢迎
广大读者批评指正，共同提高！

最后，希望能借此机会表达我的感谢。首先要感谢我
的博士生导师，清华大学教授，南开大学校长，饶子和院
士。如果没有他引领我走进生命科学的殿堂，我将错过生
物学这个神奇瑰丽的世界，更不会有翻译本书的机遇。当
然还要感谢把这个机遇带到我面前的科学松鼠会，特别是
大力促成此事的桔子和姬十三。感谢龙漫远教授对本书的
审读和宝贵意见。感谢科学出版社对于演化论的重视，特
别是田慎鹏和贾明月两位编辑的辛勤工作。最后要感谢我
的妻子吴晓爱博士。没有她的支持，以及她在生物学方面
严谨丰富的所知，就没有最后得以完成的译稿。

叶　盛

2009 年 9 月

于纽约曼哈顿